QUÍMICA DE COORDENAÇÃO, ORGANOMETÁLICA E CATÁLISE

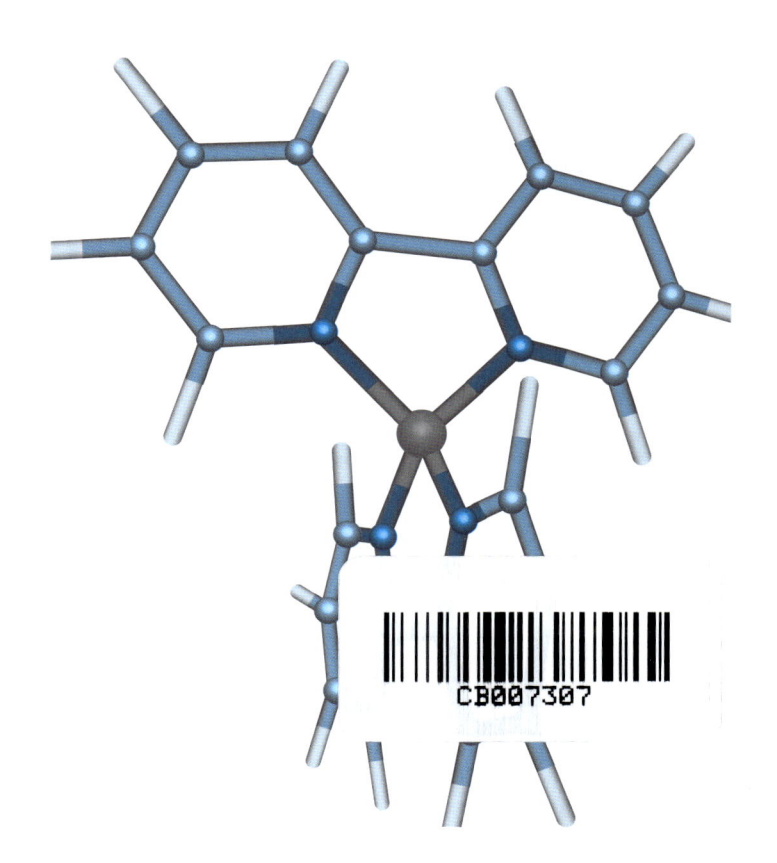

CB007307

Coleção de **Química Conceitual**

Volume 1
Estrutura Atômica, Ligações e Estereoquímica

ISBN: 978-85-212-0729-0
144 páginas

Volume 4
Química de Coordena Organometálica e Catálise, 2ª edição

ISBN: 978-85-212-1042-9
340 páginas

Volume 2
Energia, Estados e Transformações Químicas

ISBN: 978-85-212-0731-3
148 páginas

Volume 5
Química Bioinorgânica e Ambiental

ISBN: 978-85-212-0900-3
270 páginas

Volume 3
Elementos Químicos e seus Compostos

ISBN: 978-85-212-0733-7
168 páginas

Volume 6
Nanotecnologia Molecular - Materia e Dispositivos

ISBN: 978-85-212-1023-8
336 páginas

www.blucher.com.b

HENRIQUE E. TOMA

QUÍMICA DE COORDENAÇÃO, ORGANOMETÁLICA E CATÁLISE

2ª edição

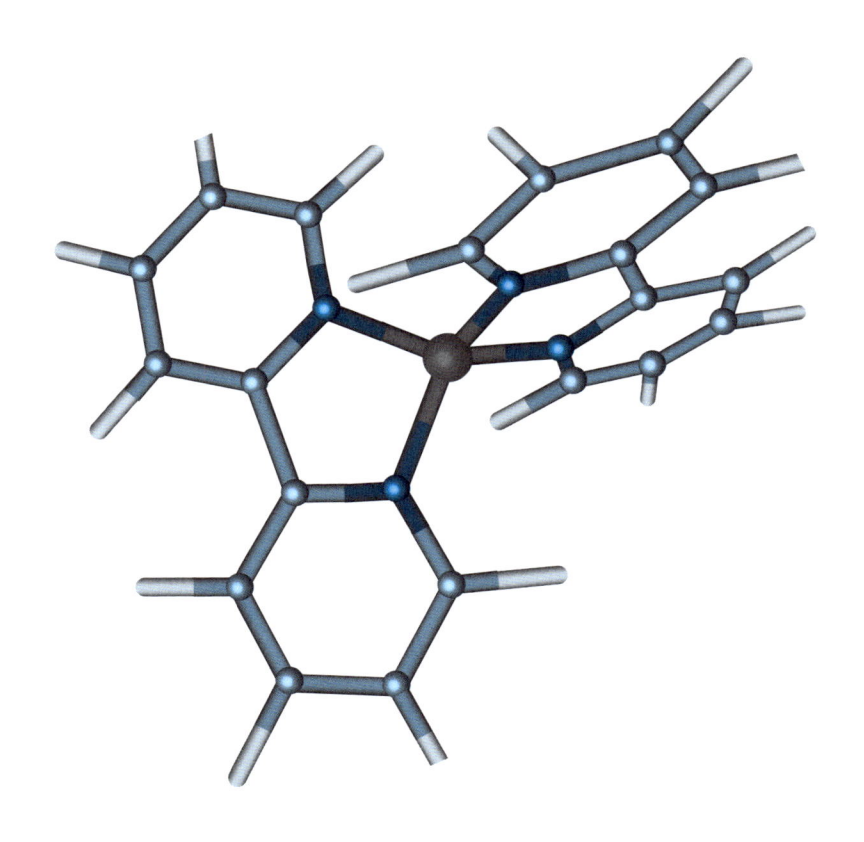

Coleção de Química Conceitual – volume quatro
Química de coordenação, organometálica e catálise
1ª edição 2013
2ª edição 2016
© 2016 Henrique Eisi Toma
Editora Edgard Blücher Ltda.

Blucher

Rua Pedroso Alvarenga, 1245, 4º andar
04531-012 - São Paulo - SP - Brasil
Tel 55 11 3078-5366
contato@blucher.com.br
www.blucher.com.br

Dados Internacionais de Catalogação na
Publicação (CIP) – CRB-8/7057

Toma, Henrique E.
   Química de coordenação, organometálica e
catálise / Henrique E. Toma. – 2. ed. – São Paulo:
Blucher, 2016. p. 340: il., color. (Coleção de
Química Conceitual, v. 4)

   ISBN: 978-85-212-1042-9

   1. Química 2. Compostos de coordenação
I. Título II. Série

16-0210   CDD 541.2242

Índice para catálogo sistemático:
1. Química – Compostos de coordenação

À minha família,

Cris, Henry e Gustavo.

Ao saudoso Professor Henry Taube, pelas lições de
química e de vida.

PREFÁCIO

Neste conjunto de textos que compõem a coleção Química Conceitual, nossa maior preocupação foi apresentar um conteúdo moderno, representativo do mundo da Química, sem fronteiras. O público-alvo são os químicos e não químicos e, por isso, o ponto de partida não pressupõe qualquer pré-requisito cognitivo. Na série, rompemos com as divisões clássicas de Química Inorgânica, Orgânica e Físico-Química, e procuramos abrir espaço para tópicos que não podem deixar de ser ensinados na atualidade, como a questão dos materiais, energia, nanotecnologia, aspectos ambientais e sustentabilidade. Aspectos básicos da Química Orgânica tradicional foram enquadrados de forma harmoniosa na Química dos Elementos e Compostos, para que o leitor perceba as particularidades e semelhanças de forma global, na Tabela Periódica.

Com o avanço e o uso extensivo dos recursos computacionais na Química, a ferramenta teórica já não pode mais ser ignorada. Apesar de a Química teórica ser baseada na mecânica quântica, devemos aceitar o desafio de tentar torná-la acessível pedagogicamente, em vez de simplesmente expurgá-la, em razão de sua complexidade. Certamente, muito terá de ser feito nessa área, para que o ensino de Química entre em sintonia com a modernidade e possa usufruir dos seus benefícios.

Alguns dos sistemas abordados no texto podem parecer, no início, demasiadamente complexos. As estruturas de polímeros, medicamentos e materiais ultrapassam nossa capacidade de memorização e, de fato, este não foi o nosso objetivo. A presença delas no texto contribuirá para que o leitor aprenda a analisar o fato complexo pelas suas partes simples, e perceba a identidade química dos constituintes materiais que estão ao redor.

CONTEÚDO

CAPÍTULO 1

INTRODUÇÃO E HISTÓRIA DA QUÍMICA DE COORDENAÇÃO

Apresentação

Os elementos metálicos englobam nada menos que 75% da Tabela Periódica e têm um papel essencial em nossa vida. Sua fonte principal está na crosta terrestre, compondo todas as formas do reino mineral, e sua presença é marcante, inclusive nas águas e nos seres vivos.

Como podemos ver na Figura 1.1, entre os metais que predominam na crosta terrestre estão o $A\ell$ e o Fe, ao lado do Na, Mg, K e Ca. Curiosamente, o Si, um semimetal, é o mais abundante de todos, perdendo apenas para o oxigênio, mas superando o carbono por quase três ordens de grandeza. Os metais de transição, em geral, bem como os lantanídios, também são relativamente abundantes. Embora os elementos metálicos se encontrem distribuídos em todas as rochas da crosta terrestre, eles só são passíveis de exploração pelo homem quando suas concentrações possibilitam o aproveitamento econômico com a tecnologia disponível. Por isso, as terras raras, um grupo de 17 elementos formado pelos lantanídios (La-Lu) mais Sc e Y, apesar de estarem presentes em muitos minerais, acabaram recebendo essa denotação

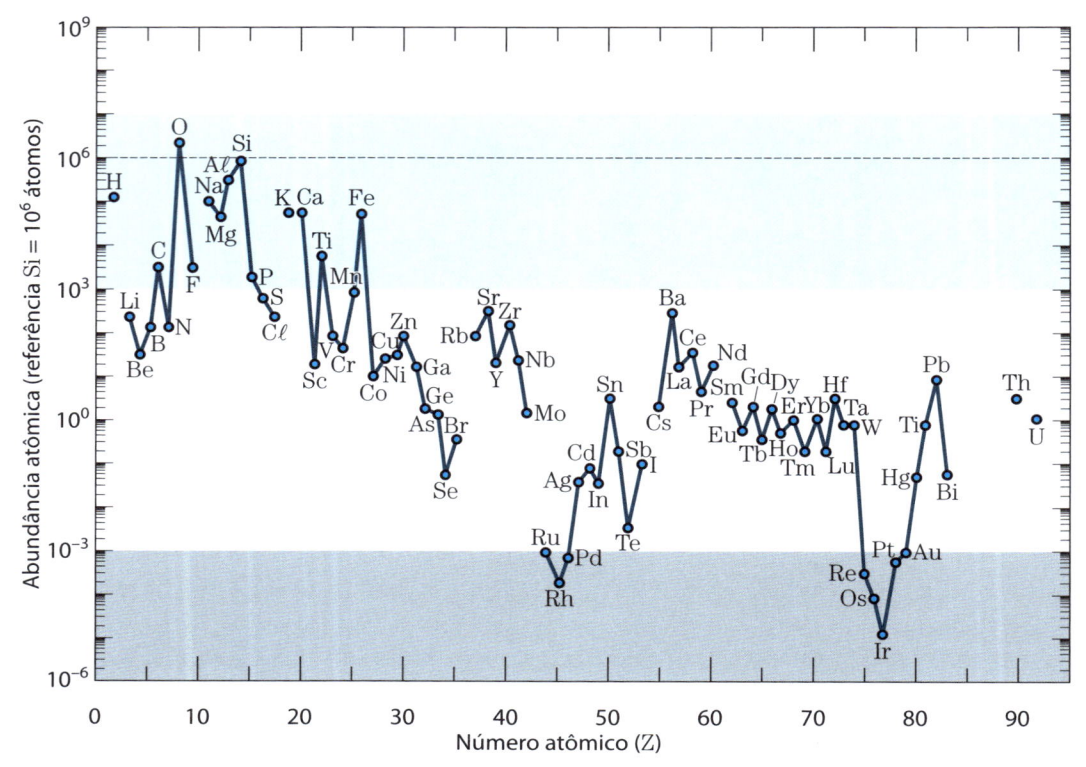

Figura 1.1
Distribuição dos elementos na crosta terrestre, mostrando, na faixa superior, os elementos mais abundantes, e, na faixa inferior, os metais nobres.

em virtude da relativa escassez de minérios exploráveis economicamente. O grupo de metais menos abundantes é constituído pelo Ru, Rh, Pd, Re, Os, Ir, Pt e Au. Esses metais são considerados nobres, não apenas por seu uso milenar na fabricação de joias e preciosidades, mas também pelo papel essencial que desempenham na tecnologia atual, como catalisadores e componentes eletrônicos.

A partir do quarto período na Tabela Periódica, a presença de orbitais *d* na camada de valência introduz um diferencial importante na Química dos metais de transição. Por isso, sua abordagem diverge completamente em relação à Química dos elementos representativos, exigindo uma estratégia própria, com novas teorias e linguagem, tendo como centro a Química de Coordenação.

Neste livro, a construção do conhecimento tem como base o triângulo: *estrutura-termodinâmica-cinética*. Começaremos pela estrutura, pois esse é o passo mais importante para entender a natureza dos compostos. Depois, avançaremos até as propriedades espectroscópicas. Além da informação estrutural nelas contida, elas também estão intimamente relacionadas com as cores. De fato, a riqueza de cores é uma das características marcantes dos compostos de coordenação, e esse fato merece ser bem explorado, pois sua interpretação nos permite conhecer os níveis eletrônicos envolvidos.

A seguir, passaremos pelas questões de natureza termodinâmica. O conhecimento da energética amplia o significado do conteúdo estrutural, fornecendo parâmetros importantes, como os entálpicos e entrópicos, além das constantes de equilíbrio e potenciais redox.

Finalmente, com base no conhecimento da estrutura e termodinâmica, iremos explorar a natureza do estado de transição, e como ela determina os rumos e a velocidade da reação. Incorporando a abordagem cinética, pretendemos racionalizar a questão da reatividade dos compostos e descrever os principais mecanismos da reação.

O estilo adotado neste livro reflete uma forma de conduzir a Química que tem a influência de um grande mestre, o Professor Henry Taube (Prêmio Nobel de Química, de 1983), cuja memória ainda está bastante presente na Química Inorgânica moderna.

Desenvolvimento histórico da química de coordenação

Sob o ponto de vista histórico, o primeiro composto de coordenação de que se tem notícia foi descrito em 1704 por Diesbach, um fabricante de tintas artísticas em Berlim. Foi ele quem introduziu o famoso pigmento Azul da Prússia, $Fe_4[Fe(CN)_6]_3$. Esse composto, cuja fórmula e estrutura só foram elucidadas quase três séculos depois, apresenta uma intensa cor azul, associada a uma forma peculiar de interação da luz com os íons metálicos. Ela envolve dois estados de oxidação (Fe^{II} e Fe^{III}), e o fenômeno responsável pela cor azul é conhecido como transferência intervalência. É um pigmento clássico, barato, que ainda permanece na lista dos mais utilizados atualmente, principalmente em tintas de impressão.

Figura 1.2
Sophus Mads Jörgensen (1837-1914) foi um
químico dinamarquês e cientista de grande
destaque nos primórdios da Química de
Coordenação. Era respeitado pelo rigor da sua
conduta científica e por sua visão bastante crítica,
fundamentada nas teorias vigentes, como a teoria
de valência de Kekulé. Essa postura, que se acredita
ser cientificamente correta, colocou-o em franca
oposição ao jovem Alfred Werner, com suas teorias
especulativas e frágeis, dando início a um período
de grandes polêmicas. As duas formas de conduta
científica têm sido frequentemente exploradas
no contexto da filosofia da ciência, e o tema é
conhecido como **controvérsia Jörgensen–
Werner**.

Em 1708, a combinação da amônia com sais de cobalto foi descrita pela primeira vez por Tassaert, porém foi só em 1822 que L. Gmelin conseguiu isolar e caracterizar o composto lúteo (amarelo), hoje conhecido como oxalato de hexaamincobalto(III), $Co_2(NH_3)_{12}(C_2O_4)_3$. Frémy, em 1851, preparou o composto purpúreo (vermelho) de fórmula $Co(NH_3)_5Cl_3$, e observou que, à temperatura ambiente, apenas $^2/_3$ dos íons de cloro formavam precipitado de AgCl quando tratados com íons de prata. Nas décadas seguintes, foram conduzidos estudos sistemáticos de compostos de íons metálicos como cobalto, crômio e platina com amônia, por O. Gibbs em Harvard, C. W. Blomstrand em Lund, e S. M. Jörgensen (Figura 1.2) em Copenhague.

Na época, as teorias estruturais vigentes eram baseadas na hipótese de Kekulé de que a valência seria uma característica do elemento, e, portanto, deveria ser invariante. Essa forma de pensar era bem aceita, pois aplicava-se admiravelmente bem para os compostos de carbono, em que o elemento é sempre tetravalente. Ainda não estava consolidada a ideia de que as moléculas poderiam ter uma geometria ou distribuição espacial específica (estereoquímica).

Por exemplo, de acordo com os princípios de valência de Kekulé, o ferro, tomando como base o composto $FeCl_3$, deveria ter uma valência invariavelmente igual a 3. Sua estrutura (sem visão espacial) seria dada por

$$FeCl_3 = \begin{array}{c} Cl \diagdown \quad \diagup Cl \\ Fe \\ | \\ Cl \end{array}$$

Entretanto, no $FeCl_2$, a valência 3 deveria ser mantida por tratar-se de uma característica do elemento. Para manter a coerência, esse composto deveria ser formulado como

$$Fe_2Cl_4 = \begin{array}{c} Cl \diagdown \qquad \quad Cl \\ Fe{-}Fe \\ Cl \diagup \qquad \diagdown Cl \end{array}$$

As primeiras propostas estruturais para os compostos formados com amônia foram feitas por Graham, nas quais um ou mais átomos de hidrogênio do NH_3 eram substituídos pelo metal. Essas ideias foram, depois, trabalhadas por Rieset, Gerhardt, Wurz, Hofmann e Boedecker. Para ser coerente com a valência 3, atribuída ao cobalto, Hofmann propôs a seguinte estrutura para o composto lúteo

$$Co(NH_3)_6Cl_3 = Co\left(\begin{array}{c} NH_2NH_4 \\ | \\ Cl \end{array}\right)_3$$

S. M. Jörgensen criticou a validade dessa estrutura, pois não conseguia explicar sua observação experimental de que a saída de uma amônia torna um dos átomos de cloro menos reativo que os demais, quando tratado com íons de prata.

A partir de 1882, com os trabalhos de Raoult e van't Hoff, já era possível avaliar o peso molecular dos compostos solúveis, por meio do uso das propriedades coligativas. Em 1869 o químico sueco Christian Wilhelm Blomstrand (1826-1897), inspirado nos modelos dos compostos orgânicos, introduziu o sistema de cadeias com o nitrogênio no estado pentavalente. Manteve a composição dimérica, para ser coerente com a fórmula Fe_2Cl_6 que havia sido proposta anteriormente com base na determinação do peso molecular

$$Co_2 \left\{ \begin{array}{l} NH_3NH_3Cl \\ NH_3NH_3Cl \\ NH_3NH_3Cl \\ NH_3NH_3Cl \\ NH_3NH_3Cl \\ NH_3NH_3Cl \end{array} \right\}$$

Em 1884, Jörgensen, utilizando esses mesmos recursos, além de medidas de condutividade, mostrou que o complexo lúteo não podia ser um dímero. Considerando os experimentos já feitos sobre precipitação com íons de prata, Jörgensen reformulou a proposta de Blomstrand para

$$Co{\overset{\displaystyle NH_3Cl}{\underset{\displaystyle NH_3Cl}{-}}}NH_3NH_3NH_3NH_3Cl$$

Em analogia, propôs a seguinte estrutura para o composto purpúreo que resulta da saída de uma amônia, após o aquecimento do composto lúteo

$$Co{\overset{\displaystyle NH_3Cl}{\underset{\displaystyle Cl}{-}}}NH_3NH_3NH_3NH_3Cl$$

De acordo com essa estrutura, um dos átomos de cloro deveria ser diferente em relação aos demais, por ligar-se diretamente ao átomo de cobalto, enquanto os outros dois estão ligados a átomos de nitrogênio. Segundo Jörgensen, o átomo de cloro ligado ao metal não seria capaz de reagir com íons de prata, justificando assim os resultados observados experimentalmente. As explicações de Jörgensen pareciam muito lógicas e convincentes, e, por isso, foram bem aceitas na época, pelo menos até 1892, quando surgiram novas ideias, com o jovem Alfred Werner (Figura 1.3).

Em seu doutorado, Werner havia demonstrado que a valência nos compostos de nitrogênio estava relacionada com a formação de três ligações direcionadas para os

Figura 1.3
Alfred Werner (1866-1919) nasceu em Mullhausen, cidade ainda sob domínio da França. Completou a graduação na Escola Politécnica Federal (ETH) de Zurique. Após a graduação foi estudar com o Prof. Hantzsch, com quem desenvolveu sua tese de doutorado sobre o arranjo espacial dos átomos em moléculas nitrogenadas. Após o doutorado, em 1892, Werner foi trabalhar com Berthelot, no Collège de France, em Paris, retornando a Zurique em 1893 para conquistar uma vaga de docente na ETH. Nessa instituição desenvolveu toda a sua impressionante carreira científica.

vértices de um tetraedro. O nitrogênio ocupava o quarto vértice, como na estrutura

$$H - \underset{\underset{H}{|}}{\overset{N}{|}} - H$$

Pode parecer estranho, mas, até então, não havia qualquer preocupação com a questão da geometria das moléculas, hoje conhecida como estereoquímica. Esse foi o ponto central que levou Werner a revolucionar os conceitos por meio da exploração da visão espacial na Química. No concurso de ingresso à docência na Universidade de Zurique, Werner apresentou um projeto de pesquisa, no qual explorou toda sua habilidade de lidar com arranjos espaciais, adquirida desde a época do doutorado. Sua arrojada proposta de trabalho contemplava uma visão futurística que viria a ser a Química de Coordenação, rompendo com o conceito tradicional de valência para dar lugar às suas ideias de coordenação e afinidade química.

O nascimento da química de coordenação

Para entender as ideias introduzidas por Alfred Werner é necessário destacar o conceito de valência formulado por Kekulé, que se aplicava muito bem para os compostos orgânicos. Segundo Kekulé, a valência seria uma característica invariante dos elementos, e a prova disso era a bem conhecida tetravalência do carbono.

Em 1893, essa concepção seria abalada com a proposta de Alfred Werner. De fato, estereoquímica e valência foram os dois pontos principais da proposta que levaria a Química a um novo patamar. Na visão espacial introduzida por Werner, o íon metálico ocupa a região central, e passa a coordenar a entrada das moléculas denominadas ligantes, ao seu redor, como ilustrado na Figura 1.4. O íon metálico, ao exercer atração sobre os ligantes, os mantém firmemente presos ao seu redor. Essa atração, que também pode ser chamada de afinidade, foi pensada como uma forma de valência espacial que dirige a entrada e acomodação dos ligantes no composto.

Ao lado da valência primária, que seria dada pela carga do íon metálico central, Werner considerou a capacidade de coordenação dos ligantes ao redor do íon metálico central como uma segunda valência, flexibilizando e expandindo o conceito tradicional de valência fixa, proposto anteriormente por Kekulé. Essa segunda forma de valência passaria a ser a mais importante, principalmente sob o ponto de vista estereoquímico, pois responde pelo número de ligantes ao redor do metal. Nessa proposta, o íon metálico central é cercado pelos ligantes, definindo a esfera interna de coordenação. Os ânions necessários para contrabalançar a valência primária podem ficar tanto dentro como fora dessa esfera. No primeiro caso, participam normalmente da esfera interna de coordenação, como ligantes. No segundo caso, ficam soltos no espaço externo, que pode ser considerado uma segunda esfera, ou esfera externa de coordenação.

Desvendar a natureza da esfera interna de coordenação foi, sem dúvida, o maior desafio enfrentado por Alfred Werner. A grande questão a ser respondida era: a esfera in-

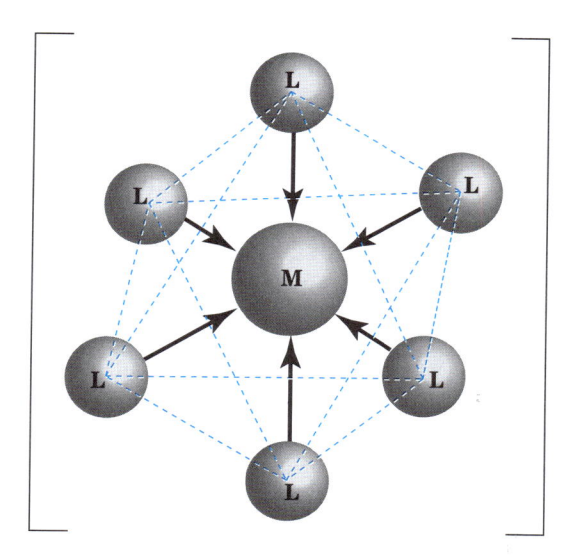

Figura 1.4
Modelo de coordenação de Werner: o íon metálico central atrai os ligantes ao seu redor, orientando a formação de uma esfera interna de coordenação, com geometria bem definida. Essa esfera é sempre representada entre colchetes.

terna de coordenação teria um arranjo geométrico definido ou seria caótica, sem orientação preferencial? Essa esfera era vista como algo complexo, pois fugia do rigor estabelecido pela valência primária ao envolver diferentes tipos e números de ligantes. Talvez isso tenha contribuído para a denominação "**complexo**", que acabou sendo usada para os compostos de coordenação, e mantida até o presente, por força do hábito.

Abrindo parênteses nesta descrição histórica, hoje, sabemos que a coordenação encerra uma disposição espacial bem definida ou ordenada dos ligantes ao redor do íon metálico. O número de ligantes é denominado número de coordenação (NC), e depende do tipo de orbitais do metal que estão envolvidos na ligação, da natureza do ligante, e dos efeitos estéricos na esfera de coordenação.

As espécies que participam da esfera de coordenação ao redor do metal ficam enclausuradas dentro de um colchete, para serem diferenciadas das espécies que não estão coordenadas ao íon metálico. Por exemplo, na representação

$$[Cr(NH_3)_6]Cl_3$$

significa que existem seis moléculas de amônia ligadas ao íon de crômio, e que os três íons cloretos estão fora da esfera de coordenação. A carga do íon metálico (+3) pode ser inferida com base no número de íons cloreto (Cl⁻), visto que o composto global é eletricamente neutro.

Praticamente todos os processos de interação de metais com outras espécies químicas, incluindo o próprio processo de solvatação que acompanha a dissolução de sais de elementos metálicos em solução, podem ser descritos com base no modelo de coordenação. Os sais hidratados, como o $NiSO_4 \cdot 6H_2O$, na realidade correspondem a sais complexos do tipo $[Ni(H_2O)_6]SO_4$.

Werner descreveu o complexo em termos de uma esfera interna de coordenação composta pelos ligantes que interagem diretamente com o metal, cercada por uma esfera externa, onde ficam os íons atraídos eletrostaticamente para neutralizar a carga global. Ao imaginar a esfera de coordenação, Werner reconheceu de imediato a existência de mais de uma possibilidade de arranjo estrutural, ou seja, a existência de isômeros.

Os isômeros poderiam ser decorrentes das diferenças na natureza dos ligantes que participam da constituição do complexo, como no exemplo:

$$[Co(NH_3)_5Cl]SO_4 \text{ e } [Co(NH_3)_5SO_4]Cl.$$

Nesse caso, foram denominados **isômeros de constituição**. Existe uma grande diversidade desses isômeros, como será visto posteriormente.

Além desse tipo, Werner previu a existência de isômeros cuja diferença estaria na disposição espacial dos ligantes na esfera de coordenação. Esse tipo de isomeria foi chamado de **isomeria espacial**, ou **estereoisomeria**.

Na busca de suporte para suas conclusões a respeito da natureza dos compostos, Werner explorou magistralmente o uso de medidas de condutividade, construindo um quadro sistemático a partir da disposição sequencial dos dados dentro de uma família de complexos, como na série dos complexos de cobalto com nitrito e amônia, ilustrada na Figura 1.5.

Outra série importante de complexos, com o elemento platina, está ilustrada na Figura 1.6.

O padrão de condutividade apontava para a existência de um número definido de íons em cada composto, coe-

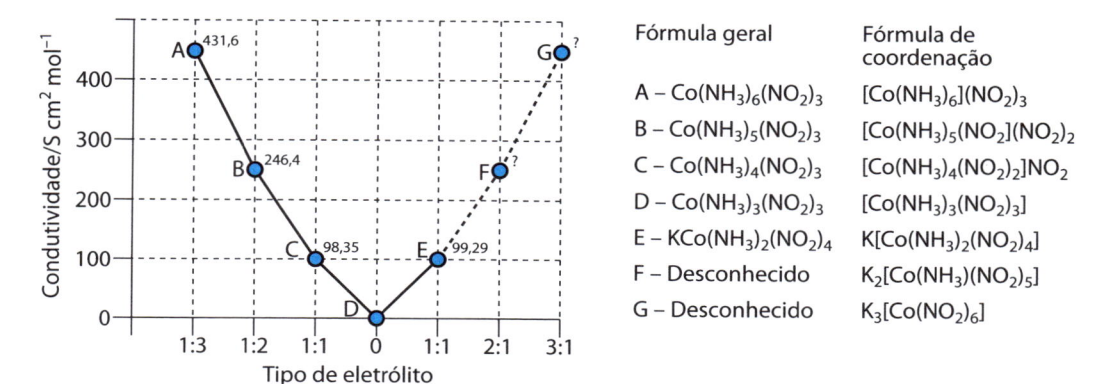

Figura 1.5
Classificação do tipo de complexo formado entre cobalto, amônia e nitrito com base nas medidas de condutividade, e a formulação correspondente em termos de cátions e ânions. Os compostos F e G não eram conhecidos na época de Werner.

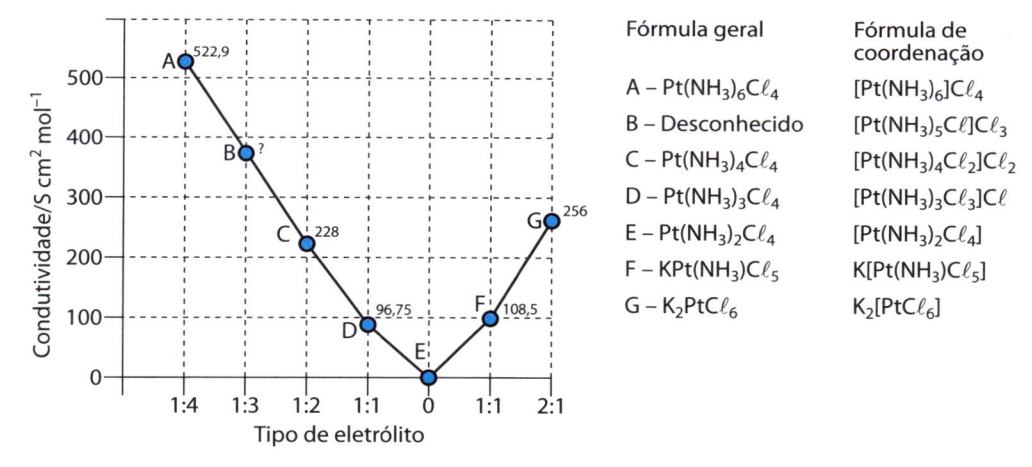

Figura 1.6
Classificação do tipo de complexo formado entre platina, amônia e cloreto, com base em medidas de condutividade. O complexo B ainda era desconhecido na época de Werner.

rente com a presença de uma unidade principal que seria um complexo formado a partir de vários grupos ou íons, além de íons adicionais que ficariam fora dessa estrutura e contribuiriam para a condutividade. Werner mostrou que os compostos que apresentam condutividade em torno de 500 S cm² mol⁻¹ são formados por um íon complexo com carga +4, e quatro ânions com carga −1 na esfera externa.

Compostos com condutividade em torno de 400 S cm^2 mol^{-1} constituem complexos com carga +3 e três ânions mononegativos na esfera externa, e assim por diante, como mostram as Tabelas 1.4 e 1.5. Dessa forma, seguindo o padrão de variação de condutividade por mol, tornou-se possível definir o tipo de eletrólito, isto é 4:1, 3:1, 2:1 e 1:1, e estabelecer se o ânion faz parte ou não da esfera coordenação. Esse procedimento é usado até hoje, com essa finalidade.

Werner mostrou ainda que a segunda valência não é fixa, e estabelece o número de coordenação do complexo, normalmente igual a 2, 4, 6 ou 8, sem exclusão dos números ímpares. Nos complexos conhecidos com metais de transição, os números de coordenação 6 e 4 são os mais frequentes. No caso dos complexos com lantanídios, o número de coordenação é mais elevado, geralmente igual a 8 ou 9, em virtude do maior raio iônico e da própria natureza das ligações envolvidas.

Depois de demonstrar a existência de uma esfera interna de coordenação com composição bem definida, restava a Werner provar se o arranjo espacial dos ligantes, nessa esfera, era bem definido geometricamente, ou se seria caótico. Para isso, era necessário desvendar a estereoquímica dos complexos, tarefa que foi magistralmente executada mesmo sem contar com os recursos instrumentais de difração de raios-X e espectroscopia de que dispomos atualmente.

A estratégia empregada por Werner baseou-se na existência de isômeros, que são formas químicas não equivalentes para uma mesma composição formal. Um complexo com uma determinada composição pode admitir várias formas não equivalentes, apresentando diferentes distribuições atômicas ou geometrias, que poderiam ser previstas com base no modelo de coordenação. Porém, a única forma de prová-las seria por meio do isolamento de cada espécie ou do desenvolvimento de rotas de síntese mais específicas. Esse desafio deu início a um trabalho monumental realizado por Alfred Werner e seus discípulos.

Segundo Werner, as medidas de condutividade para o complexo lúteo Co(NH$_3$)$_6$Cl$_3$ corresponderiam à fórmula [Co(NH$_3$)$_6$]Cl$_3$, com três íons cloreto que não fazem parte da esfera de coordenação. A estereoquímica esperada para o número de coordenação 6 poderia ser octaédrica, bipirâmide trigonal ou hexagonal:

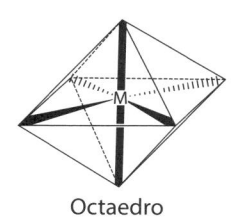 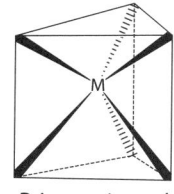 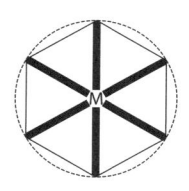

Octaedro   Prisma trigonal   Hexágono

No caso do complexo purpúreo, $Co(NH_3)_5Cl_3$, as medidas de condutividade eram compatíveis com a fórmula $[Co(NH_3)_5Cl]Cl_2$, apresentando um íon cloreto coordenado ao cobalto e dois íons fora da esfera de coordenação.

O aquecimento prolongado do complexo purpúreo levava à formação de um complexo de fórmula $Co(NH_3)_4Cl_3$, cuja medida de condutividade era coerente com a formulação $[Co(NH_3)_4Cl_2]Cl$. Entretanto Werner observou que esse composto admitia duas formas, de coloração verde (práseo) ou violeta (vióleo). A existência dessas duas formas foi atribuída ao fenômeno de isomeria geométrica, no qual os ligantes ocupam posições não equivalentes na esfera de coordenação.

Se a geometria fosse octaédrica, seriam possíveis apenas dois isômeros, *cis* e *trans*:

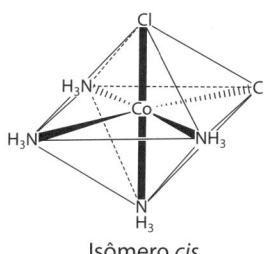 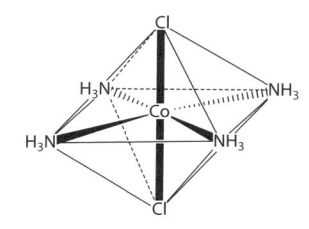

Isômero *cis*   Isômero *trans*

No caso da bipirâmide trigonal e do hexágono, seriam esperados três isômeros, conforme previsto pela troca de posições. Werner nunca conseguiu obter um terceiro isômero. Com a ajuda de seus colaboradores, esses resultados acabariam se repetindo para outros complexos de cobalto (III) e de platina (IV), reforçando a conclusão de que não deve existir um terceiro isômero. Dessa forma, Werner considerou a estereoquímica octaédrica a mais consistente para o número de coordenação 6.

No caso do número de coordenação 4, as geometrias regulares esperadas correspondem ao tetraedro e ao quadrado. Os complexos do tipo $[Pt(NH_3)_2Cl_2]$ apresentavam dois isômeros, que foram atribuídos inequivocamente às formas *cis* e *trans*, derivadas de uma configuração quadrada:

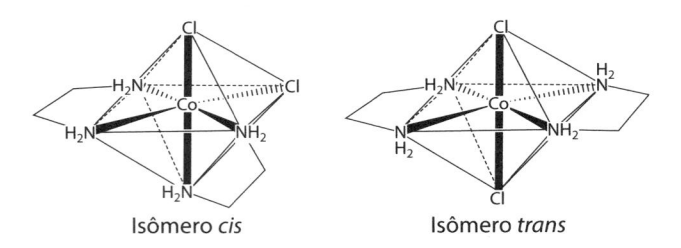

Isômero *cis*   Isômero *trans*

Isso é justificável, pois, apesar de não parecer óbvio, no caso do tetraedro, não é possível a existência de dois isômeros.

Werner também obteve complexos com a etilenodiamina (en = $NH_2CH_2CH_2NH_2$) no lugar da amônia, com as composições $[Co(en)_3]Cl_3$ e $[Co(en)_2Cl_2]Cl$. O primeiro admitia apenas uma forma geométrica, de coloração amarela. O segundo dava origem a duas formas, correspondendo aos isômeros *cis* (vióleo) e *trans* (práseo) derivados da estereoquímica octaédrica:

Isômero *cis*   Isômero *trans*

Esse fato já havia sido observado anteriormente por Jörgensen, que defendia as seguintes estruturas para os isômeros vióleo e práseo:

Vióleo   Práseo

Essas estruturas eram coerentes com a teoria de valência de Kekulé, pois respeitavam a valência 3 para o cobalto,

4 para o carbono e 5 para o nitrogênio, ao passo que as estruturas propostas por Werner só faziam sentido dentro da visão coordenativa que estava sendo proposta.

A controvérsia Jörgensen–Werner

Werner despertou muitas críticas dos químicos tradicionais da época, como Jörgensen. Não se tratava de um mero desentendimento, fato comum entre profissionais. Existe, de fato, um aspecto importante na controvérsia Jörgensen–Werner dos anos 1893-1907, que merece reflexão.

Jörgensen tinha perfil de cientista experiente, bem consolidado em sua carreira. Utilizava com maestria o conhecimento e as teorias aceitas na época, e era um experimentalista criterioso, que sempre se respaldava em medidas experimentais para deduzir ou comprovar suas hipóteses. Suas propostas primavam pela coerência com os modelos científicos de seu tempo. Sob a óptica da conduta científica, não há qualquer reparo a ser feito. Por isso, a conduta de Jörgensen reflete princípios que ainda são paradigmas na ciência moderna. Qualquer trabalho atualmente, que não esteja de acordo com as leis físicas ou químicas já estabelecidas, dificilmente será aceito para publicação em revistas científicas de qualidade.

Werner, com o espírito criativo e desprendimento típico dos jovens, ousou desafiar as teorias da época. Rejeitou o conceito de valência fixa, estabelecido por Kekulé, e propôs que os compostos apresentariam geometrias e arranjos espaciais próprios, em função dos diferentes números de coordenação envolvidos. O problema era que, na época, ainda não se dispunham de ferramentas estruturais que permitissem a Werner comprovar suas hipóteses. Assim, as conclusões, muitas vezes, eram feitas com base no critério de exclusão, o que sempre dava margem a críticas, pois o fato de não se observar uma dada espécie não é uma prova de que ela não existe. A proposta de estereoquímica feita por Werner considerava que a existência de dois isômeros para o complexo $Co(NH_3)_4Cl_3$ era coerente com uma geometria octaédrica; contudo esse fato não seria suficiente para descartar definitivamente as geometrias hexagonal ou prisma trigonal, pelo fato de elas admitirem três isômeros. Werner, entretanto, estava ciente de que se fosse descoberto um terceiro isômero, a geometria octaédrica teria de ser descartada, mas isso nunca aconteceu.

Mesmo que os procedimentos de conduta científica fossem favoráveis a Jörgensen, o volume de dados acumulados apontava para a superioridade e maior capacidade de previsão da teoria formulada por Werner. Esse foi o fato decisivo para que Jörgensen, a partir de 1907, deixasse de fazer oposição à nova teoria, embora permanecessem algumas discordâncias, como a questão da isomeria óptica.

A grande força do modelo proposto por Werner foi a exploração da estereoquímica. Isso foi bem desenvolvido em seu livro *Lehrbuch der Stereochemie*, publicado em 1904 e considerado um marco histórico na Química. Por isso, Werner é o pai da estereoquímica moderna, embora paradoxalmente isso seja pouco lembrado fora da comunidade inorgânica. No ano seguinte, publicou sua grande obra, *Neuere Anschauungen auf dem Gebiete der Anorganische Chemie (Nova abordagem da Química Inorgânica)*, que estabeleceu outro marco histórico muito importante, o surgimento da Química de Coordenação como uma nova abordagem da Química Inorgânica, incorporando novos conceitos de valência e estereoquímica.

A Controvérsia Jörgensen–Werner ilustra duas condutas científicas distintas, que sempre foram parte da história. Com ela, podemos ver que:

- o aparecimento de uma nova teoria é facilitado quando não existe outra dominante, capaz de sufocá-la em sua origem; e

- as grandes revoluções científicas parecem privilegiar as mentes jovens, mais desinibidas e sem medo de errar.

A história nos tem ensinado que é preciso ser crítico na experimentação e argumentação científica, porém, ao mesmo tempo, é importante ficar atento para o inexplicável e o imprevisível, pois ali pode estar o germe de uma nova teoria e a brecha para um avanço na ciência.

Isomeria óptica

Werner tinha conhecimento dos trabalhos de Louis Pasteur, que em 1848 isolou, pela primeira vez, os isômeros ópticos do tartarato de sódio e amônio, por meio da separação manual dos seus cristais. Pasteur observou que as soluções eram capazes de girar o plano da luz polarizada, de mesmo ângulo, porém em sentidos opostos. O experimento de Pasteur é considerado uma das mais belas descobertas científicas de todos os tempos: a existência da atividade óptica e a sua relação com a estereoquímica. Essa visão espacial foi incorporada por Alfred Werner, e acabou sendo essencial para o desenvolvimento da sua teoria. A Pasteur também cabe uma famosa citação:

> "O acaso só favorece a mente preparada."

Werner mostrou que os complexos $[Co(en)_3]Cl_3$ e cis-$[Co(en)_2Cl_2]Cl$ admitem duas formas espaciais não superponíveis, comportando-se como objeto e imagem diante de um espelho. Ele conseguiu resolver os isômeros em 1911 fazendo uso de espécies opticamente ativas – os sais de tartarato isolados por Pasteur – como agentes que poderiam interagir mais fortemente com uma das formas do complexo, permitindo sua separação por cristalização fracionada.

A teoria de coordenação de Werner acabou se impondo pela sua racionalidade, e também pela atuação persistente de seu criador, como cientista e professor. Em 1913, por suas contribuições, Alfred Werner foi consagrado com o Prêmio Nobel de Química (Figura 1.7) .

A existência da isomeria óptica nos complexos de cobalto não podia ser explicada pelos modelos de Jörgensen, e isso deveria colocar um fim na polêmica controvérsia. Mesmo assim, a sombra da dúvida lançada por Jörgensen ainda persistia. Ela tinha origem na crença de que a atividade óptica era uma propriedade inerente dos compostos orgânicos (e sua relação com os seres vivos), sem ter qualquer relação com a estereoquímica. A única forma de acabar com essa crença seria sintetizando e resolvendo os isômeros ópticos

Figura 1.7
Alfred Werner na época do Prêmio
Nobel. Em 1915, com sérios problemas
decorrentes da arteriosclerose, Werner
deixou de ministrar conferências, e, em 15
de novembro de 1919, morreu com apenas
53 anos.

de um complexo que não contivesse carbono. Esse foi, de fato, o último grande desafio vencido por Alfred Werner. Em 1914, Werner resolveu os isômeros ópticos do complexo $[Co\{(OH)_2Co(NH_3)_4\}_3]Br_6$ fornecendo o primeiro exemplo de composto inorgânico opticamente ativo (Figura 1.8).

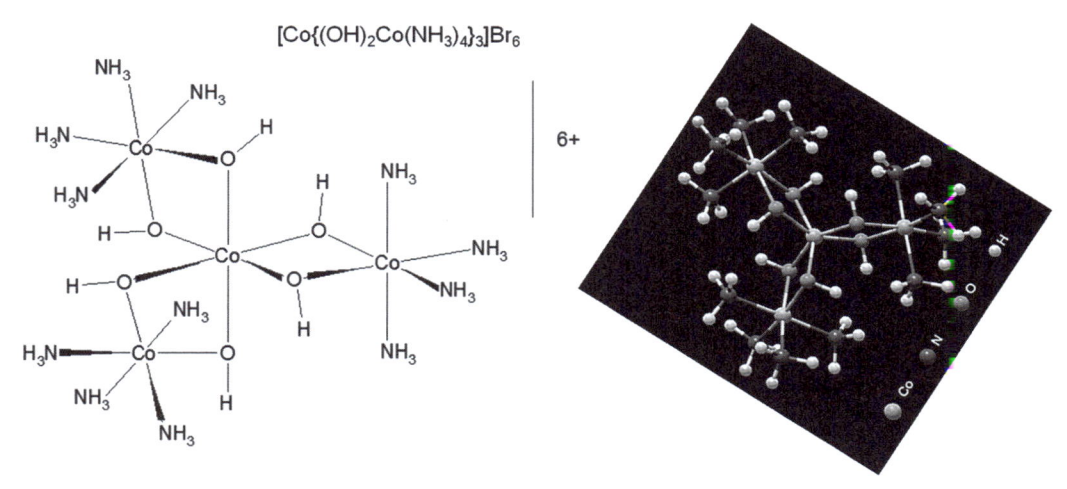

Figura 1.8
Estrutura do complexo $[Co\{(OH)_2Co(NH_3)_4\}_3]Br_6$, o primeiro composto sintético, opticamente ativo, sem carbono em sua constituição. Nesse complexo, o íon central de cobalto(III) está coordenando as três unidades de $[(OH)_2Co(NH_3)_4]^+$ por meio dos grupos OH^-.

CAPÍTULO 2

ISOMERIA E ESTEREOQUÍMICA

No capítulo anterior, vimos que a isomeria teve um papel fundamental no desenvolvimento da Química de Coordenação. Por isso, seu estudo merece ser aprofundado para proporcionar uma melhor compreensão da natureza e das propriedades dos compostos.

Werner reconheceu a existência de dois tipos básicos de isomeria: a isomeria de constituição e a isomeria espacial ou estereoisomeria.

a) Isomeria de constituição

A isomeria de constituição decorre das diferenças na composição do complexo, incluindo a natureza dos ligantes presentes e a forma como estão ligados ao elemento central.

É comum o uso de designações específicas para alguns tipos de isomeria de constituição:

- **isomeria de ionização**, em que a diferença está na colocação dos íons nas esferas internas e externas de coordenação, como no exemplo:

$[Cr(NH_3)_5Br]SO_4$ e $[Cr(NH_3)_5SO_4]Br$;

- **isomeria de hidratação**, ou solvatação, em que a diferença está na distribuição das moléculas do solvente, dentro e fora da esfera de coordenação, como no exemplo:

  $[Cr(H_2O)_6]F_3$, $[Cr(H_2O)_5F]F_2 \cdot H_2O$, $[Cr(H_2O)_4F_2]F \cdot 2H_2O$, $[Cr(H_2O)_3F_3] \cdot 3H_2O$;

- **isomeria de coordenação**, em que a diferença está na permutação dos ligantes coordenados, como no exemplo:

  $[Co(NH_3)_6][Cr(CN)_6]$ e $[Cr(NH_3)_6][Co(CN)_6]$;

- **isomeria de ligação**, em que a diferença está na natureza do átomo coordenante do ligante.

Esse último caso ilustra um tipo importante de isomeria de constituição que seria mais bem descrito como isomeria de ligadura (do inglês *linkage*), por fazer a diferenciação entre os modos com que um ligante se coordena ao metal. Ela só é observada no caso de ligantes que apresentam mais de um átomo coordenante, como é o caso do CN^-, SO_3^{2-}, NO_2^-, SCN^-, $NH_2CH_2CO_2^-$, $(CH_3)_2SO$ e $SHCH_2CO_2^-$. Tais ligantes são denominados ambidentados (ambi = de ambas as formas). Alguns exemplos típicos (com o átomo ligante grifado) são os seguintes:

$[Co(NH_3)_5\underline{N}O_2]^{2+}$ (forma nitro) e $[Co(NH_3)_5\underline{O}NO]^{2+}$ (forma nitrito)

$[Ru(NH_3)_5\underline{S}O(CH_3)_2]^{2+}$ e $[Ru(NH_3)_5\underline{O}S(CH_3)_2]^{2+}$

$[Cr(H_2O)_5\underline{N}H_2CH_2CO_2]^{2+}$ e $[Cr(H_2O)_5\underline{O}_2CCH_2NH_2]^{2+}$

b) Isomeria espacial

A disposição espacial dos átomos em uma molécula expressa sua **estereoquímica**, e é um dos primeiros pontos a serem considerados na química de coordenação. A geometria de uma molécula está diretamente relacionada à distribuição das ligações químicas e com os efeitos de repulsão entre os elétrons, tanto no nível da camada de valência do átomo central, como na esfera de coordenação. Ligantes volumosos introduzem efeitos estéricos e conformacionais que também desempenham papel importante na determinação da geometria molecular.

Em função dos diferentes arranjos, existem dois tipos de isomeria espacial: a **isomeria geométrica** e a **isomeria óptica**. Porém, antes de entrarmos na descrição da isomeria espacial, é importante estar preparado, pois a apreciação da estereoquímica requer a percepção dos elementos de simetria que estão envolvidos na estrutura da molécula. Nesse sentido, vamos explorar os recursos da teoria de grupo. Para as finalidades deste capítulo, serão focalizados, no momento, apenas os elementos geométricos. Mais adiante, quando lidarmos com a estrutura eletrônica, iremos explorar os fundamentos e recursos matemáticos da teoria de grupo.

Elementos de simetria

Uma maneira eficiente de lidar com a geometria molecular consiste em identificar os **elementos de simetria** presentes. Esses elementos representam **eixos**, **centro** ou **planos abstratos**, sobre os quais é possível executar **operações** de simetria como **rotação**, **inversão** ou **reflexão**, que, por definição, devem levar a uma nova situação de equivalência. Cada operação de simetria é executada sobre o correspondente elemento de simetria, passando-se como se nada tivesse mudado após a aplicação.

Existem quatro tipos de elementos de simetria, conhecidos como eixos de rotação (C_n), centro de inversão (i), planos de simetria (σ) e eixos de roto-reflexão (S_n), conforme está mostrado na Tabela 2.1.

Tabela 2.1 – Elementos e operações de simetria

Elemento de simetria	Operação	Designação
Eixo de rotação	Rotação de $2\pi/n$	C_n
Centro de inversão	Inversão	i
Plano de simetria	Reflexão	σ_v ou σ_d contêm C_n σ_h é $\perp C_n$
Eixo de roto-reflexão	Rotação de $2\pi/n$ seguido de reflexão $\sigma \perp C_n$	S_n

Na Figura 2.1 estão representadas algumas estruturas moleculares conhecidas. Podemos identificar na molécula da amônia, NH_3, a existência de um eixo C_3 passando pelo átomo de nitrogênio, e no íon complexo $[PtCl_4]^{2-}$, um eixo C_4 passando pelo átomo de platina. Por meio de um eixo C_n podemos executar rotações de $2\pi/n$, que equivalem à rotação de uma enésima parte da circunferência. Por exemplo, como pode ser visualizado na molécula de NH_3, sobre um eixo C_3 é possível realizar rotações de $2\pi/3 = 120°$; e analogamente no $[PtCl_4]^{2-}$, o eixo C_4 permite rotações de $2\pi/4 = 90°$. Geralmente, em termos de hierarquia, o eixo C_n com o maior valor de n (maior ordem) é considerado o principal. Entretanto, existem exceções, como no octaedro, por ser um sólido de alta simetria.

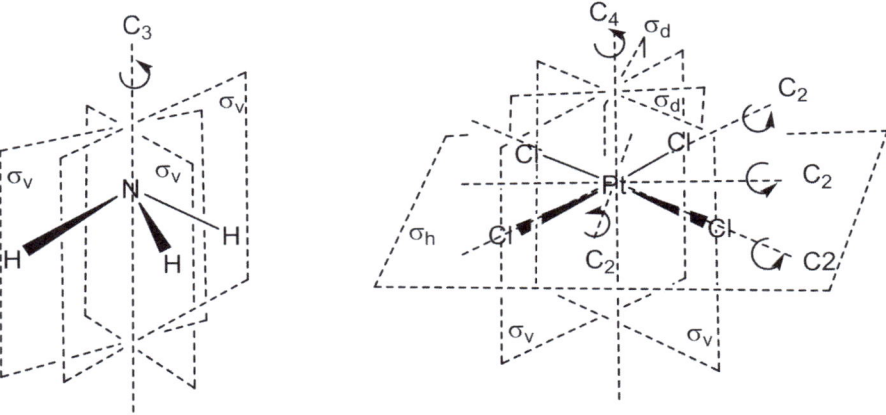

Figura 2.1
Elementos de simetria para a amônia (piramidal) e o íon tetracloridoplatinato(II), $[PtCl_4]^{2-}$ planar.

Pelo centro de simetria, podemos executar uma operação de inversão, que deixa o objeto em situação de equivalência. Por exemplo, o íon planar $[PtCl_4]^{2-}$ apresenta um centro de simetria, ou de inversão, ao contrário da molécula de NH_3. Se a geometria não fosse planar, esse centro desapareceria.

Um plano de simetria corta o objeto em duas partes iguais. Cada parte, refletida através do plano, reproduz a outra correspondente. Por exemplo, na molécula de NH_3 existem três planos de simetria. Esses planos passam pelo eixo C_3 e são designados verticais, ou v. No íon $[PtCl_4]^{2-}$ existem quatro planos que passam pelo eixo principal C_4 (de maior ordem). Dois desses planos passam pelas ligações Cl—Pt—Cl, e correspondem aos planos verticais, σ_v.

Entre esses dois planos, existem mais dois planos denominados diédricos, σ_d, que também contêm o eixo principal. A diferenciação entre σ_v e σ_d é sutil: o plano diédrico depende da existência de duplicidade de planos verticais, pois passa no meio deles. Se isso não for observado, o plano será sempre vertical, e não diédrico. Existe ainda um plano perpendicular a esse eixo. Esse tipo de plano é denominado horizontal, ou h. Em termos de hierarquia, o plano horizontal (σ_h) deve ser considerado primeiro, antes dos planos verticais ou diédricos.

O último tipo de elemento de simetria é designado por S_n e constitui uma sequência de rotação C_n e reflexão perpendicular (σ_h). Esse elemento é bastante abstrato pois por meio dele são sempre executadas duas operações sequenciais de simetria, ou seja $C_n \cdot \sigma_h$, que levam finalmente a uma situação de equivalência. A constatação de sua existência pode ser feita, por exemplo, na molécula de metano, CH_4, cuja geometria é tetraédrica. Como pode ser visto na Figura 2.2, existem eixos C_2 passando por entre as ligações C—H. Não é óbvio, mas existem eixos S_4 que coincidem com os eixos C_2, nessa molécula. Nela, a operação S_4 pode ser visualizada da seguinte maneira: a aplicação de uma rotação C_4 leva o átomo H_a a uma posição intermediária, que, seguida de reflexão no plano σ_h imaginário, o faz coincidir com H_c. Da mesma maneira, a aplicação de uma operação S_4 faz H_b coincidir com H_d.

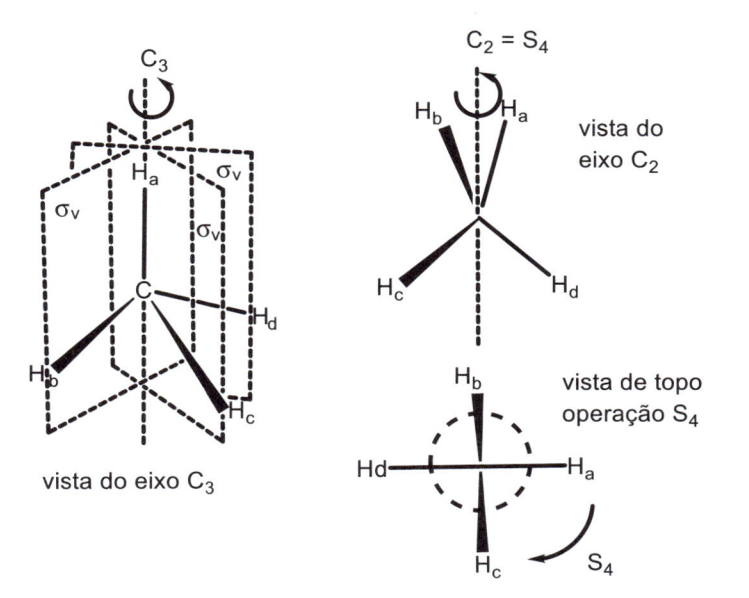

Figura 2.2
Elementos de simetria para uma molécula tetraédrica.

Grupo de ponto

Existe um procedimento bastante simples para classificar as moléculas de acordo com seus elementos de simetria. Esse procedimento é expresso pela notação que leva o nome de Schönflies, e pode ser resumido da seguinte forma, sequencial:

1. Verifique primeiro se as espécies correspondem a algum dos cinco poliedros de Platão (Figura 2.3). Esses são considerados de alta simetria, e recebem os símbolos relacionados na Tabela 2.2:

Tabela 2.2 – Os cinco poliedros de Platão		
Poliedro de Platão	**Característica**	**Notação de Schönflies**
Tetraedro	4 faces triangulares	Grupo T_d
Octaedro	8 faces triangulares	Grupo O_h
Cubo	6 faces quadradas	Grupo O_h
Dodecaedro	12 faces pentagonais	Grupo I_h
Icosaedro	20 faces triangulares	Grupo I_h

O octaedro e o cubo são poliedros que apresentam exatamente os mesmos elementos de simetria e, por isso, pertencem ao mesmo Grupo de Ponto, O_h. De fato, é possível inserir um cubo em um octaedro, e vice versa, como mostrado na Figura 2.4.

O dodecaedro e o icosaedro também apresentam os mesmos elementos de simetria, e ambos pertencem ao

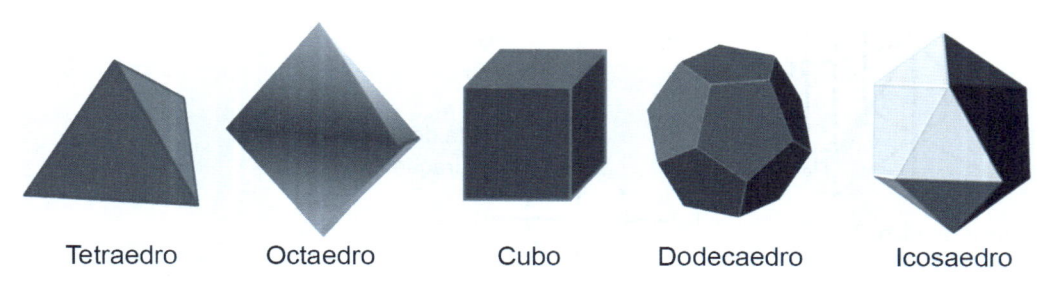

Tetraedro   Octaedro   Cubo   Dodecaedro   Icosaedro

Figura 2.3
Os cinco sólidos de Platão.

grupo de ponto I$_h$. É possível inserir um dodecaedro em um icosaedro, e vice-versa, como pode ser visto na Figura 2.5.

2. Excluídos os grupos de alta simetria, verifique se as espécies apresentam eixo C_n.

- Se existirem eixos C_n, focalize sua atenção no eixo com maior n.

- Em seguida, procure eixos $C_2 \perp C_n$. A resposta afirmativa levará aos grupos do tipo D, e a negativa, aos grupos do tipo C.

Figura 2.4
Cubo inserido em um octaedro, com os vértices tocando o centro das faces triangulares.

Figura 2.5
Icosaedro inserido em um dodecaedro, com os vértices tocando o centro das faces pentagonais.

- Em cada grupo, verifique, a seguir, se existem planos σ_h ($\perp C_n$) ou σ_v, nessa ordem.

Seguindo o esquema a seguir, os grupos de ponto serão identificados naturalmente:

C_n	$C_2 \perp C_n$	σ_h	σ_v	Grupo de ponto
Ǝ	Ǝ	Ǝ	⇒	D_{nh}
Ǝ	Ǝ	∄	Ǝ⇒	D_{nd}
Ǝ	Ǝ	∄	∄⇒	D_n
Ǝ	∄	Ǝ	⇒	C_{nh}
Ǝ	∄	∄	Ǝ⇒	C_{nv}
Ǝ	∄	∄	∄⇒	C_n

Notação: Ǝ = existe, ∄ = não existe.

Note que existe uma ordem: primeiro C_n, depois $C_2 \perp C_n$, σ_h e finalmente σ_v. Essa ordem reflete a hierarquia das operações de simetria, e pode ser colocada sob a forma de perguntas sequenciais. A resposta afirmativa, até chegar aos planos, irá definir o grupo de ponto. Se existir σ_h, não será necessário procurar σ_v; somente em caso negativo.

3. Se não existir eixo C_n, verifique se as espécies se enquadram nos grupos que só apresentam:

a) Eixos S_n ⇒   Grupo S_n

b) Plano de simetria   ⇒   Grupo C_s

c) Centro de inversão   ⇒   Grupo C_i

d) Eixo C_1 ⇒   Grupo C_1

De acordo com esse procedimento, a molécula de NH_3 se enquadra no segundo grupo, pois não é de alta simetria, possui um eixo C_3, não apresenta $C_2 \perp C_3$, não tem σ_h, mas apresenta σ_v. Portanto, seu grupo de ponto é C_{3v}.

A espécie $[PtCl_4]^{2-}$ também não é de alta simetria, apresenta um eixo C_4, mais quatro eixos $C_2 \perp C_4$, e um plano σ_h. Portanto, seu grupo de ponto é D_{4h}.

A molécula de CH_4 é tetraédrica, ou T_d.

O procedimento descrito requer alguma prática e capacidade de visualização espacial. Contudo, seu exercício contribui bastante para a percepção da forma dos objetos e facilita a interpretação dos dados e propriedades relacionadas com a geometria molecular.

Após estas considerações sobre simetria molecular, fica mais fácil trabalhar com a isomeria espacial.

Estereoisomeria – isomeria geométrica

Os isômeros geométricos diferem entre si, pela disposição relativa dos átomos na molécula. No caso de uma molécula planar, os isômeros geométricos são conhecidos como *cis* ou *trans*. Os isômeros *cis* apresentam os grupos equivalentes do mesmo lado, que se convertem através do eixo C_2 e σ_v (grupo de ponto C_{2v}); ao passo que os isômeros *trans* apresentam os grupos equivalentes em posição oposta, que se convertem pelo centro de inversão, além do conjunto de eixos e planos que caracterizam o grupo de ponto D_{2h}.

Exemplo: $[Pt(NH_3)_2Cl_2]$:

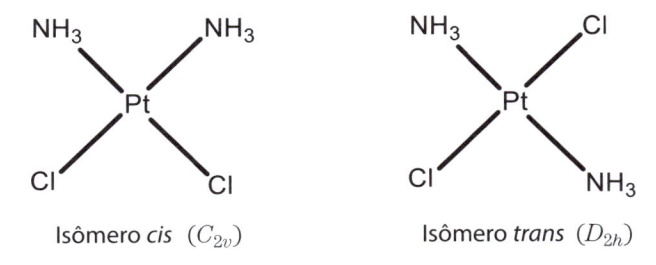

Isômero *cis* (C_{2v}) Isômero *trans* (D_{2h})

Os isômeros *cis* e *trans*, em geral, apresentam propriedades bastante distintas. No caso do complexo $[Pt(NH_3)_2Cl_2]$, o isômero *cis* apresenta atividade anticancerígena e é um fármaco bastante importante, ao passo que o isômero *trans* não apresenta esse tipo de atividade. É interessante notar que se o complexo tivesse uma disposição geométrica semelhante ao do tetraedro, não seria possível a ocorrência de isomeria *cis-trans*, pois qualquer permutação de posição entre os grupos conduziria sempre à mesma espécie. Isso pode ser difícil de visualizar, utilizando as fórmulas desenhadas no plano do papel, entretanto torna-se óbvio quando se faz um modelo da molécula, no espaço.

Isomeria óptica

A isomeria óptica é um caso particular de geometria espacial, em que um isômero corresponde à imagem especular do outro. Assim, para formular dois isômeros ópticos, basta construir a imagem especular da molécula de partida. Por exemplo, a mão esquerda é praticamente a imagem especular da mão direita; se tentarmos colocar uma sobre a outra, veremos que elas não coincidem. O mesmo ocorre com os isômeros especulares ou ópticos de duas moléculas. Entretanto, nem toda representação estrutural do tipo objeto–imagem corresponde a isômeros ópticos. Isso só irá acontecer quando o objeto não apresentar plano ou centro de simetria. Em termos mais exatos, a isomeria óptica só é possível quando a molécula não apresenta eixos impróprios (roto-reflexão).

Tanto o plano ($\sigma = S_1$), como o centro de simetria ($i = S_2$), são casos particulares de eixos impróprios e, por isso, são usados com mais frequência para verificar a existência de isômeros ópticos. Nos compostos mais simples, como os do carbono, a isomeria óptica é mais facilmente diagnosticada pela presença do átomo assimétrico, isto é, ligado a quatro substituintes diferentes, como exemplificado na Figura 2.6.

O comportamento de espécies do tipo objeto–imagem também é conhecido como *quiral*, por lembrar o movimento das mãos (Figura 2.6). Ele tem um sentido direcional, simulando um giro para a direita ou para a esquerda. Por exemplo, duas hélices dispostas segundo objeto–imagem constituem sistemas quirais. Por isso, moléculas helicoi-

Figura 2.6
Isomeria óptica: visualização das formas objeto e imagem.

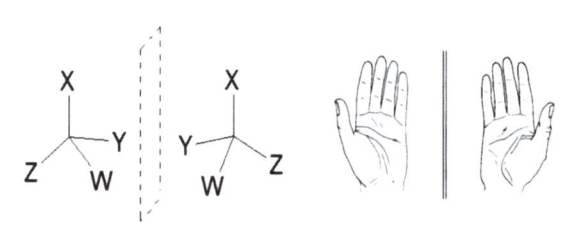

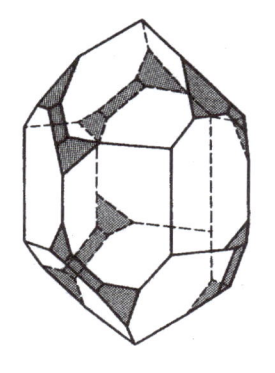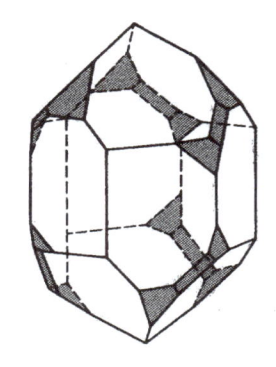

Figura 2.7
Quiralidade em cristais de quartzo.

dais, incluindo cadeias de proteínas e de silicatos, apresentam comportamento quiral e são opticamente ativas.

Os isômeros do tipo objeto–imagem também são conhecidos como *enantiômeros*, e apresentam propriedades químicas muito semelhantes, exceto quando se encontram em ambientes nos quais existem outras espécies quirais, como é o caso dos sistemas biológicos. A diferenciação desses isômeros pode ser feita com auxílio da luz polarizada.

Um feixe de luz comum é constituído por frentes de onda que se propagam em todas as direções perpendiculares à sua linha de percurso. Quando esse feixe de luz atravessa um filtro polaroide, que pode ser um cristal de carbonato de cálcio ou um material plástico com cadeias alinhadas, ele se reduz a um plano de luz polarizada. O polaroide pode ser pensado como se fosse uma fenda muito estreita, que deixa passar apenas a luz orientada na direção da abertura (Figura 2.8).

Figura 2.8
Ilustração de um polarímetro mostrando o desvio da luz plano-polarizada, por uma substância opticamente ativa.

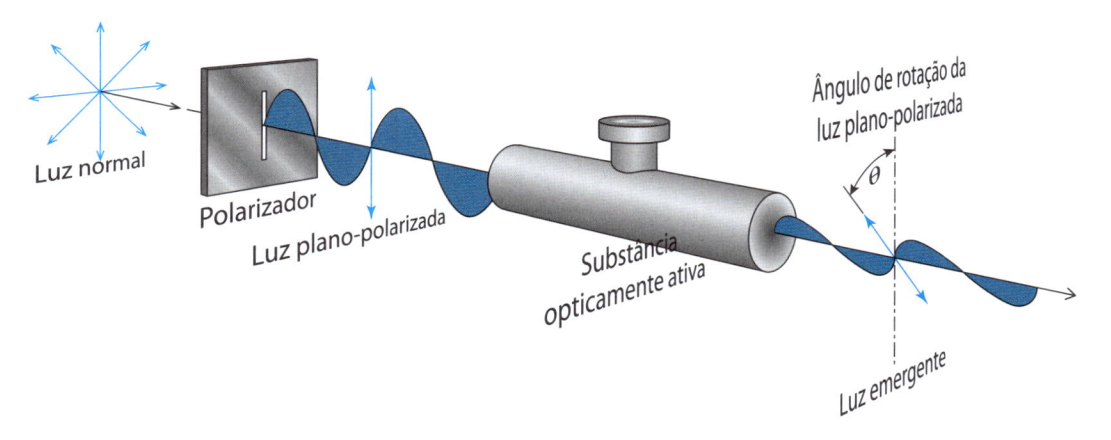

Colocando outro polaroide com a mesma orientação do primeiro, o feixe de luz polarizada passará normalmente por ele, e poderá ser detectado visualmente, ou por meio de instrumentos. Entretanto, quando a luz polarizada atravessar uma substância opticamente ativa, ela sofrerá um giro no plano de polarização. Se essa substância opticamente ativa for colocada entre os dois polaroides igualmente orientados, haverá extinção completa do feixe. Girando gradualmente o segundo polaroide, de maneira a coincidir com a nova orientação do plano da luz polarizada, é possível observar novamente o feixe luminoso, e, dessa forma, avaliar com precisão o ângulo de desvio provocado pela substância opticamente ativa.

Os isômeros espaciais, excluindo os enantiômeros, constituem diastereoisômeros. Estão incluídos nesta categoria os diastereoisômeros, além dos isômeros ópticos. Os diastereoisômeros apresentam propriedades físicas e químicas distintas, facilitando sua separação no laboratório.

CAPÍTULO 3

ESTRUTURA ELETRÔNICA

Os íons metálicos, principalmente da série de metais de transição, são, muitas vezes, reconhecidos por suas cores marcantes, que conferem beleza às pedras preciosas, aos vidros, aos fogos de artifício, e dão visibilidade aos raios laser. Por outro lado, as cores também permitem visualizar uma reação ou processo químico, e fornecem informações importantes sobre a natureza dos compostos de coordenação.

A utilização das cores como forma de nomenclatura foi feita Fremy em 1852, e é ainda bastante lembrada por meio dos prefixos latinos *flavo* (marrom), *lúteo* (amarelo), *práseo* (verde), *róseo* (vermelho-rosa), *purpúreo* (vermelho--púrpura) e *vióleo* (violeta).

Entretanto, para entender a origem da cor nos complexos metálicos e explorar seu significado, é necessário conhecer as estruturas eletrônicas e as formas como elas interagem com os raios luminosos. A linguagem empregada para expressar os fundamentos é a mecânica quântica. Não é nosso objetivo desenvolvê-la neste livro, porém vamos apresentar alguns princípios e conceitos úteis que irão facilitar bastante a compreensão das propriedades dos complexos.

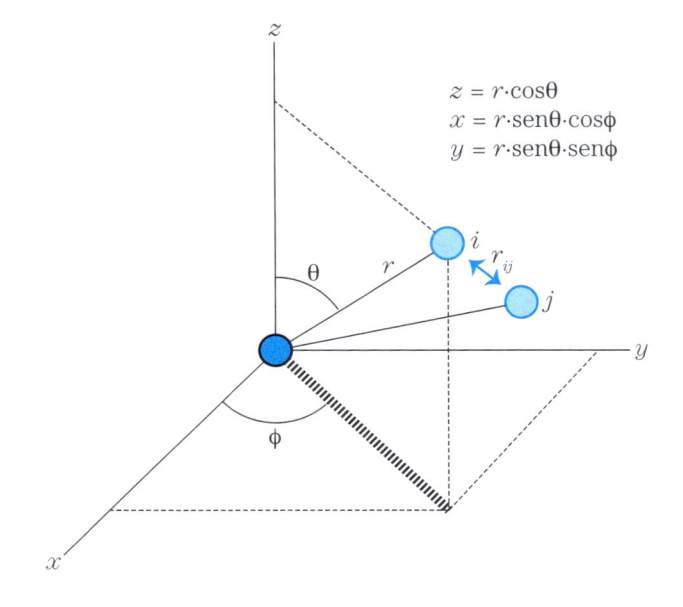

Figura 3.1
Átomo polieletrônico representado no sistema de coordenadas esféricas, expressas por r, θ e ϕ, incluindo sua conversão ao sistema cartesiano.

Neste volume, começaremos pelo átomo polieletrônico, e, para descrevê-lo, vamos posicionar o núcleo no centro do sistema de coordenadas esféricas, além de colocar os elétrons na periferia, como ilustrado na Figura 3.1. Uma abordagem mais introdutória poderá ser encontrada no volume 1 desta coleção.

Ao contrário do átomo de hidrogênio, que só tem um próton e um elétron, nos átomos polieletrônicos, além da energia da atração núcleo–elétron e da energia cinética dos elétrons, também devem ser consideradas as energias de repulsão entre os elétrons. Essas três energias compõem o operador hamiltoniano, H,

$$H = -\frac{h^2}{8\pi^2 m}\Sigma\nabla_\iota^{\,2} - \frac{\Sigma Z_n e^2}{r_{n-e}} + \frac{\Sigma e^2}{r_{ij}} \ .$$

$$\qquad\quad E_c \qquad\qquad E_p \qquad\quad E_{\text{rep}}$$

O primeiro termo dessa expressão é o operador de energia cinética, o segundo é o operador de energia potencial, e o terceiro descreve o operador de repulsão intereletrônica (o termo ∇_i^2 também é conhecido como laplaciano, e simboliza a somatória das segundas derivadas, $\partial^2/\partial x^2 + \partial^2/\partial y^2 + \partial^2/\partial z^2$).

Cada um desses operadores descreve uma operação matemática. Quando o operador H é aplicado sobre uma função de onda (ψ), o resultado será a energia (E) do sistema – uma grandeza numérica – multiplicada pela função de onda. Isso é traduzido pela equação de Schrodinger,

$$H\psi = E\psi.$$

O operador Hamiltoniano encerra a descrição matemática da energia de um sistema. A função de onda, por outro lado, fornece a descrição do sistema em termos do espaço e tempo, e, portanto, exige um sistema de coordenadas. Também é importante que a função de onda seja contínua e diferenciável matematicamente em todo o espaço.

Conhecendo o Hamiltoniano e a função de onda do sistema, é possível saber sua energia, e como está sua distribuição no espaço e no tempo. Pode parecer ficção, porém a mecânica quântica já está bastante acessível e cada vez mais popular, graças aos avanços dos recursos computacionais. Cálculos extremamente complexos já podem ser realizados, mesmo com os computadores pessoais mais modestos. Por isso, já não mais se justifica a exclusão da abordagem quântica dentro da Química.

Outro aspecto importante a ser considerado no tratamento das funções de onda é o Princípio de Pauli, também chamado de princípio da antissimetrização. Esse princípio rege o comportamento dos sistemas polieletrônicos, ao estabelecer que

> a troca de posição ou de *spin* entre dois elétrons é propriedade antissimétrica,

isto é, produz uma mudança no sinal na função de onda. De acordo com esse princípio, se tivermos um elétron (1) em um orbital ψ_1 e outro elétron (2) em um orbital ψ_2, ambos com o mesmo *spin*, a simples troca de posição implicará a mudança de sinal da função.

Se os *spins* forem diferentes (α ou β), a troca de *spin* também deverá mudar o sinal da função. De fato, o *spin*, que também faz parte da função de onda, acaba tendo um papel decisivo pelo Princípio de Pauli. Uma forma de expressar isso é considerar que a função de onda é formada de duas partes: orbital (ψ_i) e *spin* (α, β). Para expressar o Princípio de Pauli (antissimetrização) a função de onda bieletrônica deve ser escrita como

$$\psi = N[\psi_1(1) \cdot \psi_2(2) \pm \psi_1(2) \cdot \psi_2(1)] [\alpha(1)\beta(2) \pm \alpha(2)\beta(1)]$$

tal que, na parte orbital se usa o sinal + quando os *spins* forem opostos (antissimétricos), e o sinal – quando os *spins* forem iguais (simétricos).

Assim, quando a combinação orbital for simétrica (sinal +), a combinação de *spin* deve ser antissimétrica (sinal –), e vice-versa. No caso especial em que dois elétrons estão ocupando o mesmo orbital, isto é, $\psi_1 = \psi_2$, o componente orbital será sempre simétrico, e por isso necessariamente os *spins* deverão ser opostos, ou antissimétricos. Por isso, outra maneira de enunciar o Princípio de Pauli é

em um mesmo orbital só é possível acomodar até dois elétrons, com *spins* opostos.

Na resolução da equação de Schrödinger, $H\psi = E\psi$, o procedimento formal consiste em multiplicar ambos os lados por ψ, isto é,

$$\psi H\psi = \psi E\psi$$

e depois fazer a integração

$$\int \psi H\psi = \int \psi E\psi.$$

Porém, é praxe representar a integral $\int$ pela notação de brackets $< | >$ (parênteses triagulares) usada por Dirac, tal que a expressão anterior fica igual a

$$<\psi|H|\psi> = <\psi|E|\psi>.$$

Como a energia é uma grandeza escalar, ela pode ser extraída da integral,

$$<\psi|H|\psi> = E<\psi|\psi>.$$

Se a função de onda for normalizada, $<\psi|\psi> = 1$, e

$$E = <\psi|H|\psi>.$$

O hamiltoniano engloba a somatória de todas as contribuições energéticas individuais. Como simplificação, é possível fazer uma abordagem parcial, focalizando especificamente na repulsão intereletrônica, descrita pelo operador e^2/r_{ij}, onde r_{ij} é a distância entre os elétrons i e j. Esse recurso didático é útil para discutir os fatores envolvidos na energia da repulsão intereletrônica, E_{rep}.

Assim,

$$E_{rep} = <\psi| \, e^2/r_{ij} \, |\psi>.$$

Quando lidamos com combinações de funções de onda, temos de introduzir um fator de normalização N, para que a integral $<\psi|\psi>$ tenha um valor unitário (pois ela também expressa probabilidade). Esse fator é dado por $1/(\Sigma c_i)^2$, onde c_i são os coeficientes das combinações da função de onda. No caso, $N = 1/(1 + 1)^2 = 1/\sqrt{2}$. Substituindo a função de onda pela combinação antissimétrica,

$$E_{rep} = <N^2[\psi_1(1) \cdot \psi_2(2) \pm \psi_1(2) \cdot \psi_2(1)] \, | \, e^2/r_{ij} \, |$$
$$| \, [\psi_1(1) \cdot \psi_2(2) \pm \psi_1(2) \cdot \psi_2(1)]>.$$

A parte de *spin* não é incluída explicitamente no cálculo, pois o operador de repulsão intereletrônica e^2/r_{ij} não atua sobre ela. Contudo, o *spin* controla o sinal ($\pm$) da combinação da função de onda. O desenvolvimento dessa expressão conduz a quatro termos, que podem ser agrupados dois a dois, por equivalência. Em razão do fator $N^2 = 1/2$, o multiplicativo 2 acaba se cancelando, e a expressão fica igual a

$$E_{rep} = <\psi_1(1) \cdot \psi_2(2) \, | \, e^2/r_{ij} \, | \, \psi_1(1) \cdot \psi_2(2)> \pm$$
$$<\psi_1(1) \cdot \psi_2(2) \, | \, e^2/r_{ij} \, | \, \psi_1(2) \cdot \psi_2(1)]>.$$

Nessa expressão, a primeira integral descreve a repulsão coulômbica entre os elétrons ψ_1 e ψ_2. Por isso, é denominada **integral coulômbica**, e seu símbolo é **J**.

A segunda integral correlaciona, por meio do operador de repulsão intereletrônica, uma função de onda $\psi_1(1) \cdot \psi_2(2)$ com a função trocada, $\psi_1(2) \cdot \psi_2(1)$. Por isso é conhecida como **integral de troca**, e seu símbolo é **K**.

Portanto, usando os novos símbolos J e K, temos

$$J = <\psi_1(1) \cdot \psi_2(2) \mid e^2/r_{ij} \mid \psi_1(1) \cdot \psi_2(2)>$$

e

$$K = <\psi_1(1) \cdot \psi_2(2) \mid e^2/r_{ij} \mid \psi_1(2) \cdot \psi_2(1)>,$$

então

$$E_{rep} = J \pm K.$$

Nesse ponto, o Princípio de Pauli se expressa mais uma vez por meio dos sinais ±. Quando os *spins* forem iguais, o sinal da combinação da função de onda será negativo, e a integral de troca será computada como –K. Por outro lado, quando os *spins* forem opostos, a integral de troca será computada como + K.

A consequência desse fato está mostrada na Figura 3.2.

Nessa figura, os elétrons nos orbitais ψ_1 e ψ_2 têm sua energia aumentada por um fator J, em decorrência da repulsão de natureza elétrica (coulômbica); os *spins* colocados de forma paralela diminuem a energia de repulsão, por um fator –K, ao passo que a colocação em antiparalelo aumenta a energia de repulsão por um fator + K. Daí decorre a maior estabilidade dos elétrons com o mesmo *spin* colocados em orbitais energeticamente equivalentes (também chamados de degenerados).

Dessa constatação vem a Regra de Hund: a maior estabilidade é obtida maximizando-se os *spins* paralelos. Por isso, na colocação de três elétrons nos orbitais p, ou de cinco elétrons nos orbitais d, deve-se maximizar o número de *spins* paralelos. Isto é feito colocando um elétron em cada orbital:

Figura 3.2
Contribuição das integrais J e K para a energia de repulsão intereletrônica.

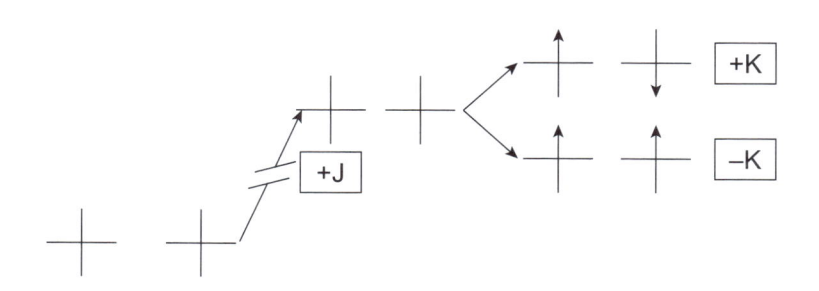

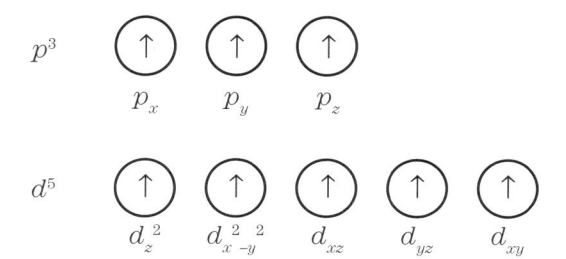

A cada troca de elétrons em orbitais degenerados tem--se uma estabilização de –K. No caso da configuração p^3 podemos efetuar três permutações, ganhando –3K de estabilidade. No caso da configuração p^5 podemos fazer dez permutações, adquirindo –10K de estabilidade. De fato, por meio da permutação, o espaço translacional do elétron aumenta, e isso contribui para a redução da repulsão mútua. Porém só vale para elétrons com mesmo *spin*, em orbitais degenerados. Quando os *spins* forem diferentes, perde-se a equivalência e a possibilidade de permutação. Esse fato tem reflexos importantes no comportamento eletrônico e magnético dos complexos.

Avanços teóricos importantes foram feitos na metade do século passado, pelo físico italiano **Giulio Racah** (1909-1965), um ex-aluno de Enrico Fermi. Racah tornou-se um dos teóricos de maior expressão, trabalhando na Universidade de Jerusalém, contribuindo para a sistematização dos cálculos de espectroscopia atômica. Sua estratégia foi agrupar as integrais J e K envolvendo os vários orbitais atômicos, em parâmetros conhecidos como A, B e C, conforme pode ser visto na Tabela 3.1. Os parâmetros de Racah simplificaram bastante a difícil tarefa de lidar com os estados eletrônicos e espectros, como veremos neste capítulo.

Assim, em vez de expressar as energias da repulsão intereletrônica por meio das integrais J e K, Racah reduziu o complexo tratamento matemático a um simples problema de álgebra. Por isso, esse formalismo ficou conhecido como Álgebra de Racah. Além de facilitar bastante a tarefa de lidar com as energias orbitais, os parâmetros de Racah oferecem outra vantagem muito grande, que é a possibilidade de serem obtidos experimentalmente.

Dos parâmetros de Racah, o parâmetro A é o menos relevante, pois acaba se cancelando no cálculo das energias

Tabela 3.1 – Integrais Coulômbicas (J) e de Troca (K) para elétrons d, expressos em termos dos parâmetros A, B e C de Racah

Integrais J e K	Racah
$J(xy,\ xy) = J(xz,\ xz) = J(yz,\ yz) = J(x^2-y^2, x^2-y^2) = J(z^2, z^2)$	A + 4B + 3C
$J(xy,\ yz) = J(xy,\ xz) = J(xz,\ yz) = J(x^2-y^2, xz) = J(x^2-y^2, yz)$	A – 2B + C
$J(z^2, xz) = J(z^2, yz)$	A + 2B + C
$J(z^2, xy) = J(z^2, x^2-y^2)$	A – 4B + C
$J(x^2-y^2, xy)$	A + 4B + C
$K(xy,\ xz) = K(xy,\ yz) = K(xz,\ yz) = K(x^2-y^2, yz) = K(x^2-y^2, xz)$	3 B + C
$K(z^2, x^2-y^2) = K(z^2, xy)$	4B + C
$K(z^2, yz) = K(z^2, xz)$	B + C
$K(x^2-y^2, xy)$	C

das transições. Os parâmetros B e C podem ser acessados experimentalmente por meio da análise dos espectros eletrônicos dos íons metálicos, e seus valores típicos estão compilados na Tabela 3.2. O parâmetro B é o mais importante, por ter maior peso nas expressões de energia. O parâmetro C segue uma correlação empírica dada por C ≈ 4B. Isso facilita bastante os cálculos, reduzindo as considerações sobre repulsão intereletrônica a um único parâmetro, B.

A comparação dos parâmetros B na série de íons metálicos da Tabela 3.2 é bastante interessante. Ao longo do período, do Ti^{2+} até o Cu^{2+}, podemos ver que os valores de B crescem de 720 até 1.240 cm^{-1}, respectivamente, ao passo que a relação C/B se mantém ao redor de 4. O motivo desse aumento de repulsão intereletrônica pode ser facilmente compreendido. Primeiro, é importante lembrar que, para os elementos de um mesmo período, os orbitais de valência (os mais externos) são de mesma natureza, isto é, $3d$. O aumento do número de elétrons de $3d^1$ até $3d^9$ é acompanhado por um aumento do número de prótons no núcleo, refletindo no crescimento da carga nuclear e na atração elétron núcleo, o que leva a uma contração radial ao longo da série. Assim, os íons de Ti^{2+} são bem maiores que os íons de Cu^{2+}. Ao mesmo tempo que o volu-

		Ti	V	Cr	Mn	Fe	Co	Ni	Cu
Tabela 3.2 – Parâmetros de Racah para os íons livres (cm^{-1})									
B	M^{2+}, 3d	720	765	830	960	1.060	1.120	1.080	1.240
C/B			3,7	3,9	4,1	3,5	4,2	3,9	4,5	3,8
B	M^{3+}, 3d		860	1.030	1.140				
C/B			3,8	3,7	3,2				
		Zr	Nb	Mo	Tc	Ru	Rh	Pd	Ag
B	M^{2+}, 4d	540	530			620		830	
C/B		3,0	3,8			6,5		3,2	

me atômico diminui, cresce o número de elétrons. Assim, ambos os fatores acabam contribuindo para o aumento da repulsão intereletrônica, descrito pelo parâmetro B na Tabela 3.2.

Quando comparamos os elementos ao longo de períodos diferentes, mas dentro de uma mesma família, devemos notar que o número de elétrons de valência permanece constante, como nos casos de Fe^{2+} = 3d^6 e Ru^{2+} = 4d^6. O que muda é a expansão radial dos orbitais 3d para 4d. Os elétrons em orbitais 4d estão mais distantes do núcleo, pois, sendo $n = 4$, o raio orbital é maior. Isso justifica a diminuição na repulsão intereletrônica na série 4d em relação à 3d. Os reflexos disso são marcantes na química dos metais de transição.

Da mesma maneira, a oxidação de um íon metálico quase não muda sua carga nuclear efetiva, porém a saída do elétron permite a reacomodação dos demais a uma distância menor. Com isso, temos uma contração radial, que responde pelo aumento na repulsão intereletrônica. Em poucas palavras, ao longo de um período ($nd^1 \rightarrow nd^9$):

Z_{efetivo} cresce $\Rightarrow$ Raio diminui $\Rightarrow$ $n_{\text{elétrons}}$ cresce $\Rightarrow$ B cresce.

Ao longo de uma família ($3d^x \rightarrow 4d^x \rightarrow 5d^x$):

Z_{efetivo} muda pouco $\Rightarrow$ Raio cresce $\Rightarrow$
$\Rightarrow$ $n_{\text{elétrons}}$ é constante $\Rightarrow$ B diminui.

Uma pergunta pertinente nesse instante é: por que precisamos entender a questão da repulsão intereletrônica? De fato, na Química dos Elementos Representativos, com suas camadas eletrônicas completas, os efeitos da repulsão intereletrônica raramente são notados ou comentados. Porém, nos íons de metais de transição, a última camada eletrônica é composta por orbitais d, geralmente incompletos. As vacâncias existentes tornam possível um número muito grande de permutações dos elétrons, com seus *spins*, entre os orbitais. Essas permutações conduzem a estados com energias distintas, por causa das diferenças na repulsão intereletrônica. Tais estados podem ser observados espectroscopicamente, e são as transições entre eles, induzidas pela luz, que dão origem às cores nos íons metálicos.

Lidar com essa questão não é uma tarefa muito simples. Existe, entretanto, um recurso muito útil, que utiliza a linguagem vetorial para descrever os estados de energia dos átomos. Essa linguagem é expressa pelo Modelo Vetorial do Átomo, usado com muito sucesso pelos espectroscopistas atômicos. Ele é muito importante, pois é essencial na análise dos elementos por meio das técnicas conhecidas como absorção atômica e emissão de plasma. Nessas técnicas, os elementos são vaporizados e a luz absorvida ou emitida é analisada, sob a forma de espectros, definidos por um conjunto de linhas ou raias, características dos elementos. A análise dessas raias fornece a composição química dos materiais, e é a principal fonte de informação química sobre a constituição dos corpos celestes.

Modelo vetorial do átomo

O movimento translacional e rotacional dos elétrons dá origem a momentos magnéticos, que podem ser associados ao orbital e ao *spin*. Os momentos magnéticos são vetoriais, pois têm direção e sentido. Assim, uma forma interessante de lidar com os átomos polieletrônicos é explorando as propriedades vetoriais de seus momentos orbitais e de spin.

Podemos contabilizar a contribuição dos orbitais e spins fazendo a soma vetorial de seus momentos individuais. Assim, para os momentos orbitais, temos que definir

$$L = \Sigma \ell_i$$

onde ℓ_i são os números quânticos designativos dos orbitais s, p, d, f, ou 0, 1, 2, 3, respectivamente.

Cada orbital designado pelo número quântico ℓ tem um componente vetorial do momento magnético, dado por m_ℓ, que varia de $+\ell$ até $-\ell$

$$m_\ell = \ell, \ell - 1,\ldots -\ell$$

Por exemplo, para o orbital d, $\ell = 2$, e $m_\ell = 2, 1, 0, -1, -2$.

Na linguagem vetorial, m_ℓ corresponde à projeção do vetor sobre o eixo de coordenadas, como representado no esquema:

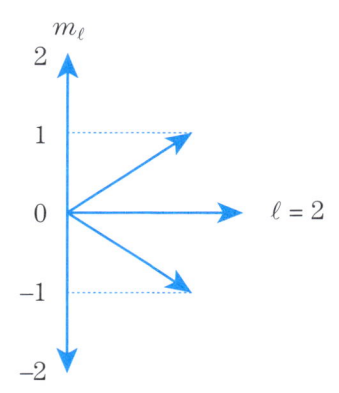

Assim, em termos vetoriais, o momento magnético resultante, M_L pode ser definido como

$$M_L = \Sigma m_\ell$$

E, dessa forma, M_L pode assumir os valores

$$M_L = L, L - 1, L - 2,\ldots -L.$$

Note que o valor máximo de M_L é igual a L.

Sob o ponto de vista vetorial, o spin resultante de uma configuração com vários elétrons pode ser representado por

$$S = \Sigma s_i.$$

Cada spin individual tem um valor ½, e os momentos associados, m_s, podem valer

$$m_S = +\frac{1}{2}, -\frac{1}{2}.$$

O momento de spin resultante, M_S é dado por

$$M_S = \Sigma m_s$$

e o M_S pode variar segundo

$$M_S = S, S-1,\ldots -S.$$

Observe que o valor máximo de M_S é igual a S.

Os valores de L e S são importantes, pois definem os estados de energia que um átomo pode assumir. Na nota-ção de Russell–Saunders, os estados atômicos podem ser representados por

$$2S + 1L$$

onde 2S+1 representa a multiplicidade de spin, isto é, o número de possibilidades que o spin pode ter.

- Quando $S = 0 \Rightarrow 2S + 1 = 1$, ou singleto.
- Quando $S = 1/2 \Rightarrow 2S + 1 = 2$, ou dubleto.
- Quando $S = 1 \Rightarrow 2S + 1 = 3$, ou tripleto.
- Quando $S = 3/2 \Rightarrow 2S + 1 = 4$, ou quarteto, e assim por diante.

Os valores de L, por sua vez, recebem denominações semelhantes às dos orbitais, porém se usam sempre letras maiúsculas para fazer a diferenciação:

- $L = 0 \rightarrow$ estado S
- $L = 1 \rightarrow$ estado P
- $L = 2 \rightarrow$ estado D
- $L = 3 \rightarrow$ estado F
- $L = 4 \rightarrow$ estado G, e assim por diante, na sequência alfabética.

No caso das configurações monoeletrônicas, s^1, p^1, d^1, f^1, a somatória é simplificada e, portanto,

$$s^1 \Rightarrow L = 0 \text{ e } S = \tfrac{1}{2} \Rightarrow L = S \text{ e } 2S+1 = 2 \Rightarrow \quad \text{estado } {}^2S$$

$$p^1 \Rightarrow L = 1 \text{ e } S = \tfrac{1}{2} \Rightarrow L = P \text{ e } 2S+1 = 2 \Rightarrow \quad \text{estado } {}^2P$$

$$d^1 \Rightarrow L = 2 \text{ e } S = \tfrac{1}{2} \Rightarrow L = D \text{ e } 2S+1 = 2 \Rightarrow \quad \text{estado } {}^2D$$

$$f^1 \Rightarrow L = 3 \text{ e } S = \tfrac{1}{2} \Rightarrow L = F \text{ e } 2S+1 = 2 \Rightarrow \quad \text{estado } {}^2F$$

Essas configurações admitem um único estado de energia.

Uma situação especial ocorre com as configurações de camada quase cheias, isto é, s^1, p^5, d^9 e f^{13}. Nesses casos, em razão da simetria dos números quânticos, a somatória leva ao cancelamento sistemático dos níveis cheios, restando apenas a contribuição do orbital incompleto. Dessa forma,

$$S = \tfrac{1}{2} \text{ e } L = M_{L \text{ máximo}}.$$

Assim, os estados eletrônicos ficam idênticos aos das configurações monoeletrônicas, estabelecendo uma espécie de **equivalência elétron↔buraco**. Isso vai acontecer com frequência na comparação das diferentes configurações.

No caso de configurações de camada cheia, s^2, p^6, d^{10} e f^{14}, as somatórias dos momentos de spin e dos momentos orbital sempre serão nulas, por causa da simetria dos números quânticos.

$$s^2, p^6, d^{10} \text{ e } f^{14} \Rightarrow S = \Sigma s_i = 0 \quad \Rightarrow 2S + 1 = 1 \text{ e}$$
$$L = \Sigma \ell_i = 0 \Rightarrow L = S \Rightarrow \text{estado } {}^1S.$$

Dessa forma, as configurações eletrônicas de camada cheia admitem apenas um único estado de energia, ^1S. Isso significa que os íons de camada cheia se comportam como sistemas totalmente simétricos, em termos de orbitais e de spin.

Quando se lida com configurações de camada incompleta, por exemplo, indo de d^2 a d^8, a situação se torna bastante complexa, pois o número de permutações entre orbitais e spins pode ser imenso, apesar de a tarefa ser computacionalmente simples. Contudo, o exercício manual pode ser muito interessante, sob o ponto de vista didático, e merece ser reproduzido.

Vamos considerar, como exemplo, uma configuração d^2. Primeiramente, distribuímos os dois elétrons entre os cinco orbitais d energeticamente equivalentes (degenerados). A melhor sistemática para fazer isso é por meio da construção de uma tabela de microestados, do tipo (m_ℓ^{spin}, m'_ℓ^{spin}) ou (+1$^+$, –1$^-$), onde os números +1 e –1 representam os valores de m_ℓ e os expoentes + e – simbolizam os spins. Nessa tabela, os microestados devem ser ordenados em função de M_L e M_S, e não pode haver repetição.

Para a configuração d^2 temos que $\ell = 2$, e $m_\ell = 2, 1, 0, -1, -2$. Como existem dois elétrons, o valor máximo de M_L será 4, colocados em $m_\ell = 2$, isto é, $M_L = 2 + 2 = 4$. Depois, para gerar $M_L = 3$, vamos colocar um elétron em $m_\ell = 2$ e outro em $m_\ell = 1$. Dessa forma, $M_L = 2 + 1 = 3$. Continuando esse procedimento, chegaremos facilmente a $M_L = 2, 1$ e 0.

Considerando agora os spins dos dois elétrons, eles poderão ficar em paralelo com o mesmo sentido (↑↑, ou $M_S = ½ + ½ = 1$), antiparalelo (↑↓, ou $M_S = ½ - ½ = 0$), ou ambos invertidos (↓↓, ou $M_S = -½ - ½ = -1$).

Assim, vamos construir uma tabela de microestados, dispostos segundo os valores de M_L na vertical e de M_S na horizontal. A soma dos spins (expoente) determina a coluna, e a soma dos m_ℓ determina a linha, e isso facilita bastante a distribuição dos microestados. Por exemplo, (2$^+$, 2$^-$) deve ser colocado na coluna de $M_S = 0$, e na linha de $M_L = 4$.

Note que (2$^+$, 2$^-$) é o mesmo que (2$^-$, 2$^+$), pois se trata do mesmo orbital ($m_\ell = 2$). Porém (2$^+$, 1$^-$) é diferente de (2$^-$, 1$^+$), pois se trata de orbitais distintos e a permutação, de acordo com o Princípio de Pauli, deve produzir outra função com sinal trocado. Lembre-se, portanto, que a permutação ou troca de spin entre orbitais distintos gera um novo microestado.

Parece surpreendente, mas como pode ser visto na Tabela 3.3, existem 45 modos distintos de colocação de dois elétrons em cinco orbitais d. Com base nos valores de L e S, é possível reagrupar essas 45 possibilidades, para gerar os respectivos estados de energia.

Um modo prático de fazer isso é lembrar que os valores máximos de M_L e M_S são iguais a L e S, respectivamente. Assim, percorrendo a tabela, podemos ver que para

M_L/M_S	1	0	−1
4		$(2^+,2^-)$	
3	$(2^+,1^+)$	$(2^+,1^-)(2^-,1^+)$	$(2^-,1^-)$
2	$(2^+,0^+)$	$(2^+,0^-)(2^-,0^+)(1^+,1^-)$	$(2^-,0^-)$
1	$(2^+,-1^+)(1^+,0^+)$	$(2^+,-1^-)(2^-,-1^+)(1^+,0^-)(1^-,0^+)$	$(2^-,-1^-)(1^-,0^-)$
0	$(2^+,-2^+)(1^+,-1^+)$	$(2^+,-2^-)(2^-,-2^+)(1^+,-1^-)(1^-,-1^+)(0^+,0^-)$	$(2^-,-2^-)(1^-,-1^-)$
−1	$(-2^+,1^+)(-1^+,0^+)$	$(-2^+,1^-)(-2^-,1^+)(-1^+,0^-)(-1^-,0^+)$	$(-2^-,1^-)(-1^-,0^-)$
−2	$(-2^+,0^+)$	$(-2^+,0^-)(-2^-,0^+)(-1^+,-1^-)$	$(-2^-,0^-)$
−3	$(-2^+,-1^+)$	$(-2^+,-1^-)(-2^-,-1^+)$	$(-2^-,-1^-)$
−4		$(-2^+,-2^-)$	

Tabela 3.3 – Microestados possíveis para um sistema d^2

$M_{L\text{máximo}} = 4$ o valor de M_S só pode ser 0. Portanto, chegamos à conclusão que para $L = 4 \Rightarrow S = 0$, e isso define o primeiro estado de energia:

$$L = 4 \Rightarrow \text{estado } G, \text{ e } S = 0 \Rightarrow 2S + 1 = 1, \Rightarrow \boxed{^1G}.$$

Uma vez identificado esse estado, temos de excluir os microestados que fazem parte dele. Quais seriam eles? Necessariamente, os microestados definidos por L e S devem fazer parte das linhas e colunas, respectivas, de M_L e M_S. Assim, para

$$L = 4 \Rightarrow M_L = 4, 3, 2, 1, 0, -1, -2, -3, -4 \text{ e } S = 0 \Rightarrow M_S = 0.$$

Portanto podemos excluir um microestado de cada linha, mantendo a coluna central, correspondente a $M_S = 0$. Vamos selecionar e eliminar o microestado da Tabela, segundo essa ordem. Note que para $L = 4$, o número de valores que M_L pode assumir é igual a 9. Esse número é sempre igual a $2L + 1$, e representa sua multiplicidade.

Excluindo esses microestados, a próxima linha corresponde a $M_{L\text{máximo}} = 3$ e $M_{S\text{máximo}} = 1$. Dessa forma,

$$L = 3 \Rightarrow \text{estado } F, \text{ e } S = 1 \Rightarrow 2S + 1 = 3, \Rightarrow \boxed{^3F}.$$

Respeitando os valores de $M_L = 3, 2, 1, 0, -1, -2, -3$, e $M_S = -1, 0, 1$, podemos excluir os microestados correspondentes em cada linha e coluna. No total, são 21 microestados, previstos pela

multiplicidade total $= (2L + 1)(2s + 1)$ ou

$$= (2 \times 3 + 1)(2 \times 1 + 1) = 7 \times 3 = 21.$$

Depois de excluir esses microestados, a próxima linha remanescente é a que tem $M_{L\text{máximo}} = 2$ e $M_{S\text{máximo}} = 0$. Dessa forma,

$$L = 2 \text{ e } S = 0 \Rightarrow \boxed{{}^1D}.$$

Repetindo novamente o processo de exclusão, vamos chegar a

$$L = 1 \text{ e } S = 1 \Rightarrow \boxed{{}^3P}$$

e finalmente

$$L = 0 \text{ e } S = 0 \Rightarrow \boxed{{}^1S}.$$

Em resumo, os 45 microestados de uma configuração d^2 podem ser agrupados em cinco estados de energia:

$$d^2 \ (45) \Rightarrow {}^1G \ (9), \ {}^3F \ (21), \ {}^1D \ (5), \ {}^3P \ (9), \ {}^1S \ (1).$$

Cada estado de energia tem o seu número correspondente de microestados mostrado entre parênteses.

Infelizmente, não é possível prever a ordem exata de energia dos microestados, sem recorrer a cálculos computacionais. Porém é possível saber qual é o estado de menor energia. De acordo com a Regra de Hund,

> o estado de menor energia, ou estado fundamental, será aquele que apresentar a maior multiplicidade de spin ($>S$), e no caso de empate, também o maior L ($>L$).

No caso da configuração d^2, pelas considerações de spin, o estado fundamental poderia ser ${}^3P$ ou ${}^3F$. Nesse caso, levando em conta o valor de L, o estado fundamental só pode ser ${}^3F$.

Os estados de energia, apesar de serem abstratos, podem ser acionados quando fornecemos energia necessária para provocar a transição entre eles, por meio de luz ou, eventualmente, calor. Isso pode ser facilmente detectado com os equipamentos existentes e a precisão é tamanha, a ponto de tornar-se a base referencial do nosso sistema métrico de medidas. De fato, atualmente a unidade de tempo (segundo) é definida pela frequência da radiação envolvida em uma transição no átomo de césio 133. Essa frequência pode ser medida com dez algarismos significativos! Por isso, desde 1983, o metro passou a ser definido com base na velocidade da luz, pela distância percorrida em um intervalo de tempo, definido espectroscopicamente.

A análise das transições oferece informações importantes sobre a composição química da matéria, inclusive a dos corpos celestes. O equacionamento do modelo vetorial é feito por meio da mecânica quântica, e está centrado nas interações de repulsão intereletrônica do átomo. Já vimos que, em sistemas de camada aberta, como $d^2 - d^8$, o número de permutações que podem ser executadas com os elétrons é considerável, e conduz a situações de diferentes níveis de repulsão intereletrônica, que acabam definindo os estados.

O equacionamento dos estados eletrônicos dos átomos foi feito por Racah, em função dos parâmetros A, B e C de repulsão intereletrônica. Esses cálculos estão disponíveis na literatura especializada. Assim, para o sistema d^2 as energias dos diversos estados eletrônicos podem ser vistas na Figura 3.3, com as expressões correspondentes expressas segundo a Álgebra de Racah.

Conforme mostrado na Figura 3.3, são possíveis quatro transições do estado fundamental ^3F para os estados excitados ^1D, ^3P, ^1G e ^1S. Entretanto, elas ocorrem com intensidades diferentes, por causa de algumas restrições de

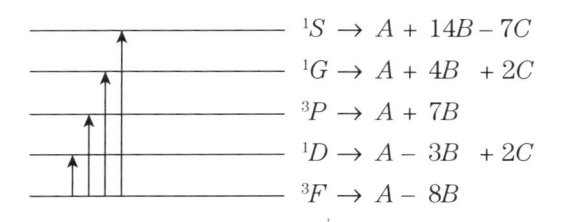

$^1S \rightarrow A + 14B - 7C$

$^1G \rightarrow A + 4B + 2C$

$^3P \rightarrow A + 7B$

$^1D \rightarrow A - 3B + 2C$

$^3F \rightarrow A - 8B$

Figura 3.3
Estados eletrônicos para o íon d^2 e suas expressões energéticas baseadas na Álgebra de Racah.

natureza quântica que serão discutidas posteriormente, no capítulo de espectroscopia. A partir da energia da transição eletrônica $^3F \rightarrow {}^3P$, que é a mais intensa, é possível calcular o valor do parâmetro B.

No caso do íon de Ti^{2+} ($3d^2$) essa transição é observada experimentalmente com a frequência da luz excitante em 8.848 cm^{-1}. Com base nas expressões de energia da Figura 3.3,

$$E(^3F \rightarrow {}^3P) = 8.848 \text{ cm}^{-1} = (A + 7B) - (A - 8B) = 15B \Rightarrow$$
$$\Rightarrow B = 8.848/15 = 718 \text{ cm}^{-1}.$$

A transição $^3F \rightarrow {}^1D$ é observada em 10.770 cm^{-1} e, portanto,

$$E(^3F \rightarrow {}^1D) = 10.770 \text{ cm}^{-1} = (A - 3B + 2C) - (A - 8B) =$$
$$= 5B + 2C.$$

Substituindo pelo valor de B, podemos calcular $C = 2.629$ cm^{-1}.

Com base nos valores de B e C, é possível prever as energias das demais transições.

Na Tabela 3.4 estão relacionados os termos espectroscópicos para diversas configurações eletrônicas. Em virtude da simetria dos números quânticos, existe uma equivalência entre as configurações complementares (elétron $\leftrightarrow$ buraco), por exemplo: $p^x = p^{6-x}$ e $d^x = d^{10-x}$.

Tabela 3.4 – Termos espectroscópicos para diversas configurações eletrônicas

Configurações	Estados de energia
$p^1 = p^5$	^2P
$p^2 = p^4$	$^1S, {}^1D, {}^3P$
p^3	$^2P, {}^2D, {}^4S$
$d^2 = d^8$	$^1S, {}^1D, {}^1G, {}^3P, {}^3F$
$d^3 = d^7$	$^2P, {}^2D(2\times), {}^2F, {}^2G, {}^2H, {}^4P, {}^4F$
$d^4 = d^6$	$^1S(2\times), {}^1D(2\times), {}^1F, {}^1G(2\times), {}^1I, {}^3P(2\times), {}^3D, {}^3F(2\times), {}^3G, {}^3H, {}^5D$
d^5	$^2S, {}^2P, {}^2D(3\times), {}^2F(2\times), {}^2G(2\times), {}^2H, {}^2I, {}^4P, {}^4D, {}^4F, {}^4G, {}^6S$

Acoplamento *spin*-órbita

O modelo vetorial apresentado pressupunha a independência entre o momento de spin e o momento orbital, como indicado no esquema

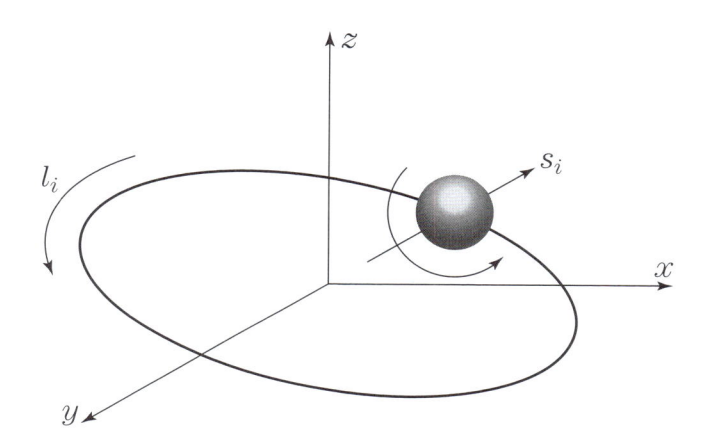

Essa premissa continua válida, principalmente para os elementos mais leves, por exemplo, na série $3d$. Porém, à medida que passamos para as séries $4d$ e $5d$, o aumento da carga nuclear acaba acoplando os momentos de spin e orbital. Esse acoplamento, entretanto, ainda não é forte o bastante para descaracterizar os spins e orbitais individuais, para gerar um misto de spin–orbital. Isso não acontece. Entretanto o acoplamento pode ser significativo, e ter um papel relevante no comportamento magnético dos átomos metálicos mais pesados, especialmente dos elementos de terras raras.

O acoplamento spin–órbita afeta significativamente os estados eletrônicos, e uma forma de lidar com isso é introduzindo um novo termo vetorial J, definido como

$$J = L + S,\ L + S - 1,\ldots\ |L - S|.$$

Cada termo J tem componentes M_J que variam segundo

$$M_J = J,\ J - 1,\ldots\ 0\ldots\ -J.$$

Assim, a representação dos estados eletrônicos passa a incorporar um novo termo, J, tornando-se

$$^{2S+1}L_J$$

Por exemplo, o termo ^3F, proveniente de uma configuração $3d$, sob influência do acoplamento spin–órbita, acaba se desdobrando nos seguintes estados:

$$^3F \Rightarrow L = 3, S = 1 \Rightarrow J = 3 + 1 \ , 3 + 1 - 1, |3 - 1| = 4, 3, 2.$$

Portanto $^3F \Rightarrow {}^3F_4, {}^3F_3, {}^3F_2$.

O acoplamento spin–órbita pode ser visto como uma perturbação dos estados eletrônicos ^{2S+1}L para os íons metálicos da série $3d$, pois ele altera as energias em alguns centésimos de sua grandeza inicial. Por exemplo, enquanto os estados eletrônicos apresentam diferenças de energia da ordem de 20.000 cm^{-1}, as mudanças típicas provocadas pelo acoplamento spin–órbita se situam em torno de 200 cm^{-1}.

Um diagrama completo de desdobramento dos termos espectroscópicos associados à configuração d^2 pode ser visto na Figura 3.4.

Existe uma peculiaridade importante na ordenação energética dos termos com J. Estudos feitos por Landé mostraram que a diferença de energia entre dois termos sucessivos J e J + 1 é sempre um múltiplo de J:

$$\Delta E(^{2S+1}L_J \to {}^{2S+1}L_{J+1}) = \lambda \, J.$$

A constante λ é conhecida como parâmetro de Landé, e pode assumir valores positivos ou negativos, dependendo de a configuração eletrônica ser inferior ou superior à semicheia, respectivamente. Por isso, para uma configuração inferior à semicheia, como é o caso do d^2, o menor valor de J será o de menor energia, isto é, $^3F_2$, como está mostrado na Figura 3.4. No caso de uma configuração superior à semicheia, como é o caso do d^8, o maior valor de J passa a ser o de menor energia, e o diagrama de desdobramento de J, na Figura 3.4, se inverte. Assim, um termo ^3F decorrente de um configuração d^8 teria $^3F_4$ como estado de menor energia.

Uma forma de diferenciar os vários estados $^{2S+1}L_J$ é por meio da aplicação de um campo magnético intenso. O campo magnético atua sobre os momentos magnéticos M_J

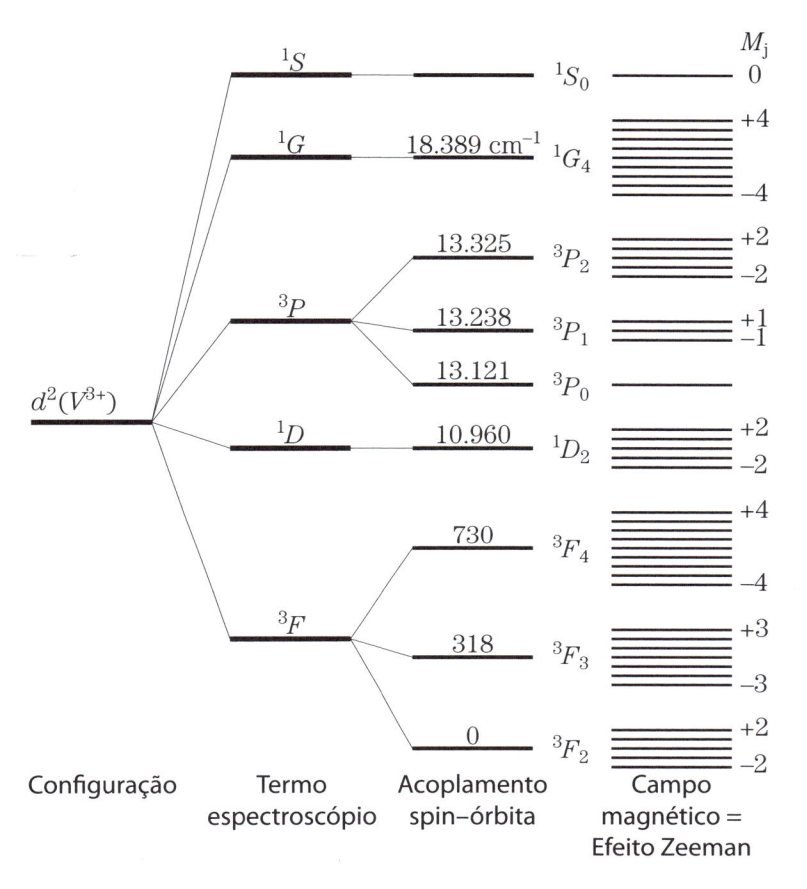

Figura 3.4
Diagramas de desdobramento dos termos espectroscópicos, incluindo o acoplamento spin–órbita, e o Efeito Zeeman em resposta à aplicação de um campo magnético.

desdobrando-os segundo a multiplicidade de J. Esse fato é conhecido como Efeito Zeeman. Assim, o campo magnético atuando sobre o estado $^3F_2$ provoca o seu desdobramento em cinco estados com M_J = 2, 1, 0, –1 e –2, conforme indicado na Figura 3.4. A separação energética entre os estados que decorrem do desdobramento de M_J depende da magnitude do campo magnético aplicado, e cai na faixa de micro-ondas. Os sinais obtidos são trabalhados pela espectroscopia de ressonância paramagnética (EPR) ou de spin eletrônico, fornecendo informações estruturais muito importantes a respeito dos íons metálicos nos diferentes ambientes químicos em que se encontram.

CAPÍTULO 4

TEORIA DO
CAMPO LIGANTE

A abordagem mais utilizada na Química de Coordenação originou-se da aplicação de conceitos de simetria para explicar o comportamento dos níveis eletrônicos dos átomos. Isso foi feito pelo físico nuclear Hans Bethe, em 1929 (Figura 4.1).

Um sólido cristalino possui alta simetria interna. Assim, os íons metálicos em seu interior ficam sujeitos a um campo determinado pelas cargas elétricas negativas dos ânions que estão ao seu redor. Como os elétrons são partículas negativamente carregadas, o campo estabelece um potencial de repulsão entre os elétrons do metal e os elétrons que se aproximam, dos ligantes.

Na Teoria do Campo Cristalino proposta por Bethe, os ligantes foram tratados, originalmente, como cargas pontuais. Essa aproximação foi sendo aperfeiçoada aos poucos, com o nome de Teoria de Campo Ligante, para incorporar as características eletrônicas dos ligantes, sem perder a essência das ideias introduzidas por Bethe. Por isso, a Teoria de Campo Cristalino sobrevive em sua essência, porém hoje ela é aplicada no contexto da Teoria de Campo Ligante.

A linguagem atualmente empregada para lidar com conceitos e operações de simetria é baseada na **Teoria de Grupo**. Ela pode parecer muito abstrata no início, porém

Figura 4.1

Hans Albrecht Bethe nasceu em 1906, na cidade de Strasbourg, durante o domínio germânico. Doutorou-se na Universidade de Munique, sob orientação de Arnold Sommerfeld, desenvolvendo a Teoria de Campo Cristalino, publicada em 1929. Deixou a Alemanha em 1933, quando os nazistas chegaram ao poder. Nos Estados Unidos foi professor na Universidade de Cornell. Ganhou o Prêmio Nobel de Física, em 1967, pela teoria de nucleossíntese estelar, que desenvolveu para explicar a produção de energia solar. Nas décadas de 1980 e 1990 teve participação ativa nos movimentos em prol do uso pacífico da energia nuclear. Morreu em 2005, nos Estados Unidos.

seu uso facilita bastante a interpretação dos resultados que dependem da simetria. Não podemos esquecer que a simetria é uma propriedade universal, e está na própria essência da Química.

Teoria de grupo

Grupos, sob o ponto de vista matemático, são conjuntos de elementos designados genericamente por A, B, C... X, Y, Z, que devem seguir quatro regras:

1) Existe o elemento identidade, E, capaz de comutar com qualquer outro elemento X do grupo, deixando-o inalterado, isto é,

   $E \cdot X = X \cdot E = X$.

2) O produto de dois elementos $(A \cdot B)$ e o quadrado de cada elemento $(A^2 = A \cdot A)$ devem pertencer ao grupo.

3) A multiplicação é associativa, isto é,

   $A \cdot B \cdot C = (A \cdot B)C = A(B \cdot C)$.

4) Cada elemento A tem um recíproco R, que também pertence ao grupo, tal que

$A \cdot R = R \cdot A = E$.

Essas quatro regras podem ser exercitadas por meio da construção de uma Tabela de Multiplicação, na qual os elementos são expostos em linhas (horizontais) e colunas (verticais) sem repetição, isto é,

Grupo	E	A	B
E			
A			
B			

Note que a letra E é reservada para o elemento identidade, que sempre deve estar presente. Segundo a regra 1, o produto de cada elemento pela identidade reproduz o próprio elemento, e isso permite preencher a primeira linha e a primeira coluna da tabela:

Grupo	E	A	B
E	E	A	B
A	A		
B	B		

Como não pode haver repetição, o produto de A . A na segunda linha ou coluna só pode ser B ou E. A primeira hipótese, $A \cdot A = B$,

Grupo	E	A	B
E	E	A	B
A	A	B	
B	B		

levaria necessariamente à conclusão que $A \cdot B = E$ e $B \cdot B = A$, o que satisfaz todas as regras do grupo.

Grupo	E	A	B
E	E	A	B
A	A	B	E
B	B	E	A

A segunda hipótese, A · A = E, conduz necessariamente a A · B = B, e com isso haveria repetição de elementos na terceira linha ou coluna. Portanto essa hipótese deve ser descartada.

Apesar de parecerem arbitrárias, na realidade essas quatro regras definem um grupo, sob o ponto de vista matemático. Trocando as letras A, B, C etc... por operações de simetria, C_n, σ, i, S_n, é possível demonstrar que as operações seguem exatamente as quatro regras e, dessa forma, estabelecem um Grupo de Ponto. Deve ser lembrado que existe diferença entre elementos de simetria e operações de simetria. Os elementos de simetria são os elementos geométricos genuínos do objeto. As operações de simetria descrevem as ações conduzidas sobre esses elementos. Por isso, sobre um eixo C_4 podemos aplicar três operações, C_4^1 (giro de 90°), C_4^2 (180°) e C_4^3 (270°). A quarta operação C_4^4 (360°) equivale à identidade. São as operações de simetria (não os elementos de simetria) que realmente definem o Grupo de Ponto.

Assim, para qualquer Grupo de Ponto, podemos listar todos os elementos (operações de simetria), e ver como eles atuam sobre as propriedades ou objetos de interesse, como os representados pelos vetores de translação x, y, z; vetores de rotação R_x, R_y, R_z e vetores de combinação, como os de quadrupolo, xy, xz, yz, x^2y^2, z^2 etc. O resultado dessas operações pode ser listado em uma tabela, por meio de números. Quando a operação é mais complexa, envolvendo mais de uma dimensão (por exemplo, x e y), ela é descrita por uma matriz de transformação, e o resultado é representado pelo caráter dessa matriz, ou seja, pela somatória da diagonal principal. O resultado é uma **Tabela de Caracteres**. Nessa tabela, cada linha define uma **representação de simetria**, do Grupo de Ponto considerado.

A tabela de caracteres proporciona uma das ferramentas mais importantes da teoria de grupo. Sua organização é feita de acordo com quatro regras. Porém, antes, os elementos devem ser agrupados em classes de operações de simetria (designados pela letra R), de acordo com o comportamento que apresentam. Os elementos de uma mesma classe estão conjugados entre si, isto é, podem ser correlacionados por meio de operações de simetria, e se comportam de forma semelhante, permitindo seu agrupamento.

Essas quatro regras estão relacionadas a seguir:

1. O número de classes de operações de simetria (R) é igual ao número de representações irredutíveis (i).

2. Os caracteres dentro de uma mesma classe são idênticos.

3. O caráter da identidade estabelece a dimensão da representação, ℓ_i,

$$\chi_i(\mathrm{E}) = \ell_i,$$

sendo $\ell_i = 1$ (unidimensional), 2 (bidimensional) e 3 (tridimensional) e

$$\Sigma_R\{\chi_i(E)\}^2 = \Sigma\ell_i^2 = h \text{ (ordem do grupo)}.$$

4. Os caracteres devem manter a propriedade ortonormal (linguagem também utilizada na mecânica quântica, com o mesmo significado), expressa por

$$\Sigma_R\{\chi_j(R) \cdot \chi_i(R)\} = h\delta_{ij}$$

onde $\delta_{ij} = 1$ quando $i = j$

$\delta_{ij} = 0$ quando $i \neq j$.

O termo δ_{ij} também é conhecido como delta de Kronecker.

Vamos considerar o grupo de ponto C_{2v}. Esse grupo é formado pelas operações E, C_2, σ_{xz}, σ_{yz}. Depois, vamos colocar um vetor sobre os eixos z, x e y, como mostrado no esquema, e proceder com as operações de simetria sobre ele, fazendo o eixo C_2 coincidir com o **eixo de coordenadas z**.

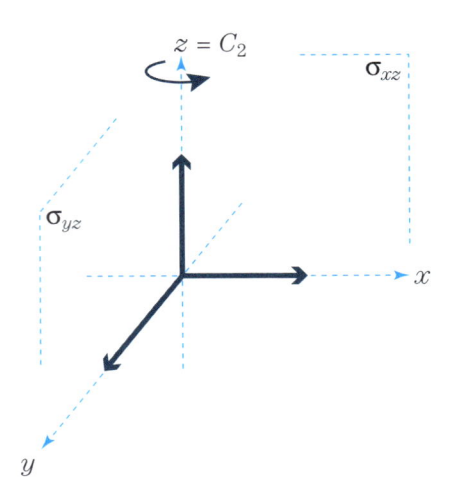

Aplicando as operações de simetria sobre os vetores z, x e y, teremos como resultado

$E(z) = 1(z),$ $C_2(z) = 1(z),$ $\sigma_{xz}(z) = 1(z),$ $\sigma_{yz}(z) = 1(z).$

$E(x) = 1(x),$ $C_2(x) = -1(x),$ $\sigma_{xz}(x) = 1(x),$ $\sigma_{yz}(x) = -1(x).$

$E(y) = 1(y),$ $C_2(y) = -1(y),$ $\sigma_{xz}(y) = -1(y),$ $\sigma_{yz}(y) = 1(y).$

Esse conjunto pode ser transportado para uma tabela

C_{2v}	E	C_2	σ_{xz}	σ_{yz}
Γ_z	1	1	1	1
Γ_x	1	−1	1	−1
Γ_y	1	−1	−1	1
Γ	?	?	?	?

onde Γ_x, Γ_y e Γ_z são as representações de simetria para os vetores x, y e z, e os números representam os caracteres correspondentes, para cada operação de simetria.

De acordo com a primeira regra, deve existir ainda uma quarta representação de simetria, Γ, pois o número de representações deve ser igual ao número de classes de operações de simetria (no caso = 4). Note que a regra 2 foi mantida, pois cada classe está sendo representada apenas por um único caráter. Segundo a regra 3, o caráter da identidade é igual a 1 para Γ_x, Γ_y e Γ_z, ou seja, essas representações são unidimensionais. Com base nessa regra, podemos prever que a quarta representação, Γ, também será unidimensional, pois

$$\Sigma \ell_i^2 = (1^2 + 1^2 + 1^2 + x^2) = h = 4 \text{ e portanto, } x = 1.$$

Para aplicar a regra 4, basta multiplicar duas linhas, somando os resultados para cada coluna. Por exemplo,

$$\Gamma_z . \Gamma_z \Rightarrow \Sigma^R\{\chi_i(R) \cdot \chi_j(R)\} = (1 \times 1) + (1 \times 1) + (1 \times 1) + (1 \times 1) = 4 = 4 \times 1 \ (h = 4, \delta_{ij} = 1)$$

$$\Gamma_y . \Gamma_y \Rightarrow \Sigma^R\{\chi_i(R) \cdot \chi_j(R)\} = (1 \times 1) + (-1 \times -1) + (-1 \times -1) + (1 \times 1) = 4 = 4 \times 1 \ (h = 4, \delta_{ij} = 1)$$

$$\Gamma_z . \Gamma_x \Rightarrow \Sigma^R\{\chi_i(R) \cdot \chi_j(R)\} = (1 \times 1) + (1 \times -1) + (1 \times 1) + (1 \times -1) = 0 = 4 \times 0 \ (h = 4, \delta_{ij} = 0)$$

$$\Gamma_z . \Gamma_y \Rightarrow \Sigma^R\{\chi_i(R) \cdot \chi_j(R)\} = (1 \times 1) + (1 \times -1) + (1 \times -1) + (1 \times 1) = 0 = 4 \times 0 \ (h = 4, \delta_{ij} = 0)$$

$$\Gamma_x . \Gamma_y \Rightarrow \Sigma^R\{\chi_i(R) \cdot \chi_j(R)\} = (1 \times 1) + (-1 \times -1) + (1 \times -1) + (-1 \times 1) = 0 = 4 \times 0 \ (h = 4, \delta_{ij} = 0).$$

Com base na regra 4, podemos deduzir os caracteres da quarta representação Γ, resolvendo os produtos $\Gamma_z.\Gamma$, $\Gamma_x.\Gamma$ e $\Gamma_z.\Gamma$. Dessa forma, a tabela de caracteres para o Grupo de Ponto C_{2v} pode ser completada:

C_{2v}	E	C_2	σ_z	σ_{yz}
Γ_z	1	1	1	1
Γ_x	1	-1	1	-1
Γ_y	1	-1	-1	1
Γ	1	1	-1	-1

Cada Grupo de Ponto é representado por uma tabela de caracteres. Nela, as representações de simetria são normalmente expressas pelos símbolos de Bethe (Γ_i) ou, mais comumente, pelos símbolos A, B, E e T, introduzidos por Mulliken.

Os símbolos de Mulliken são os mais utilizados na notação espectroscópica e é importante saber como trabalhar com eles. Para isso, é necessário observar os seguintes detalhes:

Símbolos de Mulliken

- *Quando usar as letras?*
  A, B = deve ser usado para representações unidimensionais ($\chi(E) = 1$),
  E, para bidimensionais, ($\chi(E) = 2$, e
  T, para tridimensionais, ($\chi(E) = 3$.

- *No caso específico de A e B*:
  $A \Rightarrow$ quando for simétrico com respeito ao C_n e
  $B \Rightarrow$ quando for antissimétrico com respeito ao C_n.
  Subscrito 1 ou 2 = simétrico ou antissimétrico, respectivamente, ao $C_2 \perp C_n$ ou σ_v.

- *Quando houver um plano horizontal*: usa-se o sobrescrito ' ou " se for simétrico ou antissimétrico, respectivamente, com respeito ao σ_h.

- *Quando existir um centro de inversão*: usa-se o subscrito g ou u se for simétrico ou antissimétrico, respectivamente, com respeito ao i.

As Tabelas de Caracteres são muito úteis por fornecerem as representações de simetria (na primeira coluna) além das propriedades de simetria dos vetores de translação, rotação e de quadrupolo (na última coluna). Isso pode ser visto no exemplo da Tabela 4.1, para o Grupo de Ponto D_{3h}. Nesse exemplo, pode ser notado que as operações de simetria estão agrupadas em classes R (por exemplo, $2C_3$, $3C_2$...) sobre cada coluna.

Tabela 4.1 – Caracteres para o grupo de ponto D$_{3h}$

D_{3h}	E	$2C_3$	$3C_2$	σ_h	$2S_3$	$3\sigma_v$	Vetores	
A'_1	1	1	1	1	1	1	z^2	
A'_2	1	1	−1	1	1	−1	R_z	
E'	2	−1	0	2	−1	0	(x,y)	$(xy,\ x^2-y^2)$
A''_1	1	1	1	−1	−1	−1		
A''_2	1	1	−1	−1	−1	1	z	
E''	2	−1	0	−2	1	0	(R_x, R_y)	$(xz,\ yz)$

Exercitando o uso da tabela, podemos ver que:

- a representação A''_2 descreve uma propriedade unidimensional, simétrica com respeito ao C_n, antissimétrica com respeito ao σ_h e antissimétrica com respeito ao $C_2 \perp C_n$.

- a representação E' trata de uma propriedade bidimensional, ou seja que envolve dois vetores combinados, por exemplo, x e y, ao mesmo tempo. Ela é simétrica com respeito ao plano horizontal.

Os orbitais podem ser representados pelos símbolos de Mulliken, assim como os estados eletrônicos. Observando a última coluna da Tabela de Caracteres do Grupo de Ponto D_{3h}, é possível ver que o orbital p_z tem simetria a''_2. Os orbitais p_x e p_y são equivalentes (degenerados) e se comportam de acordo com a representação e'. O orbital $d_z{}^2$ tem simetria $a'1$, e os orbitais d_{xz} e d_{yz} são degenerados, do tipo e''. Estamos fazendo uso de símbolos com letras minúsculas para orbitais para diferenciar da notação para os estados eletrônicos, tradicionalmente representada com letras maiúsculas.

Um conjunto de Tabelas de Caracteres pode ser encontrado no Apêndice 1. No grupo de ponto O_h, a representação T_{2g} expressa uma propriedade tridimensional, combinando x, y e z ao mesmo tempo, sendo simétrica com respeito ao centro de inversão.

Um fato importante é que a interação entre duas funções de onda ψ_a e ψ_b, descrita pela integral de recobrimento

$<\psi_a|\psi_b>$, se anula quando suas representações de simetria não forem iguais. Portanto,

$$<\psi_a|\psi_b> = 0 \text{ se } \Gamma(\psi_a) \neq \Gamma(\psi_b).$$

Dessa forma, a simetria é um fator determinante para a combinação dos orbitais atômicos, na formação das ligações. Seu envolvimento é igualmente crítico na previsão das transições eletrônicas e vibracionais nas moléculas.

Produto direto de representações

Outra propriedade muito importante das representações de simetria é o produto direto. Podemos multiplicar as representações de forma direta, realizando a multiplicação dos caracteres de cada classe de operação, da mesma forma como já foi feita na montagem da Tabela de Caracteres. Por exemplo,

C_{3v}	E	$2C_3$	$3\sigma_v$	Vetores			
A_1	1	1	1	$z,$		x^2+y^2	z^2
A_2	1	1	−1	R_z			
E	2	−1	0	(x,y)	(R_x, R_y)	(x^2-y^2, xy)	(xz, yz)
Produto direto							
$A_1 \cdot A_2 = A_2$	1	1	−1				
$A_2 \cdot A_2 = A_1$	1	1	1				
$A_2 \cdot E = E$	2	−1	0				
$E \cdot E = ?$	4	1	0				

Em geral, o procedimento, no caso do produto das representações unidimensionais, é bastante simples. O resultado será sempre unidimensional, e pode ser resumido da seguinte forma:

$$A \cdot A = A \qquad A \cdot B = B \cdot A = B \qquad B \cdot B = A$$
$$1 \cdot 1 = 1 \qquad 1 \cdot 2 = 2 \cdot 1 = 2 \qquad 2 \cdot 2 = 1$$

$$g \cdot g = g \qquad g \cdot u = u \cdot g = u \qquad u \cdot u = g$$

$$\text{`.'} = \text{'} \qquad \text{`.''} = \text{``.'} = \text{''} \qquad \text{``.''} = \text{'}$$

Assim, em termos genéricos, sem recorrer à fórmula do produto dos caracteres, podemos aplicar as operações descritas para as letras, subscritos e sobrescritos, sequencialmente, como nos exemplos:

$$A'_1 \cdot A'_1 = A'_1 \qquad A'_1 \cdot A''_1 = A''_1 \qquad A''_1 \cdot A''_1 = A'_1$$

$$A'_2 \cdot A'_2 = A'_1 \qquad A'_2 \cdot A''_1 = A''_2 \qquad A''_2 \cdot A''_2 = A'_1$$

$$A_{1g} \cdot B_{1g} = B_{1g} \qquad A_{2u} \cdot B_{1g} = B_{2u} \qquad B_{2u} \cdot B_{2u} = A_{1g}$$

Uma constatação importante, que deve ser enfatizada, é que o produto direto de duas representações iguais sempre conduz ou contém a representação totalmente simétrica do grupo. Muitas vezes, o produto direto resulta em caracteres que podem ser reduzidos. A redução em termos das representações irredutíveis pode ser feita com o auxílio da fórmula

$$a_i = (1/h)\Sigma_R \chi(R) \cdot \chi_i(R).$$

onde a_i = número de vezes que a representação i aparece no produto direto,

$\chi(R)$ = caráter da representação reduzível para a operação R,

$\chi_i(R)$ = caráter de representação irredutível para a operação R.

Note que o produto $\chi(R) \cdot \chi_i(R)$ deve ser multiplicado pelo número de operações R dentro da mesma classe, pois se trata de uma somatória.

No exemplo anterior, para o grupo de ponto C_{3v} o produto $E \cdot E$ conduz a uma representação reduzível, que pode ser decomposta com o auxílio da fórmula de redução em

$$a(A_1) = (^1/_6)[(4 \times 1 \times 1) + (1 \times 1 \times 2) + (0 \times 1 \times 3)] = {}^6/_6 = 1,$$

$$a(A_2) = (^1/_6)[4 \times 1 \times 1) + (1 \times 1 \times 2) + (0 \times -1 \times 3)] = {}^6/_6 = 1,$$

$$a(E) = (^1/_6)[4 \times 2 \times 1] +(1 \times -1 \times 2) + (0 \times 0 \times 3)] = {}^6/_6 = 1.$$

Portanto, $E \cdot E = A_1 + A_2 + E$.

Teoria do campo cristalino/ligante

Para compreender os aspectos envolvidos, temos que partir das considerações já feitas na análise da repulsão intereletrônica do Capítulo 2. Quando um ligante se aproxima do íon metálico central, um novo efeito de repulsão acontece envolvendo o elétron do metal e o elétron (ou densidade eletrônica) do ligante. Esse efeito pode ser pensado em termos de um potencial de repulsão, V_o, que aumenta a energia de todos os elétrons do íon metálico, sujeitos a esse campo. Contudo, além desse efeito, em virtude da simetria do campo, alguns elétrons ficam sujeitos a repulsões mais intensas que outros, e o entendimento desse ponto é um dos aspectos principais a ser tratado neste Capítulo.

As coordenadas que descrevem a repulsão intereletrônica e a repulsão de campo ligante estão ilustradas na Figura 4.2.

A Equação de Schrödinger, que descreve as interações eletrônicas no íon metálico, leva em conta as contribuições das energias cinéticas dos elétrons (E_c), das energias potenciais em relação ao núcleo central de carga Z_n (E_p), das energias de repulsão intereletrônicas (E_{rep}, que podem ser expressas em função do parâmetro B de Racah) e de um novo termo (V_{CL}), representado pela repulsão entre os elétrons do metal (i, j) e os elétrons do ligante (L) com carga q:

$$H = -\frac{h^2}{8\pi^2 m}\Sigma\nabla_i^2 - \frac{\Sigma Z_n e^2}{r_{n-e}} + \frac{\Sigma e^2}{r_{ij}} + \frac{\Sigma q e^2}{r_{iL}}$$

$$\qquad\quad \underbrace{}_{E_c} \qquad\quad \underbrace{}_{E_p} \quad \underbrace{\phantom{E_{rep}}}_{E_{rep}(B)} \quad \underbrace{\phantom{V_{CL}}}_{V_{CL}(Dq)}$$

Figura 4.2
Coordenadas dos elétrons do metal e do ligante, destacando a repulsão intereletrônica (dupla seta tracejada) e a repulsão de campo ligante (dupla seta cheia).

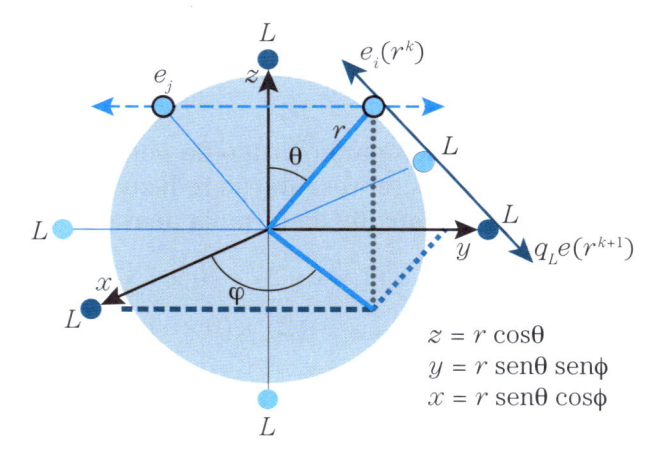

$$z = r\cos\theta$$
$$y = r\,\mathrm{sen}\theta\,\mathrm{sen}\phi$$
$$x = r\,\mathrm{sen}\theta\,\cos\phi$$

Embora seja tratado como potencial de campo ligante, V_{CL}, ele tem semelhanças com o potencial de repulsão intereletrônica. Da mesma maneira que as funções de onda eletrônicas, sua expressão matemática se dá em termos de harmônicas esféricas, $Y_k{}^q(\theta, \varphi)$ ($k = 0, 1, 2...$ e $q = k, k - 1... - k$) que dependem das coordenadas dos elétrons no complexo.

As energias associadas ao campo ligante decorrem da aplicação do hamiltoniano sobre as funções de onda do metal, e são expressas pela integral

$$E_{CL} = <\psi|V_{CL}|\psi> = \Sigma\alpha_k$$

onde $\alpha_k = qe^2 r^k/a^{k+1}$.

Portanto os resultados expressam essencialmente o que o elétron do metal "sente" quando está sob a influência do campo ligante.

Como α_k corresponde a um número (grandeza escalar) ele é invariante com respeito às operações de simetria, comportando-se como representação totalmente simétrica (a_{1g}). Por meio da teoria de grupo (vide Apêndice 2) pode ser demonstrado que os termos ímpares ($k = 1, 3, 5...$) não contêm a_{1g}, e se anulam. No campo octaédrico (O_h), apenas as operações de simetria sobre $k = 0$ e 4 conduzem à representação a_{1g}, fazendo com que as integrais se restrinjam a α_o e α_4. No campo tetragonal (D_{4h}), as operações de simetria sobre $k = 0, 2$ e 4 levam à representação a_{1g} e assim, além desses dois termos, também deve ser incluído α_2.

Os valores das energias dos orbitais d na presença do campo cristalino, expressos pelas integrais α_k, estão compilados na Tabela 4.2.

Para α_o, α_2 e α_4 teremos as expressões:

$$\alpha_o = qe^2/a,$$

$$\alpha_2 = qe^2 r^2/a^3,$$

$$\alpha_4 = qe^2 r^4/a^5.$$

Esses resultados são baseados em um modelo bastante simplificado que considera o ligante como carga puntual. Mesmo assim, são interessantes e de fácil interpretação, por lembrar uma energia coulômbica. O primeiro termo, α_o,

Tabela 4.2 – Energias dos orbitais no campo cristalino				
Grupo de Ponto	orbital	α_o	α_2	α_4
O_h	e_g	$6\,\alpha_o$	0	α_4
	t_{2g}	$6\,\alpha_o$	0	$-(2/3)\alpha_4$
T_d	t_2	$4\,\alpha_o$	0	$(8/27)\alpha_4$
	e	$4\,\alpha_o$	0	$-(4/9)\alpha_4$
D_{4h} planar	b_{1g}	$4\,\alpha_o$	$(4/7)\alpha_2$	$(19/21)\alpha_4$
	b_{2g}	$4\,\alpha_o$	$(4/7)\alpha_2$	$-(16/21)\alpha_4$
	e_g	$4\,\alpha_o$	$-(2/7)\alpha_2$	$-(2/7)\alpha_4$
	a_{1g}	$4\,\alpha_o$	$-(4/7)\alpha_2$	$(3/7)\alpha_4$

representa um componente energético de simetria esférica ($k = 0$), e expressa uma repulsão generalizada sobre os elétrons d do íon metálico, provocada pela aproximação dos elétrons dos ligantes, com carga q, porém ainda sem quebra de degenerescência (mantendo a simetria esférica). Os demais termos, α_2 e α_4, podem ser vistos como perturbações adicionais sobre esse quadro de repulsão esférica, levando à quebra de degenerescência dos orbitais. O segundo termo, α_2, só é importante em geometrias com distorção tetragonal (octaedro alongado ou achatado). O termo mais importante é o α_4, pois é o que descreve as variações de energia dos orbitais em um complexo octaédrico. Sua utilização é normalmente feita adotando o parâmetro introduzido por Bethe, conhecido como Dq, que é definido como

$$Dq = (1/6)\alpha_4 \text{ ou } \alpha_4 = 6Dq,$$

Campo octaédrico

Ordenando as energias dos orbitais sob influência do campo cristalino, podemos gerar um diagrama como o ilustrado na Figura 4.3. Nesse diagrama, os cinco orbitais d originais, na configuração do íon livre, estão degenerados. A presença de um campo cristalino de simetria O_h provoca um aumento generalizado de energia, igual a $6\alpha_o$ (Tabela 4.2), seguido por um desdobramento dos níveis devido ao termo $\alpha_4 = 6Dq$. Note que os dois orbitais, $d_z{}^2$ e $d_x{}^2 - y^2$, estão posicionados sobre os eixos z, x, e y, onde estão localizados os seis ligantes L. Dessa forma, os elétrons nesses orbitais ficam sujeitos a uma repulsão mais intensa provocada pelos elétrons do ligante. Os orbitais d_{xy}, d_{xz} e d_{yz} estão orientados entre os eixos onde se localizam os ligantes, e não sofrem diretamente o efeito da repulsão intereletrônica.

No modelo adotado, após a atuação de α_o, o termo α_4 perturba a distribuição esférica, de modo semelhante a quando desequilibramos uma balança de dois pratos. Com a repulsão intereletrônica, a energia dos orbitais $d_z{}^2$ e $d_x{}^2 - y^2$ aumenta por um fator $2 \times 6Dq = +12Dq$. Ao mesmo tempo, os três orbitais remanescentes, d_{xz}, d_{xy} e d_{yz}, têm suas energias diminuídas por $3 \times (-2/3)6Dq$ (*vide* Tabela 4.2), isto é, $-12Dq$. Assim o ponto de equilíbrio, ou o baricentro da energia, é preservado. Note que cada um desses orbitais confere uma estabilidade igual a $-4Dq$. A diferença de energia entre os dois tipos de orbitais é igual a $\Delta = 6 - (-4) = 10Dq$ (Figura 4.3).

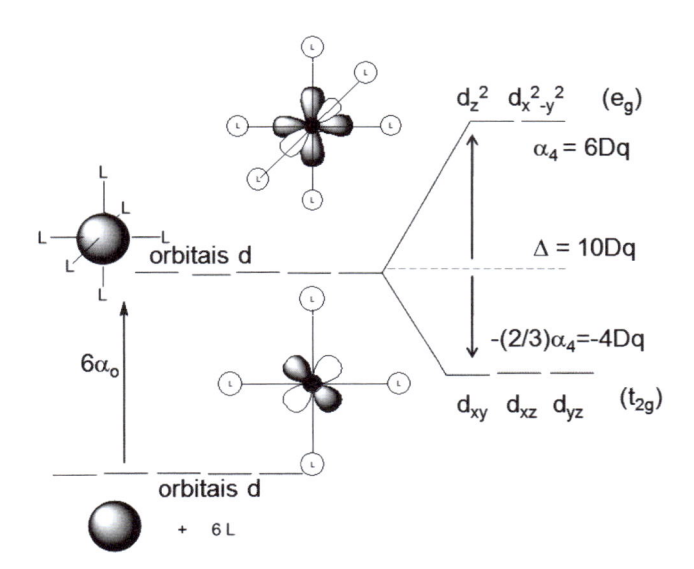

Figura 4.3
Diagrama de campo cristalino para uma simetria octaédrica, mostrando a repulsão esférica dada por α_o e o desdobramento expresso por α_4, com os orbitais e_g e t_{2g} separados por $10Dq$.

Os orbitais d, sob simetria O_h, são descritos pelas representações de simetria e_g (d_z^2 e $d_x^2 - y^2$) e t_{2g} (d_{xz}, d_{xy}, d_{yz}). Essas representações podem ser obtidas diretamente da Tabela de Caracteres para o Grupo de Ponto O_h (Apêndice 1) bastando para isso localizar as propriedades dos vetores de combinação correspondentes à orientação dos orbitais d. Elas também podem ser deduzidas por meio da aplicação das operações de simetria, diretamente sobre as funções de onda, por meio do número quântico $\ell = 2$. Esse procedimento está detalhado no Apêndice 2.

Quando fazemos o preenchimento eletrônico dos orbitais, segundo o diagrama da Figura 4.3, os três primeiros elétrons irão ocupar individualmente os níveis $t_{2g} = d_{xz}$, d_{xy}, d_{yz}, contribuindo com $4Dq$ de estabilidade, para cada um, em relação ao baricentro. O não emparelhamento dos elétrons é regido pela Regra de Hund. O quarto elétron poderia ir para o nível $e_g = d_z^2$ e $d_x^2 - y^2$ localizado $10Dq$ acima (situação de spin alto ou campo fraco), ou ir para o nível t_{2g}, porém gastando uma energia de emparelhamento P, envolvida na colocação de dois elétrons em um mesmo orbital (situação de spin baixo ou campo forte).

Assim, para uma configuração d^4, podemos ter duas situações: sem emparelhamento ou com emparelhamento, como ilustrado no esquema:

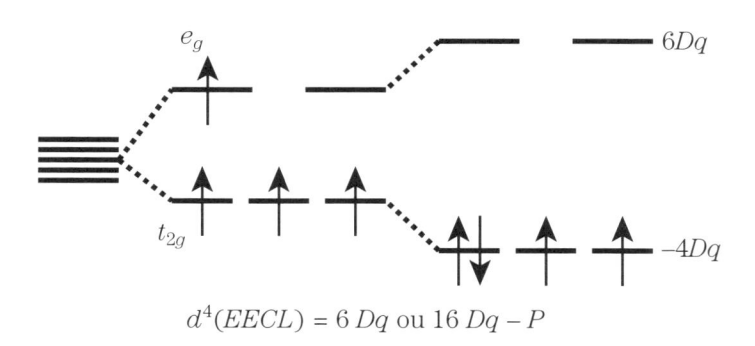

$$d^4(EECL) = 6\,Dq \text{ ou } 16\,Dq - P$$

Fazendo o balanço das estabilidades em cada caso, vamos observar que em campo fraco, a situação $(t_{2g})^3(e_g)$ tem uma estabilidade de $3 \times 4Dq - 6Dq = 6Dq$, devida ao campo cristalino. Já na situação de campo forte, $(t_{2g})^4$, a estabilidade proporcionada será igual a $4 \times 4Dq - P$, onde P é a energia de emparelhamento.

Comparando essas duas grandezas, quando as energias de estabilização de campo cristalino ($EECC$) se igualam,

$$(6Dq) = (16Dq - P), \text{ ou } 10Dq = P.$$

Portanto, o compromisso entre as duas situações, de campo fraco ou campo forte, é regulado pela relação $10Dq = P$. Quando

$$10Dq > P$$

o campo é suficientemente forte para provocar o emparelhamento dos elétrons em um mesmo orbital, levando a uma situação de spin baixo. Quando

$$10Dq < P$$

o campo é considerado fraco, ou insuficiente para provocar o emparelhamento, permanecendo a situação de spin alto.

Portanto a lógica necessária para prever se uma situação de campo fraco ou de campo forte será a mais provável depende diretamente de P e $10Dq$. O emparelhamento de elétrons precisa transpor a barreira da repulsão intereletrônica, e o parâmetro de referência nesse caso é o parâmetro B de Racah, pois P é proporcional a B.

Como B depende da natureza do íon metálico, os valores de P devem ser considerados caso a caso. Seus valores típicos situam-se na faixa de 12.000 a 14.000 cm^{-1}. Um método para estimar esses valores será apresentado mais adiante. É pertinente lembrar que P ou B crescem ao longo de um mesmo período de elementos (em decorrência da contração radial), porém decrescem acentuadamente ao longo de uma família ($3d > 4d > 5d$) em virtude da expansão radial.

O parâmetro Dq é definido como $(1/6)\alpha_4$ ou

$$Dq = \frac{1}{6}\frac{qe^2r^4}{a^5}.$$

Embora essa expressão seja proveniente do tratamento de Campo Cristalino, ela é conceitualmente útil por mostrar a dependência direta com a expansão radial (orbital) dada por r^4 e a dependência inversa com a quinta potência da distância da ligação metal–ligante, ou a^{-5}. Em se tratando de íons metálicos pertencentes a um mesmo período, podemos supor que a expansão radial (r) expressa pelo número quântico n seja praticamente constante ou varie pouco na série. Ao contrário, a distância metal ligante (a) tende a se contrair em virtude do aumento da carga nuclear efetiva, o que aumenta a atração e favorece a aproximação do ligante. Por isso, Dq aumenta ao longo de um período.

Entretanto, quando comparamos íons metálicos de diferentes períodos, a situação é oposta. Observa-se que, em virtude da expansão radial na série $3d < 4d < 5d$, o termo em r^4 acaba prevalecendo sobre o denominador, a^{-5}. Isso faz com que o Dq cresça ao longo de uma família, enquanto P diminui. Por isso, para os íons metálicos $4d$ e $5d$, observa-se na prática que $10Dq > P$. Ou seja, os íons metálicos mais pesados, $4d$ e $5d$ apresentam-se sempre com campo forte. Essa é uma constatação importante, que permite diferenciar a química dos elementos mais leves da química daqueles mais pesados.

Além dos fatores radiais, o parâmetro Dq também depende acentuadamente da natureza dos ligantes presentes. Esse fato não estava previsto na teoria de campo cristalino, pois os ligantes eram considerados cargas pontuais. Quando admitimos a participação dos orbitais dos ligantes na descrição do complexo, estamos lidando com uma extensão da Teoria de Campo Cristalino, e a denominação utilizada passa a ser **Teoria do Campo Ligante**. Na prática, a diferença é de natureza conceitual, pois os fundamentos da Teoria de Campo Cristalino continuam sendo aplicados, com a admissão de que a natureza do ligante é relevante, e não pode ser ignorada. Se incluíssemos as funções de ondas dos ligantes na Equação de Schrödinger, isso representaria uma mudança radical na abordagem, fugindo completamente do formalismo das teorias de Campo. Essas considerações serão mais bem abordadas na Teoria dos Orbitais Moleculares.

A Tabela 4.3. reúne alguns valores típicos de $10Dq$ para complexos de metais de transição, em função dos ligantes e da natureza dos íons metálicos.

Esses resultados são provenientes da análise dos espectros eletrônicos, e fornecem uma série espectroquímica para os ligantes:

Tabela 4.3 – Valores de 10 Dq (10^3 cm^{-1}) para complexos octaédricos de metais de transição

d^n	Íon	6Br⁻	6Cl⁻	6F⁻	6H₂O	3ox²⁻	6NH₃	3en	6CN⁻
1	Ti^{3+}	13,0	18,9	20,1				22	
2	V^{3+}		12	16,1	20,0	18			24
3	Cr^{3+}	13	13	14,5	17,0	17,4	16,0	22,0	26,0
4	Mn^{3+}		17,5	22	20,0				31,0
5	Mn^{2+}	7,0	7,5	7,8	8,5				33,0
	Fe^{3+}			14,0	14				35
6	Fe^{2+}			10	10				32
	Co^{3+}			13	20,8	18,0	22,9	23,2	32,0
	Ru^{2+}				19,8		28,1		
	Rh^{3+}	19,0	20,4		27,0	26,0	34	35	
	Ir^{3+}	23,0	25,0				41	41	
	Pt^{4+}	25	29	33					
7	Co^{2+}	6,5	7,6	8,3	9,3	11	10,2	11	
8	Ni^{2+}		6,8	7,2	7,3	8,5	10,8	11,5	
9	Cu^{2+}			12		15	16		

$$NO^+ > CO > CN^- > PR_3 > NO_2^- > phen > bipy >$$
$$> en, py > NH_3 > NCS^- > H_2O, oxalato^{2-} > OH^- > \underline{O}\text{-dmso} >$$
$$> F^- > Cl^- > SCN^- > S^{2-} > Br^- > I^-.$$

Nessa série, temos um grupo de ligantes encabeçados pelas espécies isoeletrônicas NO^+, CO e CN^- que, geralmente, são de campo forte. Depois vem um grupo intermediário, formado por ligantes clássicos, saturados, como as aminas e a água, e, no outro extremo, estão os ligantes de campo fraco, formados principalmente pelos haletos e pseudohaletos, como Br^- e I^-. Esse ordenamento é experimental, contudo pode ser perfeitamente explicado a partir de considerações baseadas em orbitais moleculares, como será visto mais adiante.

Figura 4.4
Mudanças de estados de spin, em função da natureza do ligante, mostrando a situação intermediária, de equilíbrio.

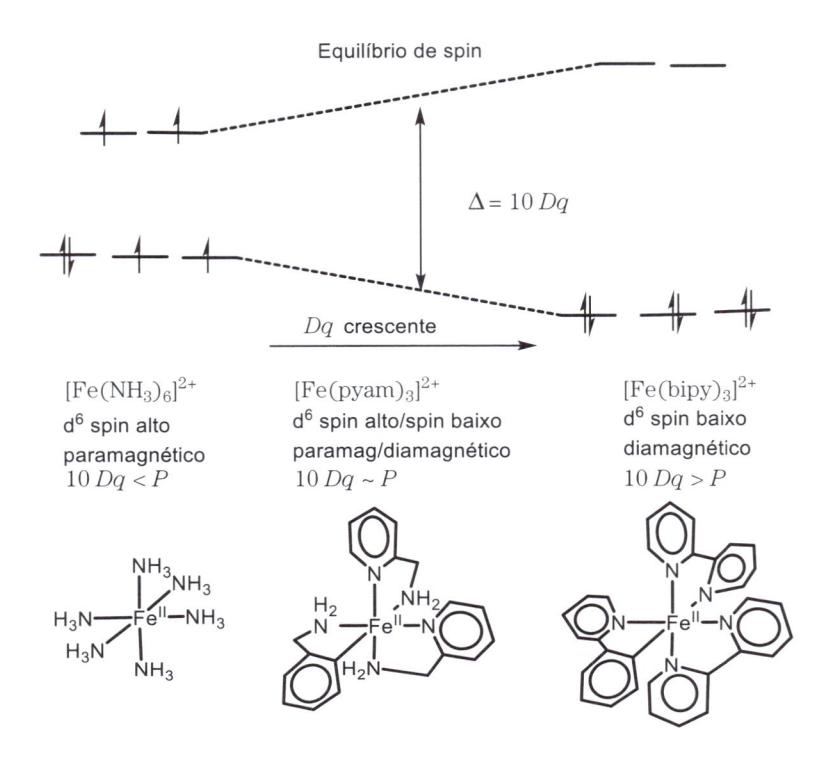

Ao longo da série espectroquímica é possível encontrar situações limítrofes entre spin alto e spin baixo. Por exemplo, o complexo $[Fe(NH_3)_6]^{2+}$ é do tipo spin alto, ao passo que o $[Fe(bipy)_3]^{2+}$ é spin baixo, como ilustrado na Figura 4.4. Assim, um ligante com características intermediárias, como a picolilamina (pyam), que apresenta um grupo piridínico ligado a uma amina saturada, estaria bastante próxima da situação limítrofe de inversão de spin. De fato, esse complexo se apresenta com configuração spin alto na temperatura ambiente, e spin baixo em baixas temperaturas. A mudança de spin acarreta variações drásticas nos espectros eletrônicos e no comportamento magnético dos complexos.

Energia de estabilização de campo ligante

O desdobramento dos níveis de energia provocado pelo campo ligante introduz um fator diferencial de estabilização, para as diversas configurações, como pode ser visto na Tabela 4.4. A base do raciocínio tem como referência a

Tabela 4.4 – Energias de estabilização de Campo Ligante (EECL)

Configuração	Campo fraco	EECL	Campo forte	EECL
d^1	$(t_{2g})^1$	$4Dq$		
d^2	$(t_{2g})^2$	$8Dq$		
d^3	$(t_{2g})^3$	$12Dq$		
d^4	$(t_{2g})^3(e_g)^1$	$6Dq$	$(t_{2g})^4$	$16Dq - P$
d^5	$(t_{2g})^3(e_g)^2$	$0Dq$	$(t_{2g})^5$	$20Dq - 2P$
d^6	$(t_{2g})^4(e_g)^2$	$4Dq$	$(t_{2g})^6$	$24Dq - 2P$
d^7	$(t_{2g})^5(e_g)^2$	$8Dq$	$(t_{2g})^6(e_g)^1$	$18Dq - P$
d^8	$(t_{2g})^6(e_g)^2$	$12Dq$		
d^9	$(t_{2g})^6(e_g)^3$	$6Dq$		
d^{10}	$(t_{2g})^6(e_g)^4$	$0Dq$		

configuração do íon ainda com os cinco orbitais d degenerados, como no íon livre. A presença de um campo octaédrico quebra a degenerescência dos orbitais, formando dois grupos t_{2g} (d_{xy}, d_{xz}, d_{yz}) e e_g ($d_z{}^2$, $d_{x^2 - y^2}$), com energias $-4Dq$ e $6Dq$, respectivamente. Cada elétron no nível t_{2g} irá contribuir com $4Dq$ para a estabilização devida ao campo ligante. Por outro lado, cada elétron no nível e_g irá retirar $6Dq$ dessa estabilidade. No caso da situação de campo forte, além da contabilização das energias dos elétrons nos orbitais e_g e t_{2g}, é necessário subtrair a energia adicional de emparelhamento envolvida, em relação à configuração do íon livre. Por exemplo, na configuração do íon livre para o caso d^6, já existem dois elétrons emparelhados, antes da aplicação do campo octaédrico. No emparelhamento total, $(t_{2g})^6$, o emparelhamento preexistente não pode ser computado no cálculo da estabilização de campo ligante, restando $2P$ a ser computado.

Outro aspecto importante a ser observado na Tabela 4.4 é que apenas as configurações d^4, d^5, d^6 e d^7 apresentam configurações distintas em campo fraco e campo forte. As demais adotam apenas uma configuração, e, no campo octaédrico, esse tipo de diferenciação não tem sentido.

Figura 4.5
Gráfico das Energias de
Estabilização de Campo
Ligante (*EECL*) em função
da configuração d_n, para as
situações de campo fraco
(curva inferior) e campo
forte (curva superior)

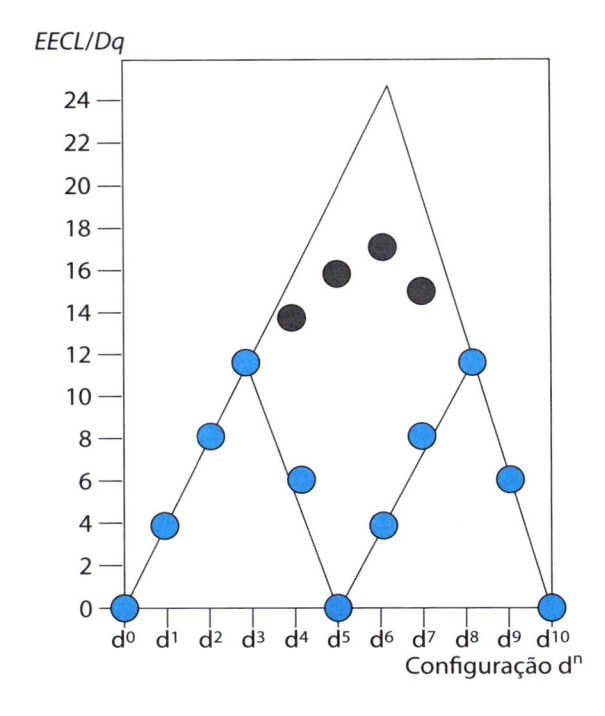

Figura 4.5
Gráfico das Energias de Estabilização de Campo Ligante (*EECL*) em função da configuração d_n, para as situações de campo fraco (curva inferior) e campo forte (curva superior)

O gráfico das energias de estabilização de campo ligante em função da configuração d^n pode ser visto na Figura 4.5.

No caso da situação de campo fraco, o gráfico apresenta um perfil típico de dente de serra, com máximos de estabilização ($12\,Dq$) em d^3 e d^8, e estabilização nula em d^0, d^5 e d^{10}. Por isso, essas três configurações proporcionam uma linha de referência, para avaliar como seria o valor esperado sem a contribuição da *EECL*.

Na situação de campo forte, considerando apenas a contribuição dos fatores de Dq, o gráfico deveria apontar para um triângulo, com valor máximo da *EECL* para a configuração d^6 ($24Dq$). Após subtrair os valores de P ou $2P$ (conforme a Tabela 4.4) o gráfico adquire uma curvatura para baixo, mantendo, ainda, uma maior estabilização para d^6, seguido por d^5.

As energias de estabilização de campo ligante assumem um papel muito importante na racionalização das características dos íons de metais de transição em função da configuração. Os íons d^3 e d^8 são particularmente estáveis em relação aos demais. Já os íons d^5 e d^6 adquirem maior estabilidade em situação de campo forte. Essas quatro configurações correspondem às dos complexos mais estudados na literatura, por causa de sua estabilidade e facilidade de trabalho. De fato, elas tiveram um papel muito importante desde o início da Química de Coordenação, com os trabalhos de Alfred Werner, sobre os complexos de cobalto(III) (spin baixo).

Os reflexos da *EECL* podem ser vistos na comparação das propriedades termodinâmicas dos complexos, e até nos parâmetros cristalográficos, como os relacionados na Tabela 4.5.

Tabela 4.5 – Raios iônicos (nm) de Shannon & Prewitt para íons de metais de transição (NC = 6)

Config.	d^0	d^1	d^2	d^3	d^4	d^5	d^6	d^7	d^8	d^9	d^{10}
M^{2+}	Ca	Sc	Ti	V	Cr	Mn	Fe	Co	Ni	Cu	Zn
s.alto	0,10		0,086	0,079	0,082	0,082	0,078	0,074	0,070	0,073	0,075
s.baixo					0,073	0,067	0,061	0,065			
M^{3+}	Sc	Ti	V	Cr	Mn	Fe	Co	Ni			Ga
s.alto	0,075	0,067	0,064	0,062	0,065	0,065	0,061	0,060			0,062
s.baixo					0,058	0,055	0,053	0,056			

Os raios cristalográficos, como os publicados por Shannon e Prewitt, foram obtidos de medidas das distâncias de ligação metal–oxigênio e metal–fluoreto em uma grande variedade de compostos. Essas distâncias correspondem à soma dos raios iônicos do íon metálico e do óxido ou fluoreto. Dessa forma, subtraindo a contribuição do ânion, é possível obter os raios correspondentes dos cátions metálicos, e depois aplicar um tratamento estatístico adequado para se chegar aos valores representativos, listados na Tabela 4.5.

A primeira impressão, ao se observar os dados dessa tabela, é a tendência de diminuição do raio iônico ao longo de um período, como previsto pelo aumento do número atômico ou da carga nuclear efetiva. Entretanto esse comportamento não é uniforme, e os detalhes ficam mais aparentes quando colocados em gráfico, como mostrado na Figura 4.6.

Unindo os pontos associados às configurações d^0, d^5 e d^{10} podemos traçar uma curva representativa do que seria esperado se não houvesse contribuição da *EECL*. Os desvios observados em relação a essa curva seguem um perfil típico de dente de serra, porém invertido com respeito à curva de *EECL* da Figura 4.5. A maior contração radial é observada para os íons d^3 e d^8, que são os mais estabilizados pelo campo ligante. Quando se considera a situação de campo forte, a maior contração passa a ser notada para o íon d^6 spin baixo, em pleno acordo com sua maior estabilização pelo campo ligante. Portanto, a estabilização tem um reflexo na contração radial, tornando a ligação metal–ligante mais curta e, consequentemente, mais forte.

A estabilização de campo ligante influi diretamente na força da ligação metal–ligante, e uma consequência imediata disso pode ser vista nos gráficos de energia de solvatação e de energia reticular, da Figura 4.6.

Podemos observar novamente que os maiores desvios em relação à situação, sem participação da *EECL*, ocorrem com as configurações d^3 e d^8, para as energias de hidratação e reticular envolvendo os ligantes H_2O e Cl^-, respectivamente, sendo ambos de campo fraco. Outro aspecto a ser destacado é que, nesses casos, os desvios provocados

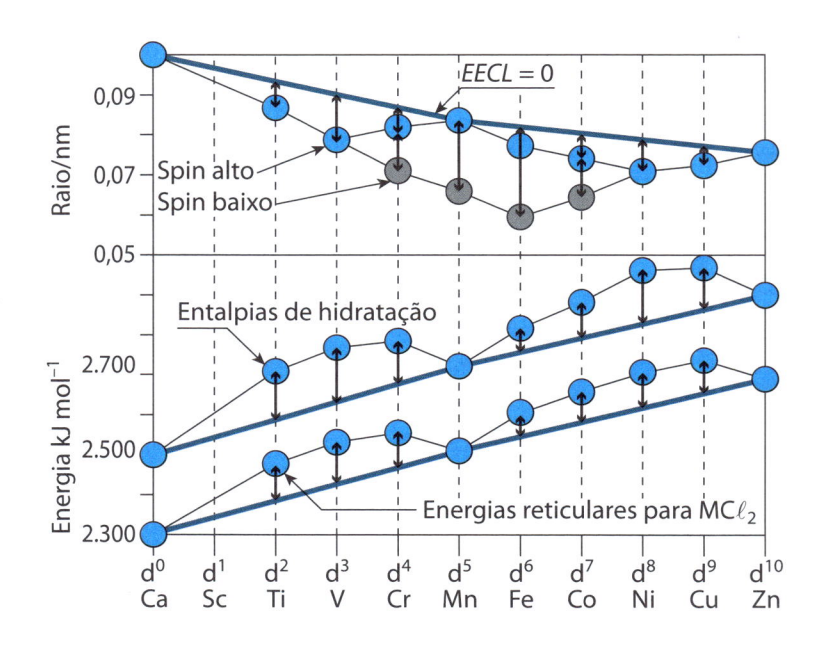

Figura 4.6
Gráficos que ilustram a variação dos raios iônicos dos íons metálicos em função da configuração d^n, e das entalpias de hidratação e das energias reticulares para os correspondentes compostos haletos. A curva inferior, que passa pelas configurações d^0, d^5 e d^{10}, serve de referência para a situação em que *EECL* é nula.

pelo campo ligante são da ordem de 200 kJ mol^{-1}, ou cerca de $^1/_{10}$ da energia total envolvida. Apesar de parecerem ser relativamente modestos, na realidade, a estabilização proporcionada pelo campo ligante atinge dimensões de grande relevância na Química, determinando o comportamento relativo dos diversos íons metálicos ao longo da série $3d$.

Campo tetraédrico

A geometria tetraédrica pode ser mais bem percebida quando fazemos sua inserção em um cubo, como indicado na Figura 4.7.

Na realidade, um cubo é formado por dois tetraedros, com inserção mútua. Na figura, os eixos do octaedro apontam para o centro das faces do cubo. Dessa forma, os ligantes colocados nos vértices do tetraedro não interagem diretamente com os orbitais dispostos nos eixos do octaedro, aproximando-se mais do conjunto de orbitais que ficam entre os eixos, isto é, d_{xy}, d_{xz}, d_{yz}. Por isso, ocorre uma inversão no diagrama de campo ligante, como ilustrado na Figura 4.7.

A teoria do campo cristalino permite prever que o desdobramento das energias em complexos tetraédricos é bem menor que no caso dos complexos octaédricos, em parte pela interação orbital ter um caráter angular, levando a uma menor repulsão. Teoricamente, de acordo com a Tabela 4.2, é possível mostrar que o $\Delta = 10Dq(T_d)$ é igual a $^4/_9$ do valor correspondente no octaedro:

$$10Dq_{Td} = \frac{4}{9}\left(10Dq_{Oh}\right).$$

Campo tetraédico

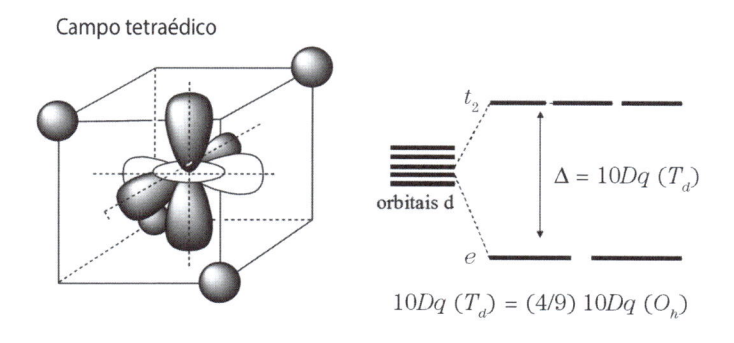

$$10Dq\ (T_d) = (4/9)\ 10Dq\ (O_h)$$

Figura 4.7
Orientação dos orbitais do íon metálico no campo tetraédrico, e o diagrama correspondente de desdobramento energético pelo campo ligante T_d.

Esse fato tem sido comprovado experimentalmente. Por isso, o campo tetraédrico é normalmente considerado fraco, insuficiente para provocar o emparelhamento eletrônico em complexos da série $3d$, isto é, $P > 10Dq(T_d)$.

Outro aspecto relevante sob o ponto de vista espectroscópico é que a simetria tetraédrica não apresenta centro de inversão. Por isso, as representações de simetria se reduzem a t_2 e e, em vez de t_{2g} e e_g.

A simetria tetraédrica, apesar de menos favorecida pelo campo ligante, é bastante frequente, principalmente quando os átomos ligantes são volumosos, como o Br^-, I^- ou $P(Ph)_3$ (trifenilfosfinas), ou quando introduzem uma repulsão eletrostática muito intensa na esfera de coordenação, desfavorecendo a coordenação de seis ligantes com cargas negativas. Esse é o caso dos complexos com cloreto, nos quais a ocorrência de simetria T_d é bastante comum.

A simetria tetraédrica pode ser parte do retículo cristalino, como no caso dos espinélios. Trata-se de uma família muito importante de óxidos metálicos, de composição AB_2O_4, como o $MgA\ell_2O_4$. Normalmente os íons A são bivalentes (A^{II}) e ocupam sítios tetraédricos, ao passo que os íons B são trivalentes (B^{III}) e situam-se em sítios octaédricos, formados pelos íons O^{2-}, como ilustrado na Figura 4.8. Essa é a fase normal dos espinélios, favorecida energeticamente pelo fato de que os íons B^{III}, sendo trivalentes, podem interagir mais fortemente com os seis ânions de oxigênio, estabilizando a geometria octaédrica. A geometria tetraédrica é formada pela junção dos vários octaedros, pela ação do íon A^{II}. Na realidade, os efeitos estruturais são mais complexos do que foi mencionado, e a inversão das geometrias torna-se bastante comum.

Um caso interessante de espinélio invertido é aquele induzido pela energia de estabilização de campo ligante. Isso pode ser observado em alguns espinélios de Ni^{II}, que, por terem configuração $3d^8$, são preferencialmente estabilizados pelo campo ligante em geometria octaédrica. Assim, em espinélios com Ni^{II}, o íon bivalente acaba ocupando um sítio octaédrico, invertendo a configuração normal, como pode ser observado para o $NiA\ell_2O_4$, $NiGa_2O_4$ e o $NiFe_2O_4$. Por isso, em muitos revestimentos cerâmicos e materiais

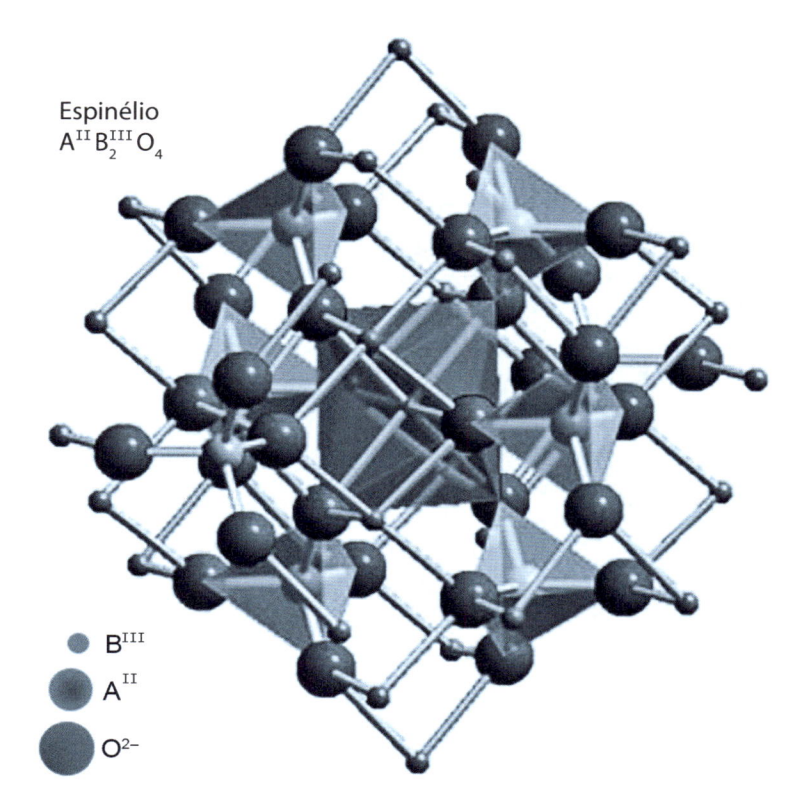

Espinélio
$A^{II}B_2^{III}O_4$

- B^{III}
- A^{II}
- O^{2-}

Figura 4.8
Ilustração de um espinélio, AB_2O_4, mostrando os sítios octaédricos e tetraédricos, com o cátion metálico no centro.

refratários, é importante o controle da presença de níquel, para evitar danos estruturais provocados pela inversão da estrutura do espinélio que pode estar presente nos sistemas. Na magnetita, Fe_3O_4, o espinélio também é invertido, possivelmente pela contribuição da *EECL* do íon de Fe^{II} no campo octaédrico. Nos espinélios de Cr^{III} $(3d^3)$, a estabilização proporcionada pelo campo ligante, assim como a maior estabilidade do íon em geometria octaédrica, acaba determinando invariavelmente a formação de uma estrutura normal, mesmo no caso do $NiCr_2O_4$.

Campo tetragonal

A distorção de um octaedro ao longo do eixo z conduz a uma geometria tetragonal. Ela pode ser dinâmica, acompanhando os movimentos vibracionais da molécula no sentido da compressão ou expansão ao longo do eixo de simetria;

contudo, em alguns casos, pode tornar-se permanente, se houver ganho de estabilidade.

É interessante analisar o que acontece com as energias de estabilização de campo ligante, quando se aplica uma distorção tetragonal. Isso está ilustrado na Figura 4.9.

A distorção tetragonal ao longo do eixo z provoca flutuações na energia dos orbitais que apontam nessa direção, aumentando ou diminuindo a repulsão de campo ligante. No caso da compressão axial, o octaedro se torna achatado e os orbitais que apontam para o eixo z têm suas energias aumentadas em relação ao estado inicial. Essa perturbação provocada pelo campo deve ser equilibrada pela diminuição das energias dos orbitais que não têm componentes direcionados para o eixo z, de modo a preservar o baricentro de energia. Isso está ilustrado na Figura 4.9. No caso do alongamento, a situação se inverte, e os orbitais que apontam para o eixo z ficam sujeitos a uma menor repulsão, com abaixamento de energia.

No caso de sistemas degenerados, uma perturbação dinâmica pode levar à quebra da degenerescência, provocando um abaixamento de simetria. Sob o ponto de vista quântico, essa é uma propriedade dos sistemas não lineares

Figura 4.9
Variações nas energias orbitais associadas à distorção tetragonal em complexos octaédricos, em situação de achatamento ou alongamento.

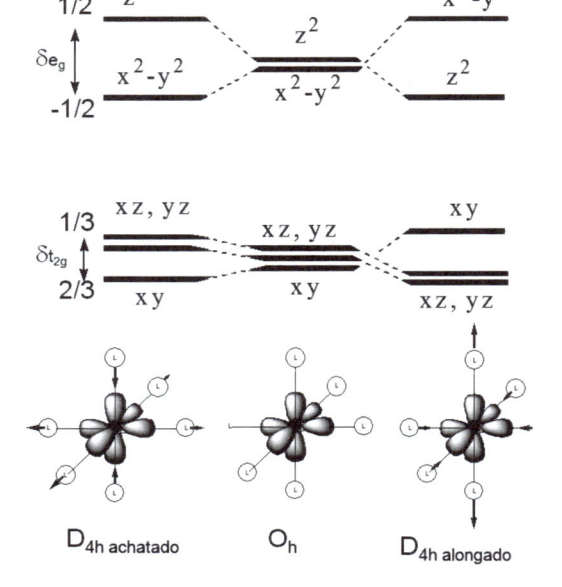

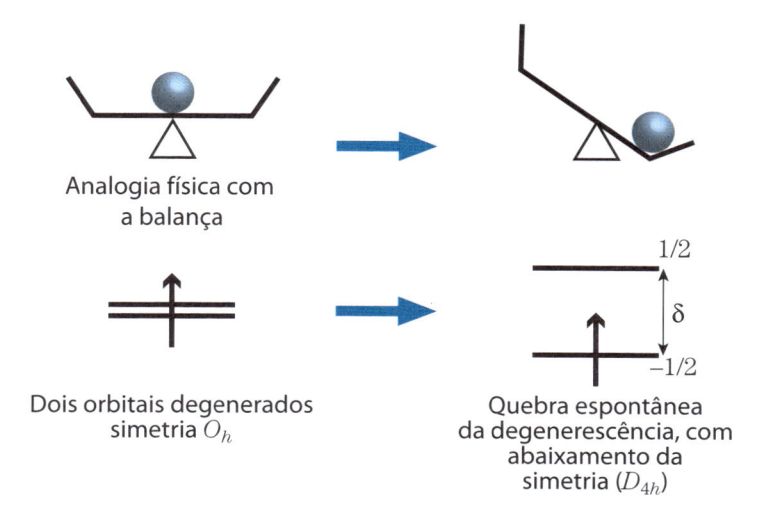

Figura 4.10
Ilustração do Efeito Jahn–Teller, para dois níveis degenerados, em analogia com uma balança mecânica de dois pratos.

degenerados, e está contida no Teorema de Jahn–Teller, que tem exatamente esse enunciado. A analogia mais simples para entender o significado desse teorema está ilustrada na balança em equilíbrio da Figura 4.10. Uma esfera colocada exatamente no centro estaria em perfeito equilíbrio, mantendo a degenerescência ou equivalência dos dois pratos vazios. Entretanto, se esse equilíbrio for perturbado, a esfera rolará irreversivelmente para um dos pratos, fazendo-o inclinar para baixo, e provocando a elevação do prato oposto. Basta imaginar que os pratos são níveis energéticos, e a situação será muito semelhante. Uma vez quebrada a degenerescência, a simetria foi reduzida e o sistema permanecerá nessa forma, pois houve um ganho de estabilidade (no caso dos pratos, em decorrência da atração gravitacional).

Assim, a colocação de um elétron em um sistema com dois níveis degenerados levará espontaneamente à quebra da degenerescência, ocupando sempre o nível de menor energia. Se imaginarmos que a diferença de energia é igual a δ, no caso dos orbitais t_{2g} a estabilização de um orbital deve ser contrabalançada pela elevação de energia dos outros dois. Portanto esse orbital deve ganhar $(^2/_3)\delta$ de estabilidade, à custa da perda de $2 \times (^1/_3)\delta$ dos outros dois orbitais.

De acordo com o Teorema de Jahn–Teller, um complexo octaédrico com configuração d^1 deverá apresentar-se com distorção de achatamento, adotando uma simetria D_{4h}, com o elétron preenchendo o orbital d_{xy}, que tem menor energia. Se o mesmo raciocínio fosse aplicado para a situação de alongamento, o elétron iria para o conjunto de orbitais degenerados d_{xz}, d_{yz} conforme mostrado na Figura 4.9. Nesse caso, haveria nova quebra de degenerescência, e isso levaria a uma situação equivalente à anterior. Portanto, o achatamento torna-se a única opção para o caso d^1. Esse mesmo raciocínio pode ser estendido para o sistema d^6 (spin alto).

Para uma configuração d^2 a situação é um pouco mais complicada pois os três orbitais t_{2g} perderiam a degenerescência, ficando um acima e outro abaixo do baricentro. O ganho de estabilidade seria reduzido a aproximadamente $(^1/_3)\delta$ em ambos os casos, conduzindo provavelmente a uma menor distorção em qualquer um dos sentidos. As mesmas considerações se aplicam para o sistema d^7 (spin alto).

No caso da configuração d^3 é fácil prever que não haverá ganho de estabilidade, tanto no achatamento como no alongamento, e portanto a situação de equilíbrio, isto é, O_h, é a única possível. Esse também é o caso do sistema d^8 (campo fraco).

Considerando a configuração d^4 (e d^9) é importante fazer uma diferenciação a respeito dos orbitais envolvidos. Agora se trata dos orbitais degenerados e_g ($d_z{}^2$, $d_x - y^2$), que apontam diretamente para os ligantes na direção dos eixos x, y e z. Os efeitos repulsivos de campo ligante nesses orbitais são muito mais intensos que no caso dos orbitais t_{2g} e, por isso, o desdobramento por Efeito Jahn–Teller é mais acentuado, isto é, $\delta(e_g) > \delta(t_{2g})$. Dessa forma, a distorção Jahn–Teller em sistemas d^4 (e d^9) é muito mais pronunciada que nos casos anteriores. Resta saber se ocorrerá uma compressão axial, ou alongamento do octaedro. Com base nos argumentos disponíveis até o momento, não há como fazer essa previsão. Contudo, os resultados experimentais apontam sempre para um alongamento axial, conforme os exemplos da Figura 4.11.

Conforme pode ser visto na Figura 4.11, as variações nas distâncias axiais em relação às equatoriais são imensas, na escala cristalográfica. De fato, complexos octaédricos para sistemas d^4 e d^9 somente são observados em condições extremas, por exemplo dissolvendo sais de cobre(II)

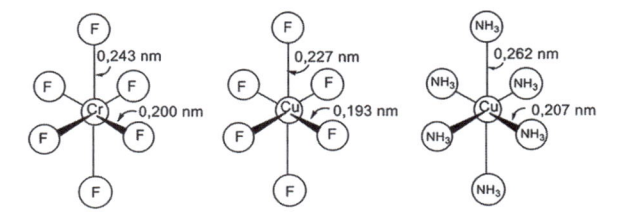

Figura 4.11
Alongamento axial observado em complexos de configuração d^4 (Cr^{2+}) e d^9 (Cu^{2+}) em decorrência do Efeito Jahn–Teller.

ou crômio(II) em amônia líquida, ou em sais fundidos (no caso dos complexos com fluoreto). Em solução aquosa, os ligantes coordenados nas posições axiais se dissociam com facilidade, e são trocados imediatamente pelas moléculas do solvente. Ao contrário, os ligantes nas posições equatoriais são bastante estabilizados, formando complexos planares, solvatados. O fortalecimento das quatro ligações equatoriais se reflete em uma maior estabilidade para o complexo, levando a uma contração nas distâncias, como mostrado na Figura 4.11. Isso pode ser confirmado por meio da teoria dos orbitais moleculares, e justifica a preferência da distorção de alongamento para os sistemas d^4 e d^9.

Finalmente, para os sistemas d^5 e d^{10}, por razões de simetria, a distorção Jahn–Teller não se justifica. O quadro resultante da aplicação do Efeito Jahn–Teller para as diversas configurações está resumido na Tabela 4.6.

Tabela 4.6 – Efeito Jahn–Teller em sistemas d^n

Sistema	Configuração	Geometria típica
d^0	-	O_h
d^1	$(d_{xy})^1$	D_{4h} achatado
d^2	$(d_{xy},d_{xz},d_{yz})^2$	Distorção fraca
d^3	$(d_{xy},d_{xz},d_{yz})^3$	O_h
d^4	$(d_{xy},d_{xz},d_{yz})^3(d_{z^2})^1$	Distorção forte, D_{4h} alongado
d^5	$(d_{xy},d_{xz},d_{yz})^3(d_{z^2},d_{x^2-y^2})^2$	O_h
d^6	$(d_{xy})^2(d_{xz},d_{yz})^2(d_{z^2},d_{x^2-y^2})^2$	D_{4h} achatado
d^7	$(d_{xy},d_{xz},d_{yz})^5(d_{z^2},d_{x^2-y^2})^2$	Distorção fraca
d^8	$(d_{xy},d_{xz},d_{yz})^6((d_{z^2},d_{x^2-y^2})^2$	O_h
d^9	$(d_{xy},d_{xz},d_{yz})^6(d_{z^2})^2(d_{x^2-y^2})^1$	Distorção forte, D_{4h} alongado
d^{10}	$(d_{xy},d_{xz},d_{yz})^6(d_{z^2},d_{x^2-y^2})^4$	O_h

Campo quadrado (planar)

Complexos quadrados são normalmente observados com sistemas d^8 em situação de campo forte, e sua compreensão é bastante facilitada após as considerações já feitas a respeito da distorção tetragonal. De fato, uma geometria planar pode ser derivada do alongamento progressivo do octaedro, até a saída completa do ligante axial. Isso está ilustrado no diagrama da Figura 4.12.

O alongamento na direção axial promove um abaixamento sistemático da energia do orbital d_{z^2} e dos orbitais que têm algum componente orientado na direção z, como o

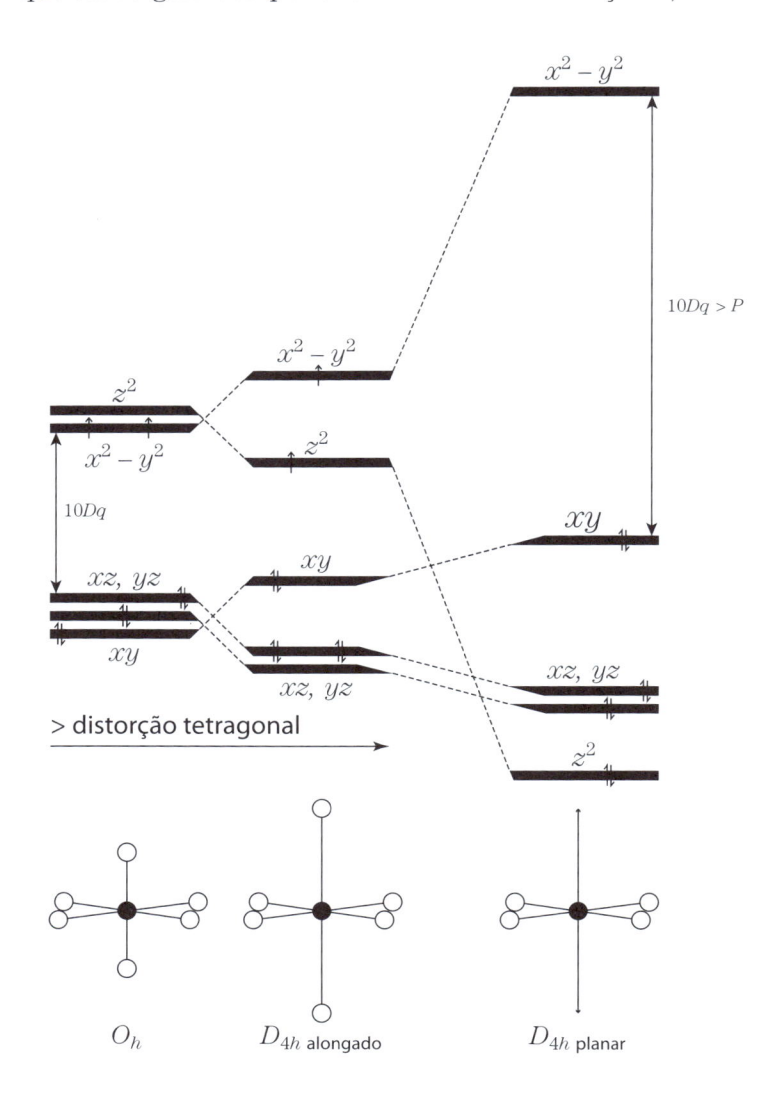

Figura 4.12
Variação progressiva das energias orbitais com o alongamento na direção axial, mostrando um estágio intermediário (para fins didáticos), que evolui até a remoção completa do ligante, para gerar um complexo planar.

dxz e dyz. Essa perturbação acaba influenciando a energia dos demais orbitais, provocando um deslocamento no sentido oposto, com a devida ponderação para manter o centro de equilíbrio de energia (baricentro).

Em analogia com o campo octaédrico, o valor de $10Dq$ continua sendo expresso pela diferença de energia entre os orbitais $d_x^2 - y^2$ (inicialmente e_g) e d_{xy} (inicialmente t_{2g}). Para a manutenção da geometria planar, o valor de $10Dq$ deve ser superior a P, provocando o emparelhamento dos elétrons no processo de preenchimento. O orbital de maior energia, $d_x^2 - y^2$, fica completamente vazio, e disponível para interagir com os ligantes no plano, como será discutido pela teoria dos orbitais moleculares.

Enquanto os complexos de Pd(II) ($4d^8$) e Pt(II) ($5d^8$) são genuinamente planares, os complexos de Ni(II) ($3d^8$) só adotam essa geometria na presença de ligantes de campo bastante forte, como o CN⁻.

Campo piramidal

Os complexos com configuração d^7 em situação de campo forte sofrem um efeito semelhante ao observado para os sistemas d^8, e os diagramas de campo ligante correspondentes podem ser construídos por analogia, como mostrado na Figura 4.13.

Como pode ser visto na Figura 4.13, o último orbital preenchido é o d_z^2. A presença de um elétron nesse orbital confere um caráter de radical livre aos complexos de configuração d^7 em campo forte, como é o caso do $[Co^{II}(CN)_5]^{3-}$. Esses complexos apresentam comportamento semelhante ao radical $\cdot CH_3$, e de fato combinam-se com ele, formando compostos alquilados do tipo $[CH_3Co(CN)_5]^{3-}$.

Espectroscopia de campo ligante

As primeiras evidências dos efeitos do campo ligante estão nas cores dos complexos. Por exemplo, enquanto o complexo $[Co^{III}(NH_3)_6]^{3+}$ é amarelo, os derivados $[Co^{III}(NH_3)_5Cl]^{2+}$ e $trans$-$[Co^{III}(NH_3)_4Cl_2]^+$ são vermelho-violeta e verde, respectivamente. Essas mudanças de cor foram consideradas

Figura 4.13
Diagrama de campo
ligante para uma
geometria pirâmide de
base quadrada, gerada a
partir do octaedro, por
remoção progressiva
de um ligante axial,
mostrando o alongamento
intermediário, como
recurso didático.

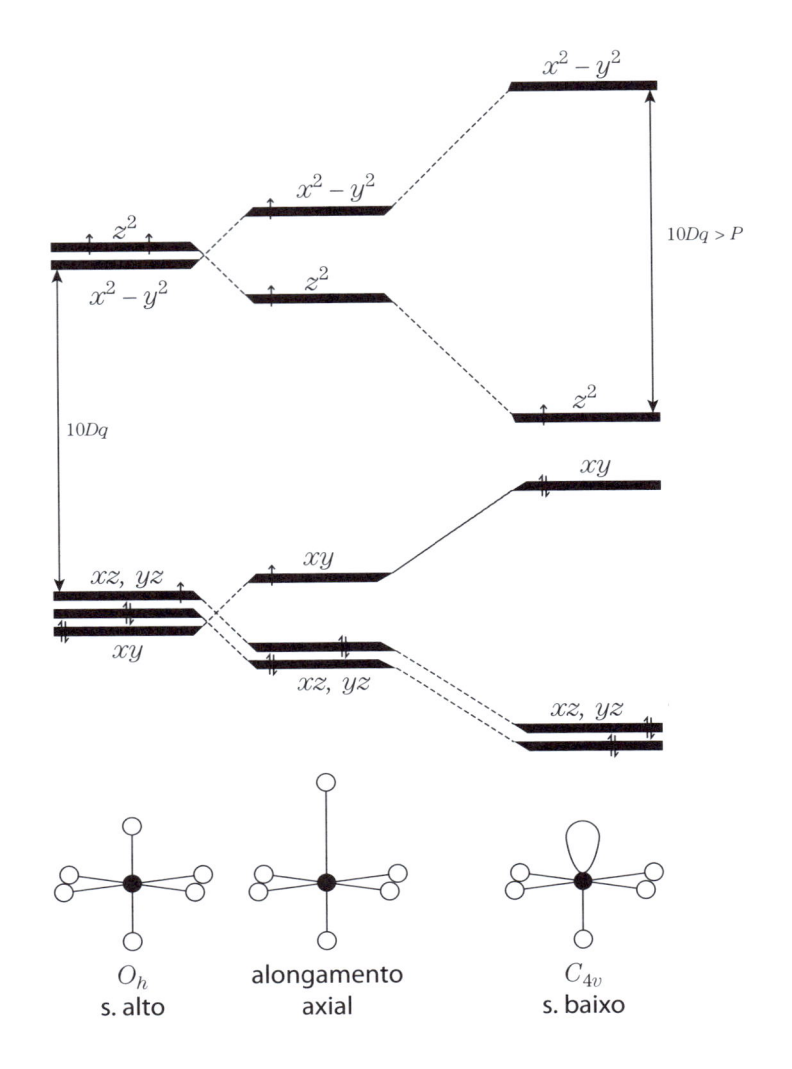

importantes desde os primórdios da Química de Coordenação. Um fato interessante ocorre com o complexo $[CoCl_4]^2$, que é intensamente azul. Esse complexo é usado como marcador de umidade, visto que se converte rapidamente no complexo octaédrico $[Co^{II}(H_2O)_{6-x}Cl_x]^{n+}$ de coloração rosa. Muitos objetos decorados com esse complexo são comercializados com o intuito de sinalizar uma provável ocorrência de chuva, em resposta ao aumento da umidade. Todas essas mudanças estão relacionadas com os efeitos do campo ligante.

A espectroscopia de campo ligante é voltada especificamente para a análise das transições eletrônicas envolvendo os níveis de energia d nos compostos de coordenação. Ela está sendo apresentada neste Capítulo, como uma extensão da Teoria de Campo Ligante, e constitui um assunto especializado na espectroscopia, ao empregar uma linguagem própria, bastante distinta daquela veiculada pelos orbitais moleculares.

Um espectro eletrônico expressa as transições que ocorrem entre os diferentes estados de energia, sob excitação eletromagnética. Nos espectros de absorção em condições normais, as transições sempre ocorrem do estado fundamental para os estados de energia mais alta, ou excitados. Eles são registrados sob a forma de bandas de absorção, em gráficos de absorbância (A) versus comprimento de onda, nos quais a intensidade varia linearmente com a concentração (C) e com o comprimento do caminho óptico (b), isto é,

$$A = \varepsilon \cdot b \cdot C.$$

A constante ε constitui a absortividade, expressa em $mol^{-1}\,L\,cm^{-2}$, e é uma característica importante da transição.

Nos espectros de emissão, após a excitação são gerados estados excitados que decaem para o estado fundamental, emitindo a energia absorvida. Isso pode acontecer rapidamente, se os estados excitados e fundamental apresentarem o mesmo spin. O fenômeno correspondente é conhecido como fluorescência. Quando os spins são diferentes, as transições passam a ocorrer mais lentamente, dando origem à fosforescência, cujo diferencial é o fato da emissão persistir mesmo após o término da excitação óptica.

Momento de transição

Sob o ponto de vista quântico, uma radiação eletromagnética deve interagir com ambos os estados, inicial e final, para ser absorvida e promover a transição. O componente elétrico da radiação interage especificamente com os dipolos elétricos resultantes das distribuições eletrônicas na molécula, descritas pelas funções de onda, tanto do estado fundamental como do estado excitado. O operador que possibilita essa interação é o tipo "dipolo elétrico", ou simplesmente $e \cdot \vec{r}$.

A probabilidade de transição pode ser descrita por meio do quadrado da integral (P) que descreve o operador de dipolo elétrico acoplando o estado inicial ψ_i com o estado final ψ_f, isto é,

$$P = <\psi_i|e \cdot \vec{r}|\psi_f>.$$

P é conhecido como integral de momento de transição. A intensidade de uma banda pode ser medida pela sua área, e também é expressa por uma grandeza denominada força do oscilador, f, igual a

$$f = \alpha<\psi_i|e \cdot \vec{r}|\psi_f>^2,$$

onde α é uma constante dada por $(8\pi^2 m_e/3he^2)\nu_{max}$, sendo m_e = massa do elétron, h = constante de Planck, e ν_{max} = frequência da transição eletrônica (pico da banda) no máximo de absorção.

A partir da medida da área de uma banda eletrônica, podemos avaliar a força do oscilador (f), e depois a integral do momento de transição (P).

Regras de seleção

1) Paridade orbital

É interessante notar que o operador de dipolo elétrico tem propriedades vetoriais, isto é, apresenta direção e sentido. Pela teoria de grupo, ele se comporta como um vetor de translação, e portanto muda de sinal com respeito à inversão. Em outras palavras, esse operador tem simetria u (ímpar). Por outro lado, deve ser lembrado que integral de momento de transição, P, é apenas um número, e como grandeza escalar, não é afetada pelas operações de simetria. Dessa forma, P comporta-se como a representação totalmente simétrica, a_{1g}.

Assim, de acordo com a teoria de grupo, o produto das representações de simetria deve ser igual ou conter A_{1g}.

$$\Gamma_P = \Gamma_i \cdot \Gamma_{er} \cdot \Gamma_f = A_{1g}.$$

Em termos das paridades, esse produto fica igual a

$$g = \Gamma_i \cdot u \cdot \Gamma_f.$$

Quando as funções de onda dos estados inicial e final, ψ_i e ψ_f tiverem a mesma paridade, g ou u, esse produto torna-se inviável, pois o produto ímpar × ímpar = par, e o produto par × ímpar = ímpar, e assim o resultado global sempre será impar (u).

$$g \neq g \cdot u \cdot g \quad ou \quad g \neq u \cdot u \cdot u.$$

Dessa forma, podemos concluir que sob o ponto de vista da teoria de grupo, em virtude do caráter ímpar do operador de dipolo elétrico, é necessário que as funções de onda dos estados iniciais e finais tenham paridades opostas. Caso contrário o momento de transição irá se anular.

Em resumo:

Paridade do estado inicial	Paridade do estado final	Caráter da transição
g	g	proibida
g	u	permitida
u	g	permitida
u	u	proibida

Essa conclusão pode ser resumida pela **Regra de Laporte**:

transições entre estados de mesma paridade são proibidas.

Como os estados estão associados a configurações eletrônicas (vide Tabela 3.3, de microestados), eles acabam incorporando as paridades intrínsecas dos orbitais, ou seja, $s = g$, $p = u$, $d = g$, $f = u$. Dessa forma, transições entre estados provenientes de orbitais s-s, p-p, d-d e f-f são proibidas por Laporte, ao passo que as transições do tipo s-p, p-d, d-f são permitidas. Outra forma simples de expressar isso é que, em uma transição eletrônica, os números quânticos orbitais devem diferir em uma unidade, isto é,

$$\Delta \ell \pm 1.$$

2) A restrição de spin

Devemos lembrar que a função de onda, além da parte eletrônica, também incorpora um componente de spin, isto é,

$$\psi^{\text{eletrônico}} = \psi^{\text{orbital}} \cdot \psi^{\text{spin}}$$

O spin é normalmente ignorado nos cálculos, pois o operador de dipolo elétrico, $e \cdot \vec{r}$, só atua sobre a parte orbital. Mesmo assim, acaba assumindo um papel determinante no contexto da teoria de grupo ou simetria.

Para entender isso, vamos desmembrar a integral de momento de transição em duas partes (orbital e spin):

$$P = <\psi_i^{\text{orbital}}|\ e \cdot \vec{r}\ |\psi_f^{\text{orbital}}><\psi_i^{\text{spin}}|\psi_f^{\text{spin}}>.$$

A parte orbital é regida pela Regra de Laporte. Por sua vez, a integral de spin $<\psi_i^{\text{spin}}|\psi_f^{\text{spin}}>$ se anula quando os spins são distintos. Por isso, a restrição $\Delta S = 0$ é particularmente crítica, exercendo uma influência muito grande na intensidade das transições, bem como no tempo de vida dos estados eletrônicos excitados.

Em resumo, na análise das transições eletrônicas, devem ser observadas duas regras importantes:

$$\Delta \ell = \pm 1 \text{ e } \Delta S = 0.$$

No caso de complexos com baixa simetria ou sem centro de inversão, a influência da paridade dos estados g e u é bastante atenuada, restando entretanto alguma memória da natureza dos orbitais atômicos envolvidos. Nesses casos, o produto das representações de simetria dos estados inicial e final com a do momento de dipolo ($\Gamma_i \cdot \Gamma_{er} \cdot \Gamma_f$), deve levar à representação totalmente simétrica do grupo de ponto em questão. Isso é equivalente a dizer que o produto das representações dos estados deve coincidir com as representações do vetor momento de dipolo:

$$\Gamma_i \cdot \Gamma_f = \Gamma_{er}.$$

Essa é uma regra que pode ser aplicada para qualquer caso, e expressa a restrição geral de simetria (que inclui a de Laporte), para as transições eletrônicas.

Considerando que o operador de dipolo pode ter componentes em x, y e z, ou seja,

$$e \cdot \vec{r} = e \cdot \vec{x} + e \cdot \vec{y} + e \cdot \vec{z},$$

o produto das representações dos estados deverá coincidir com a representação de um ou mais componentes, para saber se a transição será permitida. Esses componentes vetoriais estão sempre listados nas Tabelas de Caracteres. A análise dos componentes vetoriais pode ser aplicada aos estudos de espectros de monocristais com luz polarizada. Quando a orientação em relação à luz polarizada coincidir com a direção permitida pelo dipolo, haverá absorção seletiva, dando origem ao espectro. Em caso contrário, haverá extinção parcial ou total da banda eletrônica. Esse fato é responsável pelo dicroísmo, no qual a cor de um objeto ou cristal muda com a direção de polarização da luz, gerando efeitos cromáticos muito interessantes.

Relaxação das regras de simetria

A restrição de spin é bastante severa, e só pode ser atenuada, em pequena proporção, pelo acoplamento spin–órbita, principalmente no caso dos metais pesados ($4d$, $5d$). Por outro lado, a restrição de simetria é mais flexível, pois é susceptível às contribuições vibracionais da molécula. Para equacionar esse fato, podemos desmembrar ainda mais a função de onda, de modo a incluir também uma parte vibracional, que também tem simetria, e assim pode influir na aplicação das regras de seleção.

$$\psi^{\text{eletrônico}} = \psi^{\text{orbital}} \cdot \psi^{\text{vibracional}}.$$

De fato, com a inclusão dos componentes vibracionais, os estados eletrônicos podem ser representados como curvas ou poços de potencial. Essas curvas são preenchidas por funções de onda vibracionais que oscilam em torno da posição de equilíbrio, e têm maior amplitude nas proximidades das bordas, como está ilustrado na Figura 4.14. Nos sistemas equilibrados termicamente, os estados acabam convergindo para o nível vibracional mais baixo, correspondente a v ou $v' = 0$.

Apesar de as oscilações vibracionais terem participação nas curvas de potencial, deve ser ressaltado que uma transição eletrônica se processa com uma velocidade pelo menos 1.000 vezes mais rápida que o movimento vibracional. Assim, durante uma transição eletrônica, tudo se passa como se as coordenadas atômicas permanecessem congeladas. Esse fato é conhecido como **Princípio de Franck–Condon**, fazendo com que elas sejam representadas como linhas verticais entre duas curvas de potencial.

Como pode ser visto na Figura 4.14, uma transição eletrônica pode promover um estado fundamental, com $v = 0$, para um estado excitado, com quaisquer valores de v' contidos ao longo da linha vertical que representa o processo de excitação. Os estados vibracionais associados a um estado eletrônico dão origem a estados vibrônicos. A excitação vertical pode conduzir a vários estados vibrônicos, e o espectro resultante representa uma somatória de bandas muito próximas, englobadas no perfil da banda larga, característica das transições eletrônicas (Figura 4.15). Isso

Figura 4.14
Curvas de potencial para dois estados eletrônicos, com os respectivos níveis vibracionais, ordenados pelo número quântico vibracional $v = 0$, 1, 2..., e a banda eletrônica medida experimentalmente, mostrando o comprimento de onda de máxima absorção, $\lambda_{máx}$, a absortividade molar ε e a largura de meia banda ($\Delta v_{1/2}$) medida na meia altura.

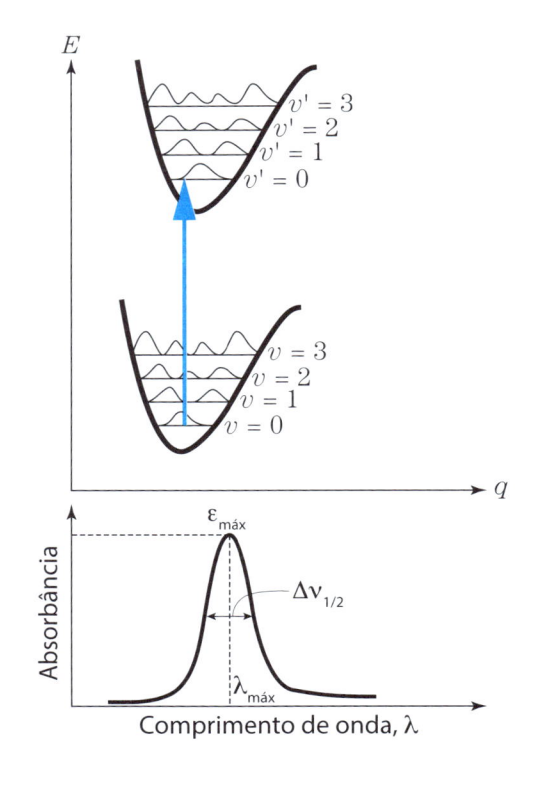

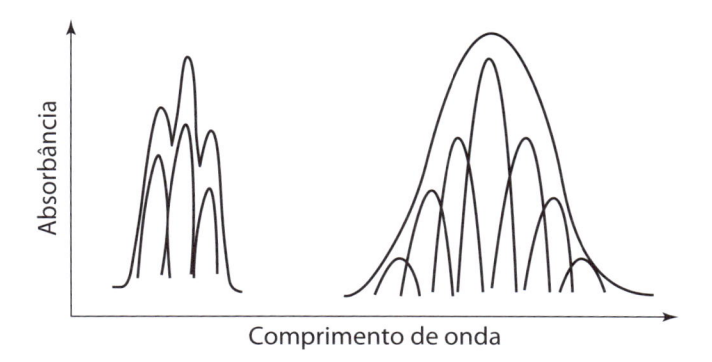

Figura 4.15
Perfil de bandas eletrônicas, com poucos ou muitos componentes vibrônicos.

é particularmente notório quando as curvas de potencial do estado fundamental e excitado se encontram deslocadas, e a excitação vertical acaba percorrendo um grande número de estados vibrônicos. Assim, bandas finas, ou bem resolvidas vibracionalmente, indicam estados eletrônicos com configurações espaciais muito semelhantes ao do estado fundamental. Elas são particularmente frequentes em transições em que as alterações principais estão centradas na mudança de spin, e não na composição orbital.

Em virtude da influência dos componentes vibracionais, uma transição eletrônica proibida por Laporte (ou por simetria) pode ser beneficiada pela participação de uma vibração de simetria apropriada, que satisfaça a exigência do produto das representações ser totalmente simétrico, isto é,

$$\Gamma_i^{\text{vibracional}} \Gamma_i^{\text{orbital}} \cdot \Gamma_{er} \cdot \Gamma_f^{\text{orbital}} \cdot \Gamma_f^{\text{vibracional}} = A_{1g}.$$

A molécula no estado fundamental encontra-se em equilíbrio térmico, no nível vibracional mais baixo, $v = 0$. Por isso, a simetria $\Gamma_i^{\text{vibracional}}$ é A_{1g}, e a regra de seleção passa a ser determinada por um produto de quatro termos:

$$\Gamma_i^{\text{orbital}} \cdot \Gamma_{er} \cdot \Gamma_f^{\text{orbital}} \cdot \Gamma_f^{\text{vibracional}} = A_{1g} \text{ ou}$$

$$\Gamma_i^{\text{orbital}} \cdot \Gamma_{er} \cdot \Gamma_f^{\text{orbital}} = \Gamma_f^{\text{vibracional}}.$$

Portanto o produto das representações $\Gamma_i^{\text{orbital}} \cdot \Gamma_{er} \cdot \Gamma_f^{\text{orbital}}$ deve coincidir com uma representação de simetria de algum modo vibracional envolvido na transição, como os associados às ligações $M\text{-}L$ (modos esqueletais). Uma compilação das simetrias dos modos vibracionais esqueletais pode ser encontrada na Tabela 4.7.

Assim, o acoplamento de um modo vibracional de simetria ímpar (u) pode atenuar a proibição de Laporte, de uma transição entre dois estados eletrônicos de mesma paridade. Esse é o caso observado para transições de campo ligante envolvendo complexos octaédricos.

Em complexos que não apresentam centro de inversão, como os de simetria tetraédrica, T_d, a restrição de Laporte é naturalmente relaxada e os espectros observados são cerca de duas ordens de grandeza mais intensos, quando comparados com os respectivos complexos octaédricos.

Apesar de estarmos extrapolando os limites da Teoria de Campo Ligante, também deve ser mencionado que a combinação dos orbitais do metal com os orbitais do ligante também tem influência nas intensidades das bandas. Os

Tabela 4.7 – Simetria de modos normais de vibração esqueletais de complexos

Geometria	Grupo de Ponto	Simetria dos modos normais de vibração
ML_6	O_h	$A_{1g} + E_g + T_{2g} + 2T_{1u} + T_{2u}$
ML_6	D_3	$3A_1 + 2A_2 + 5E$
ML_5	D_{3h}	$2A_1' + 3E' + 2A_2'' + E'''$
ML_{56}	C_{4v}	$3A_1 + 2B_1 + B_2 + 3E$
ML_4	D_{4h}	$A_{1g} + B_{1g} + B_{2g} + A_{2u} + B_{2u} + 2E_u$
ML_4	C_{4h}	$A_2 + 2B_g' + A_u + B_u + 2E_u$
ML_4	T_d	$A_1 + E + 2T_2$
ML_4	D_{2d}	$2A_1 + B_1 + 2B_2 + 2E$
$ML_4 L_2'$	D_{4h}	$2A_{1g} + B_{1g} + B_{2g} + E_g + 2A_{2u} + B_u + 3E_u$
$ML_2 L_2'$	D_{2h}	$2A_g + B_{1g} + 2B_{1u} + 2B_{2u} + 2B_{3u}$
$ML_3 L'$	C_{3v}	$3A_1 + 3E$
$ML_2 L_2'$	C_{2v}	$4A_1 + A_2 + 2B_1 + 2B_2$

ligantes geralmente apresentam uma alta contribuição de orbitais p (simetria u) em sua estrutura. A interação com os orbitais d (simetria g) leva a uma mistura de orbitais de paridades distintas, $d + p$, e isso contribui para o relaxamento da Regra de Laporte. Por isso, nos complexos com caráter covalente mais acentuado, as transições de campo ligante se apresentam mais intensas em relação aos complexos com interações predominantemente eletrostáticas.

O quadro diagnóstico das intensidades das transições eletrônicas está resumido na Tabela 4.8.

Tabela 4.8 – Intensidades das transições eletrônicas em complexos

Absortividade ε (mol^{-1}·L·cm^{-1})	Restrição	Exemplos típicos
<1	Spin e Laporte	Complexos d^5 em campo fraco, $[Mn(H_2O)_6]^{2+}$
1 a 10	Laporte	Complexos d^n em campo O_h com relaxação de natureza vibrônica, $[Ni(H_2O)_6]^{2+}$
10 a 100	Laporte	Complexos d^n em campo O_h com contribuições de natureza covalente, $[Fe(CN)_6]^{4-}$
100 a 1.000	Laporte	Complexos d^n tetraédricos ou sem centro de inversão, $[CoCl_4]^{2-}$
> 1.000	Totalmente permitida	Transições de transferência de carga (TC) Transições entre orbitais moleculares Transições s-p, p-d, d-f

Desdobramento dos estados de energia

Assim como os orbitais atômicos, os estados de energia também são afetados pelas mudança de simetria, e acabam sofrendo desdobramentos que podem ser detectados pelas mudanças de perfil dos espectros eletrônicos. Isso pode ser feito com o auxílio da Teoria de Grupo, conforme já descrito, ou por meio das operações de simetria detalhadas no Apêndice 2. Assim, considerando um campo octaédrico, é possível fazer a seguinte correlação entre os termos espectroscópicos e suas representações de simetria (Tabela 4.9).

Tabela 4.9 – Desdobramento dos termos espectroscópicos em campo octaédrico

Termos espectroscópicos do íon livre	Representação dos estados (O_h)
$S\ (L = 0)$	A_{1g}
$P\ (L = 1)$	T_{1g}
$D\ (L = 2)$	$E_g + T_{2g}$
$F\ (L = 3)$	$A_{2g} + T_{2g} + T_{1g}$
$G\ (L = 4)$	$A_{1g} + E_g + T_{1g} + T_{2g}$

Nessa tabela pode ser visto que em um campo O_h o estado S se comporta segundo A_{1g}. O estado P se comporta segundo T_{1g}, ao passo que o estado D se desdobra em dois estados, de simetria E_g e T_{2g}, respectivamente. O termo F dá origem a três estados, A_{2g}, T_{2g} e T_{1g}, e assim por diante. Da mesma forma como o campo ligante desdobra as energias orbitais, o estados espectroscópicos também são afetados pelas variações nas interações de repulsão intereletrônica expressas por B e $10Dq$, como ilustrado na Figura 4.16.

O diagrama de desdobramento de estados, como mostrado na Figura 4.16 para uma configuração d^n, é uma sim-

Figura 4.16
Desdobramento dos estados de energia em um campo octaédrico (O_h).

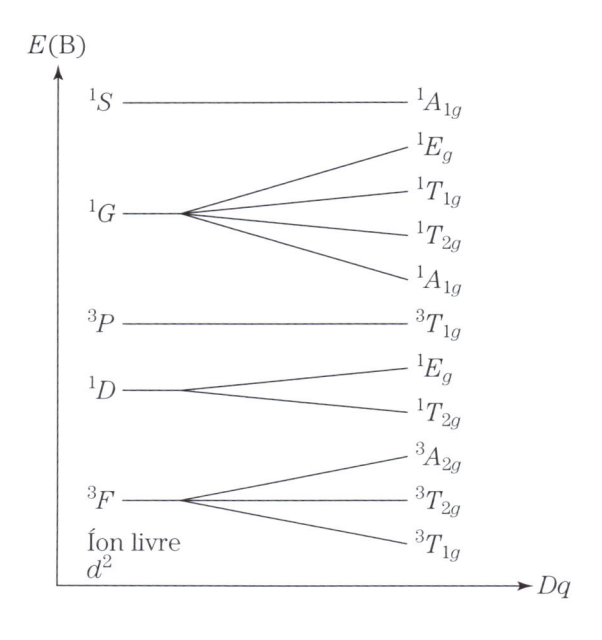

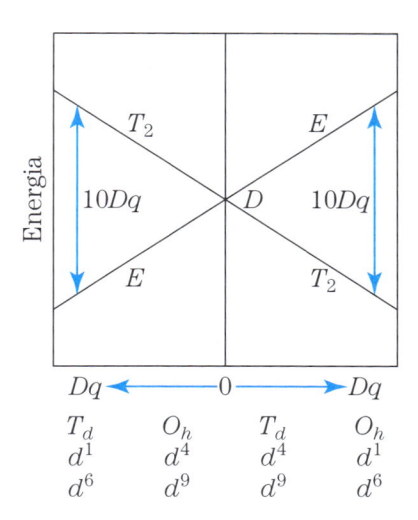

Figura 4.17
Diagrama de Orgel para sistemas d^1, d^6, d^4 e d^9, (spin alto), mostrando a equivalência d^n e d^{10-n}, e a inversão energética T_d versus O_h.

plificação da forma original apresentada por Leslie Orgel e também se aplica para a configuração complementar d^{10-n} no campo tetraédrico (T_d), ou na sequência inversa, no campo octaédrico (O_h), conforme a Figura 4.17.

No caso das configurações d^1, d^6 e d^4, d^9(spin alto), o estado fundamental D se desdobra em E_g e T_{2g} no campo O_h, e uma única transição envolvendo esses dois estados é esperada no espectro eletrônico. Isso pode ser visto na Figura 4.18.

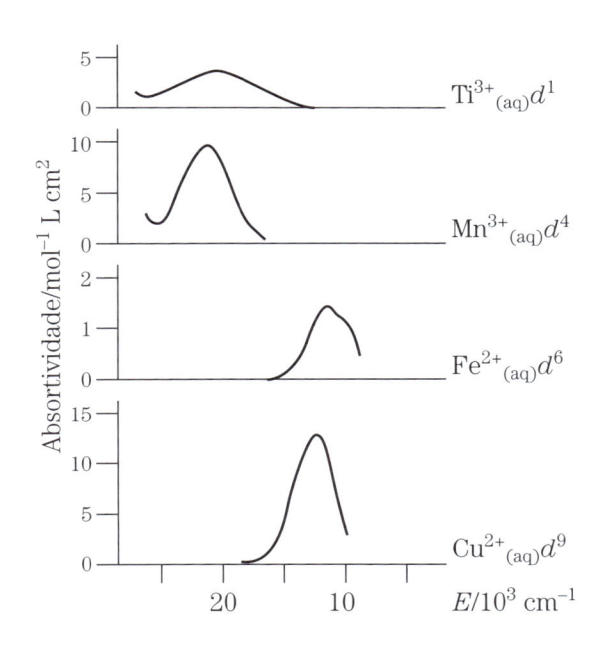

Figura 4.18
Exemplos de espectros eletrônicos de complexos d^1, d^4 e d^6, d^9 (spin alto).

Para os complexos d^1 e d^6 a banda observada corresponde à transição $^2T_{2g} \rightarrow {}^2E_g$, ou $^5T_{2g} \rightarrow {}^5E_g$, respectivamente, e sua energia corresponde a $10Dq$. Para os complexos d^4 e d^9 a banda espectral corresponde à transição $^5E \rightarrow {}^5T_{2g}$ ou $^2E \rightarrow {}^2T_{2g}$, respectivamente (*vide* o lado esquerdo do Diagrama de Orgel), que fornece o valor de $10Dq$.

Se observarmos os detalhes dos espectros ilustrados na Figura 4.18, vamos notar que as bandas apresentam algum alargamento, distorção ou desdobramento, mostrando desvios em relação ao previsto para o octaedro (O_h). De fato, como já foi discutido anteriormente, isso é esperado, visto que essas configurações estão sujeitas ao Efeito Jahn–Teller.

Tomando como exemplo os complexos de cobre(II), podemos ver na Figura 4.19 como a banda de campo ligante

Figura 4.19
Desdobramento da banda de campo ligante provocado pela distorção tetragonal em complexos de cobre em diferentes solventes; com os respectivos níveis de energia representados na progressão do Efeito Jahn–Teller.

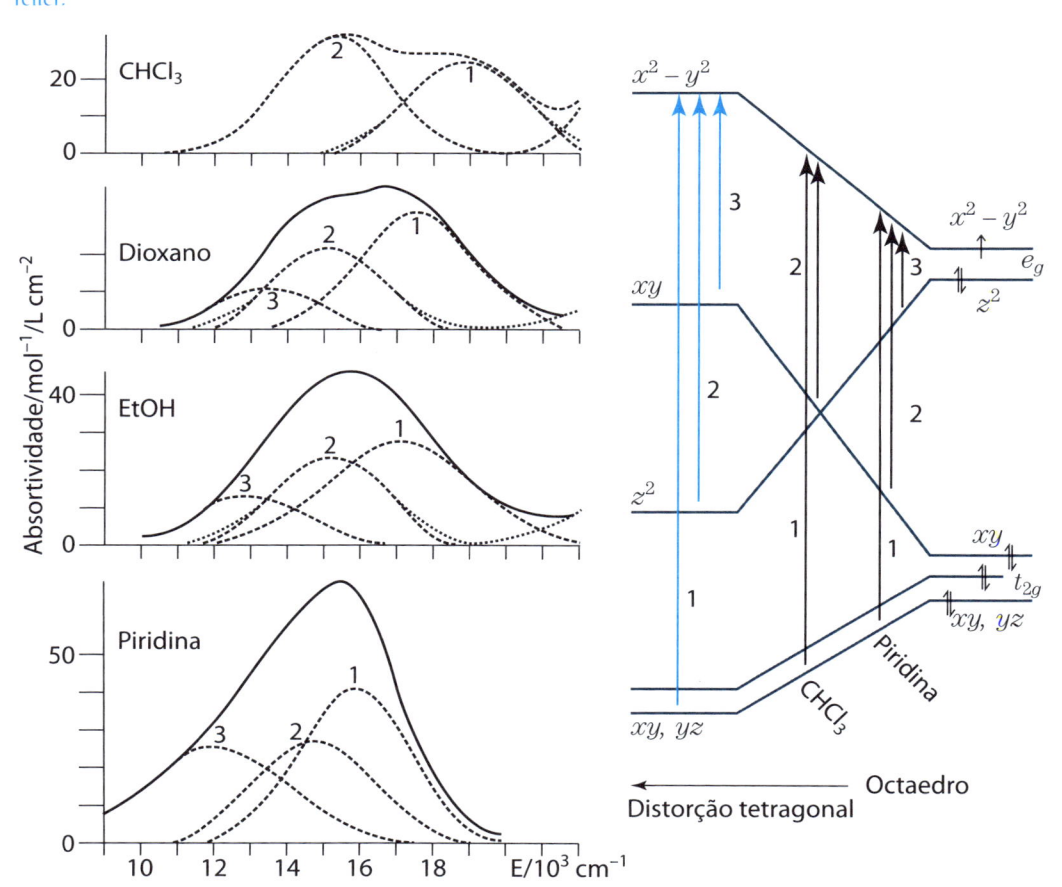

se comporta quando o íon metálico está dissolvido nos mais diversos solventes. Para os sistemas d^1 e d^9, em virtude da configuração monoeletrônica, existe uma correlação direta entre os níveis orbitais e os estados de energia decorrentes. Isso facilita a percepção dos desdobramentos provocados pelo campo, ao longo da distorção tetragonal.

Dessa forma, a análise do perfil da banda de campo ligante pode fornecer informações importantes a respeito da geometria e do grau de distorção tetragonal nos complexos de cobre. Isso é particularmente relevante, pois os íons de cobre integram metaloenzimas muito importantes nos sistemas biológicos, e sua função está fortemente correlacionada com as geometrias dos sítios de coordenação.

Para os demais sistemas d^n, nos quais o esquema monoeletrônico não mais se aplica, o diagrama de Orgel apresenta vários componentes, como ilustrado na Figura 4.20.

Nessa figura, além das correlações diretas entre as configurações d^n e d^{10-n}, e inversas entre O_h e T_d, é possível ver (no lado esquerdo) que os níveis T_1 provenientes do termo F e P se aproximam energeticamente, até o ponto de cruzamento. De acordo com a mecânica quânti-

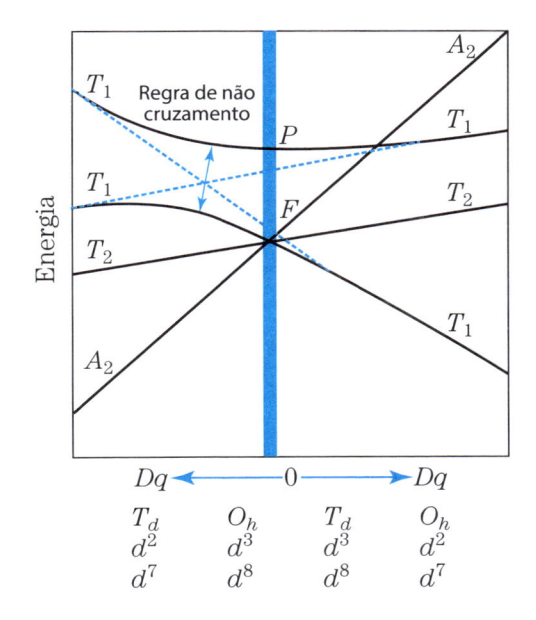

Figura 4.20
Desdobramento do estado F em campo octaédrico (ou tetraédrico), e efeito da interação de configuração com o estado P; quando os níveis T_1 se aproximam energeticamente (linha tracejada), eles sofrem desvios em sentidos opostos. Os subescritos g e u foram omitidos.

ca, dois níveis de mesma simetria nunca se cruzam. Isso é conhecido como regra do não cruzamento. O motivo disso é que a aproximação de níveis de mesma simetria leva a uma interação natural entre eles, provocando uma mistura, semelhante ao que acontece com a formação dos orbitais moleculares. Gera-se, portanto, um estado do tipo ligante (combinação soma) e antiligante (combinação diferença), com energias distintas caminhando em sentidos opostos. Como resultado, as curvas apresentam desvios, como se repelissem mutuamente, no ponto de cruzamento.

Os espectros eletrônicos para as configurações polieletrônicas (Figura 4.21) apresentam várias bandas de campo ligante, que podem ser previstas pelos diagramas de Orgel.

Tomando como exemplo o íon $[V(H_2O)_6]^{3+}$ $(3d^2)$, podemos ver no diagrama de Orgel que o estado fundamental é $^3T_{1g}(^3F)$. São possíveis três transições permitidas por spin, para os estados $^3T_{2g}(^3F)$, $^3T_{1g}(^3P)$ e $^3A_{2g}(^3F)$, com energias crescentes. No espectro da Figura 4.21 são observadas apenas duas bandas, correspondentes às duas primeiras transições. A terceira banda cai na região do ultravioleta.

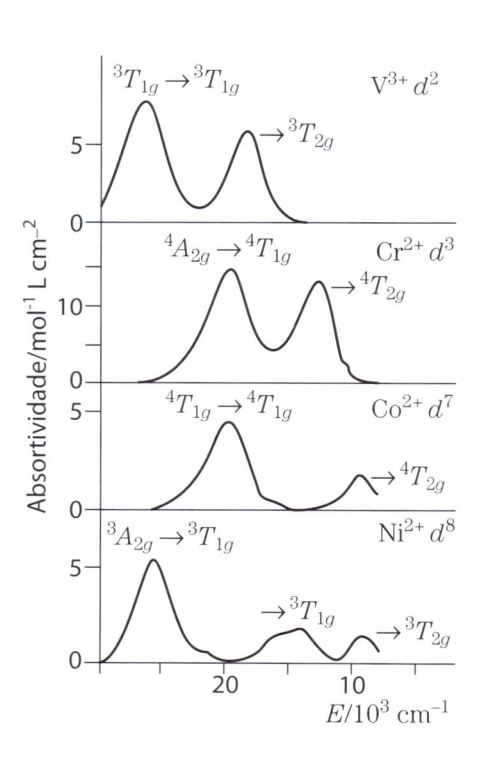

Figura 4.21
Espectros eletrônicos de campo ligante, típicos de íons de metais de transição de configuração d^2, d^3, d^7 e d^8 de campo fraco, em água.

Os demais espectros da Figura 4.21 podem ser atribuídos de forma semelhante, com o auxílio do diagrama de Orgel.

Uma forma mais quantitativa de trabalhar com os níveis de campo ligante foi introduzida por Yukito Tanabe e Satoru Sugano, em 1954. Essa dupla de cientistas, que ficou conhecida como Tanabe–Sugano, tomou como base de cálculo os níveis de campo ligante para todas as configurações, expressos em termos dos parâmetros Dq, B e C, conforme está compilado no Apêndice 3. Com base nesses cálculos, tornou-se possível construir gráficos ou diagramas quantitativos de energia, que podem servir de base para a análise das transições de campo ligante, como ilustrado na Figura 4.22. Esses gráficos, que ficaram conhecidos como diagramas de Tanabe–Sugano, são parametrizados em termos de B e 10 Dq, e podem ser aplicados para diversas configurações.

Nos diagramas de Tanabe–Sugano, o estado fundamental é representado como linha base. Os demais estados são representados em relação ao estado fundamental. A

Figura 4.22
Diagrama de Tanabe–Sugano para o sistema $3d^2$ e análise do espectro de campo ligante para o complexo $[V(H_2O)_6]^{3+}$.

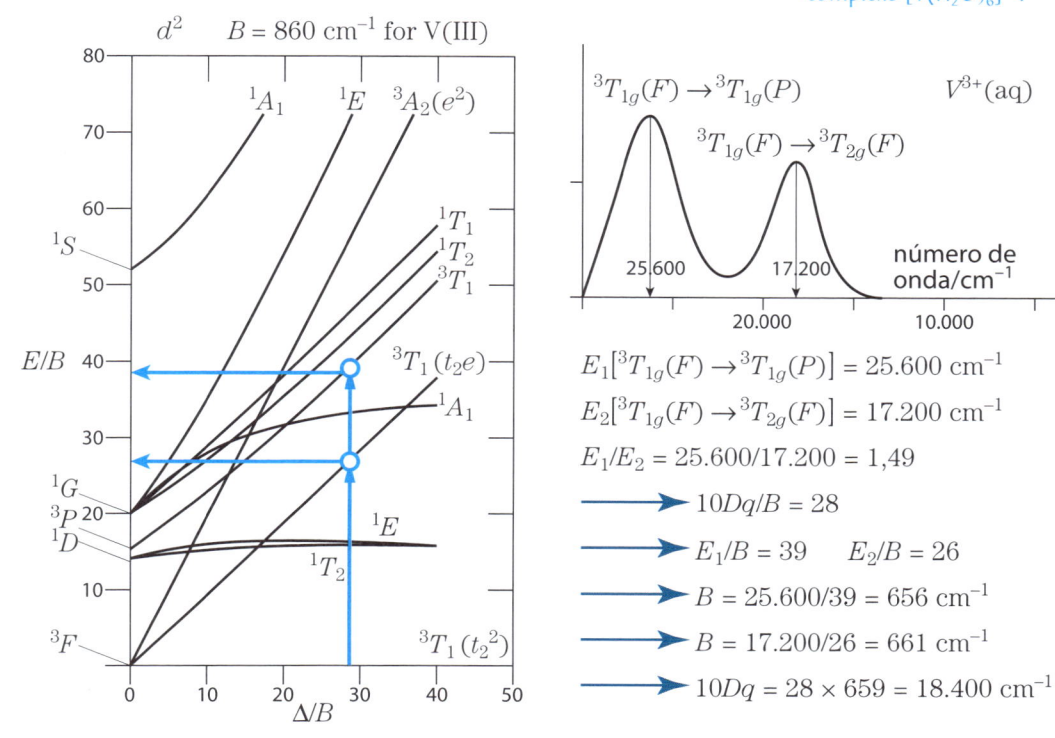

presença de curvaturas simétricas é indicativa de interação de configuração entre estados de mesma simetria.

Para ilustrar o procedimento de análise, vamos considerar o caso do complexo $[V(H_2O)_6]^{3+}$ $(3d^2)$, mostrado na Figura 4.22. Esta já reúne todas as etapas de cálculo, em forma sequencial.

Primeiramente, começamos com uma atribuição tentativa do espectro, sempre a partir do estado fundamental, para os estados sucessivos que apresentam o mesmo spin inicial, isto é, $\Delta S = 0$. Nos diagramas, o subescrito g e u foram omitidos, pois se aplicam tanto para O_h como T_d. Assim, os estados excitados mais prováveis são $^3T_{2g}(^3F)$ e $^3T_{1g}(^3P)$.

Depois calculamos a razão entre as energias das duas bandas espectrais (E_1/E_2), e, com o auxílio de um régua, percorremos o diagrama de Tanabe–Sugano até localizar o ponto em que a relação entre os segmentos (indicados como setas na Figura 4.22) melhor se aproxima desse valor.

Localizado esse ponto, basta anotar os valores correspondentes de $10Dq/B$ e de E_1/B ou E_2/B nos eixos da ordenada e abcissa, do diagrama de Tanabe–Sugano. Com base nesses valores, substituindo as energias experimentais $(E_1$ ou $E_2)$, os valores de B e $10Dq$ saem naturalmente (*vide* Figura 4.22).

Esse procedimento gráfico é bastante simples e eficiente. Contudo, cálculos mais refinados podem ser feitos por meio da resolução das equações de energia, listadas no Apêndice 3, quando houver interesse ou necessidade.

As configurações d^4, d^5, d^6 e d^7 admitem tanto a situação de campo fraco (spin alto) como a de campo forte (spin baixo). Nesses casos, os estados correspondentes são representados no diagrama de Tanabe–Sugano, separados por uma linha reta, que simboliza a mudança de spin, como exemplificado na Figura 4.23.

Na situação de spin alto, o estado fundamental para a configuração $3d^6$ é $^5T_{2g}$, no intervalo de $\Delta(10Dq)/B$ de 0 a 20. Acima desse intervalo, a linha base passa a ser ocupada pelo estado $^1A_{1g}$ correspondente à configuração $t_{2g}{}^6$. No caso dos complexos de Fe(II), os valores de B são da ordem de 700 cm^{-1}, e a inversão de spin é esperada em torno de $10Dq = 20 \times 700 = 14.000$ cm^{-1}.

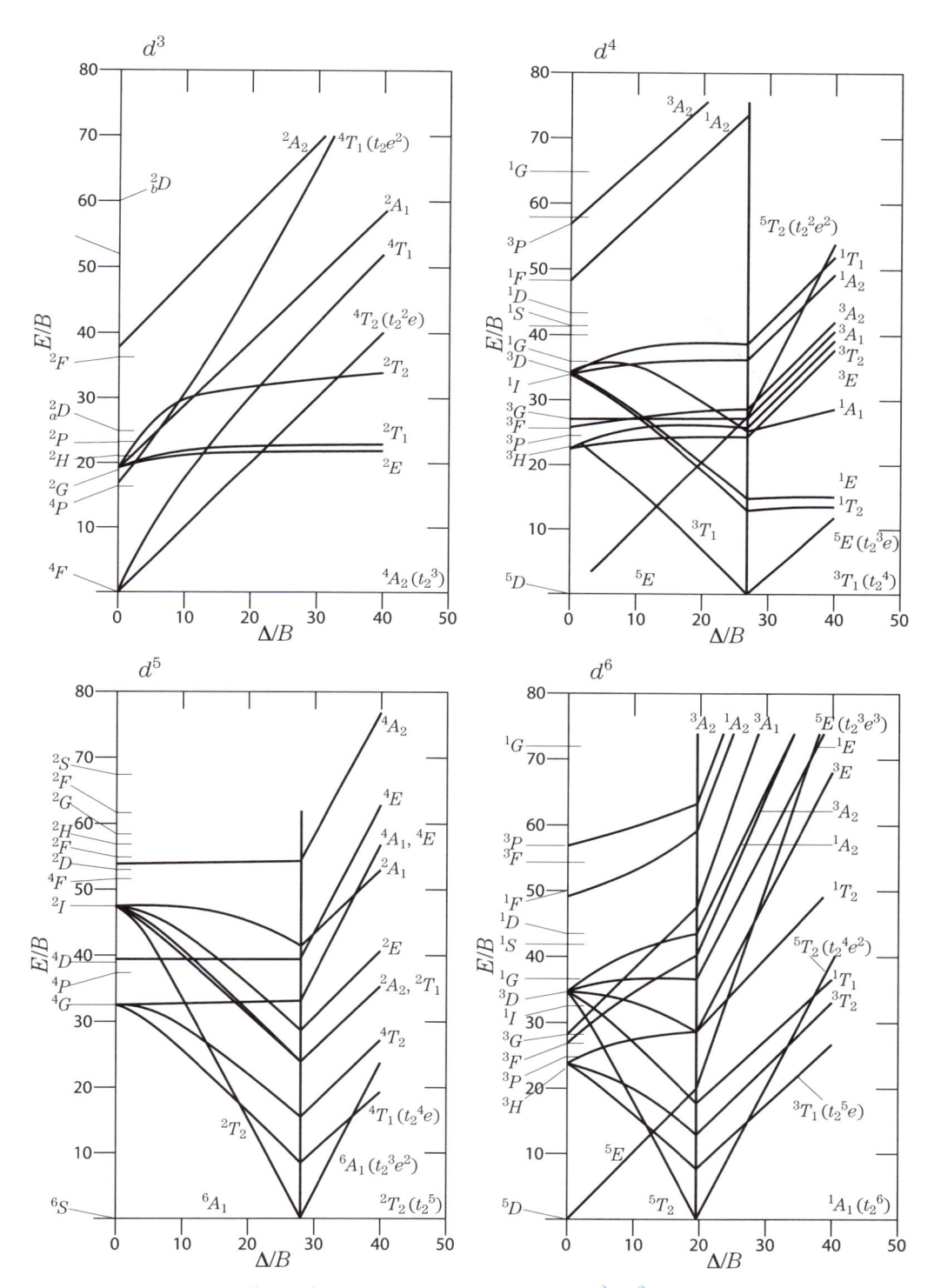

Figura 4.23 – Diagramas de Tanabe-Sugano para as configurações d^3 – d^8.

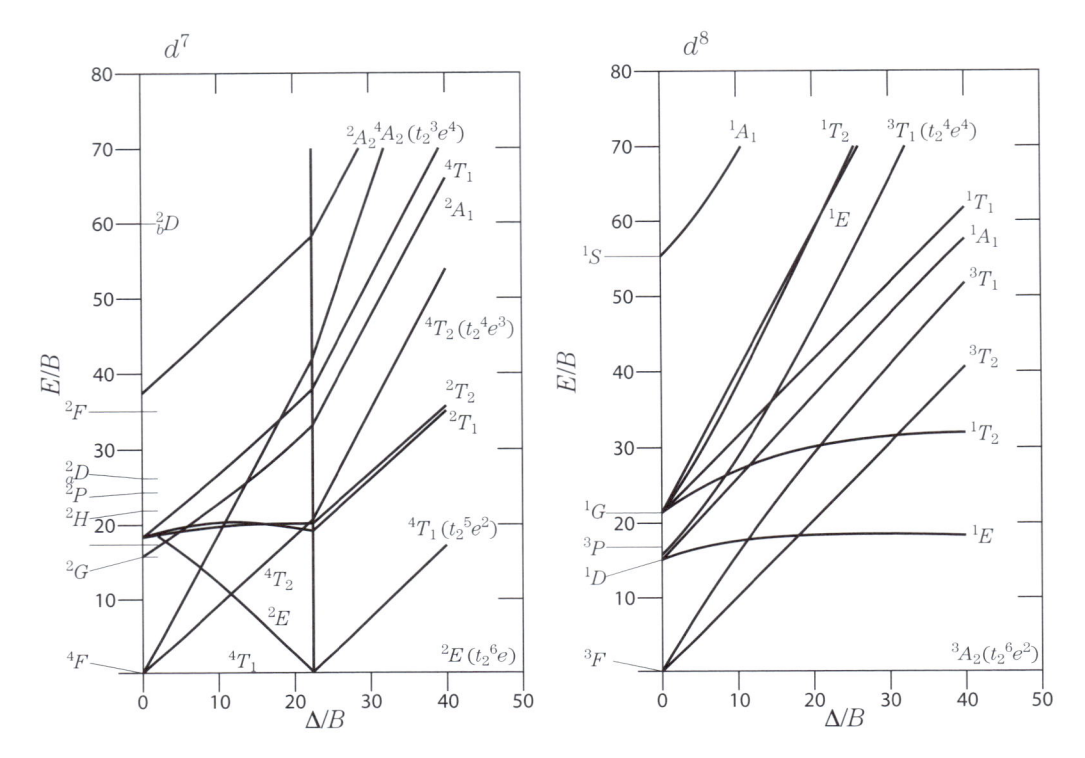

Figura 4.23 –
(continuação)
Diagramas de Tanabe–
Sugano para as
configurações d^3 – d^8.

O diagrama de Tanabe–Sugano também permite estimar a posição das transições proibidas por spin, que devem ser compatíveis com as intensidades das bandas espectrais.

Outra importante aplicação é a diferenciação entre as geometrias O_h e T_d, lembrando entretanto, que nesse caso devem ser utilizados os diagramas correspondentes para as configurações complementares, $d^n \Rightarrow d^{10-n}$. Também é interessante observar que o valor estimado para $10Dq$ na geometria T_d deve ser praticamente a metade (ou $^4/_9$) da que seria observada na geometria O_h. Além disso, outro indicativo da ocorrência da geometria T_d é a maior intensidade prevista para as bandas de campo ligante, por não estarem sujeitas à restrição de Laporte.

O cálculo dos parâmetros $10Dq$ e B é um ponto importante na teoria do campo ligante. Os valores de $10Dq$ estabelecem a série espectroquímica dos ligantes, como já visto anteriormente. Por outro lado, os parâmetros B formam uma outra série, conhecida como nefelauxética, que se traduz do grego como expansão da nuvem (eletrônica). Esses dois parâmetros foram trabalhados por C. K. Jörgensen, em termos de constantes empíricas f, g e h, k extraídas da comparação dos dados experimentais, e compiladas na Tabela 4.10.

Com base nessa tabela, é possível fazer uma previsão de $10Dq$ e B, por meio das expressões

$$10Dq = f \cdot g$$

$$e\ B = B_o(1 - h \cdot k),$$

onde B_o corresponde ao parâmetro de Racah para o íon livre (vide Tabela 3.2).

Tabela 4.10 – Cálculo de parâmetros de campo ligante (10^3 cm^{-1}) – Série espectroquímica e nefelauxética

Íon metálico	g	k	Ligante	f	h
Co(II)	9,3	0,5	6Br$^-$	0,75	2,0
Co(III)	20,8	0,35	6Cl$^-$	0,76	1,5
Cr(II)	13		6F$^-$	0,88	0,8
Cu(II)	2		6(ureia)	0,91	1,2
Fe(II)	10		3(oxalato)	0,98	1,5
Fe(III)	14	0,24	6(OH$^-$)	0,94	
Mn(II)	8,5	0,30	6H$_2$O	1,00	
Ir(III)	32		6NCS$^-$	1,03	
Mo(II)	19	0,15	6(acetato)	0,96	
Ni(II)	8,5	0,12	6NH$_3$	1,2	1,2
Pt(IV)	38		6py	1,25	
Rh(III)	27		3(en)	1,27	1,4
Ti(III)	20,1		3(bipy, phen)	1,4	2,0
V(II)	12,4		6(NO$_2$$^-$)	1,4	
V(III)	20,0	0,29	6(CN$^-$)	1,5	2,0

Com base nas constantes empíricas, é possível estimar o valor de $10Dq$ ou B, para um complexo, e de forma reversa, prever a posição de uma banda espectral de campo ligante, com o auxílio do diagrama de Tanabe–Sugano. Por exemplo, para o complexo $[Co(NH_3)_6]^{2+}$ os valores prováveis de $10Dq$ e B baseados na tabela seriam

$$10Dq = f \cdot g = 1,2 \times 9.300 = 11.100 \text{ cm}^{-1}$$

em comparação com 10.200 cm^{-1} (Tabela 4.3);

$$B = B_o \, (1 - hk) = 1.120 \, (1 - 1,2 \times 0,5) = 450 \text{ cm}^{-1}$$

$(B_o = 1.120 \text{ cm}^{-1}$, extraído da Tabela 3.2).

Propriedades magnéticas de compostos de coordenação

Quando um campo magnético H_o atua sobre um corpo, ele gera uma indução magnética **B** que altera o campo no seu interior por um fator igual a $4\pi I$, como indicado no esquema:

onde $I = \chi H_o d$ (d = densidade).

Esse efeito é proporcional à intensidade do campo aplicado ($I = \chi H_o d$), sendo a constante de proporcionalidade χ denominada susceptibilidade magnética.

A grandeza que normalmente se mede nos experimentos é χ. Isso pode ser feito colocando a amostra no interior de um campo magnético não uniforme, como indicado na Figura 4.24.

A força f gerada pelo campo é dada pelo produto de quatro fatores envolvidos em

$$f = m \cdot \chi \cdot H_o \cdot (\partial H / \partial x),$$

onde m é a massa, e $\partial H / \partial x$ representa o gradiente de campo.

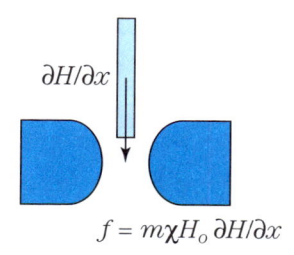

$$\partial H/\partial x$$

$$f = m\chi H_o\, \partial H/\partial x$$

Figura 4.24
Determinação da susceptibilidade magnética por meio da força exercida pelo ímã, na presença de um gradiente de campo $\partial H/\partial x$.

Existem montagens experimentais em que o gradiente de campo é variável, como é feito no método de Gouy, ou então mantida constante, como no método de Faraday. Neste último caso, as cabeças dos polos magnéticos são desenhadas com uma curvatura predeterminada, para gerar um gradiente de campo magnético praticamente constante. Isso intensifica a atuação magnética sobre a amostra em estudo, melhorando tanto a reprodutibilidade como a sensibilidade, e permitindo reduzir em mais de uma ordem de grandeza a quantidade de amostra necessária. As medidas já podem ser feitas rotineiramente com o auxílio de balanças analíticas capazes de pesar até 10^{-5} g, utilizando pequenos ímãs de liga de $Nd_2Fe_{14}B$ que fornecem campos magnéticos intensos, geralmente da ordem de 11 kOe.

A susceptibilidade magnética pode ter sinal positivo ou negativo, dependendo do tipo de estrutura eletrônica do material. Em decorrência disso, as moléculas podem apresentar um comportamento diamagnético ou paramagnético.

O diamagnetismo é uma propriedade universal, presente em todos os corpos. Ele resulta da ação do campo magnético externo sobre a nuvem eletrônica. Como resultado dessa ação, o corpo diamagnético reage repelindo as linhas de força, provocando um efeito de levitação sobre o ímã. O sinal da susceptibilidade nesse caso é negativo, porém sua magnitude é muito pequena, da ordem de 10^{-6} unidades *cgs*.

O paramagnetismo é uma propriedade dos elétrons desemparelhados, que acabam se alinhando com as linhas de força do campo magnético, levando a um aumento da atração pelo imã. O sinal de susceptibilidade paramagnética é positivo e sua magnitude é da ordem de 10^{-4} unidades *cgs*,

Nota: A unidade oficial (SI) de campo magnético H é o Oersted (Oe = Ampère/m), ao passo que a unidade de indução magnética $B = H + 4\pi I$ é dada em Gauss, $G = 10^{-4}$ Tesla. Como B e H estão correlacionados, é comum a utilização de Gauss para se referir ao campo magnético. Genericamente, também se usam unidades *cgs*, que são equivalentes ao Gauss.

portanto duas ordens de grandeza superior à da contribui-ção diamagnética. Por isso, o diamagnetismo fica pratica-mente mascarado em sistemas paramagnéticos.

A forma mais simples de pensar o paramagnetismo é considerar um elétron circulando em uma órbita de Bohr, ao redor do núcleo. O momento magnético clássico é cha-mado de Magneton de Bohr (MB), e é dado por

$$\mu_e = e \cdot h/4 \cdot \pi \cdot m = 0.927 \times 10^{-20} \text{ erg/Gauss} = \text{MB}.$$

Esse valor é usado como uma unidade magnética, *cgs*.

Sob o ponto de vista quântico, van Vleck (Figura 4.25) demonstrou que o momento magnético pode ser expresso em termos de J pela equação

$$\mu_j = g_j \left[J(J + 1) \right]^{1/2} \text{ MB},$$

onde $g_j = \left\{ 1 + \left[S(S + 1) - L(L + 1) + J(J + 1) \right] \right\}/2J(J + 1).$

Figura 4.25
John H. van Vleck é considerado o pai do magnetismo moderno. Nasceu em 1899, em Middletown, nos Estados Unidos, e doutorou-se pela universidade de Harvard, em 1922. Contemporâneo de Bethe, desenvolveu a teoria do magnetismo para os compostos de coordenação, incorporando os conceitos do campo cristalino, e impulsionando seu uso pelos químicos. Ganhou o Prêmio Nobel de Física de 1977. Morreu em Cambridge, Estados Unidos, em 1980.

Experimentalmente, o momento magnético está relacionado com sua susceptibilidade χ, por meio da equação

$$\chi = N^2 \, \mu^2/3kT.$$

Essa equação equivale à Lei de Curie, $\chi = C/T$, onde a constante $C = N^2 \, \mu^2/3k$. A variação inversa com a temperatura reflete a influência caótica da agitação térmica, que atua no sentido de desalinhar a orientação dos spins, induzida pelo campo magnético (Figura 4.26).

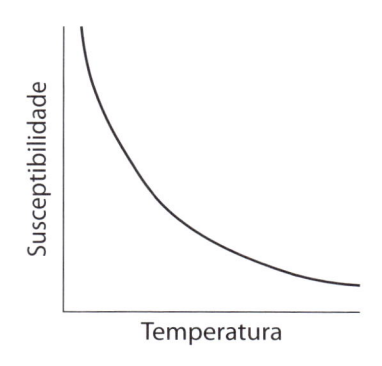

Figura 4.26
Variação da susceptibilidade com a temperatura (Lei de Curie).

A equação de Curie apresenta algum desvio a baixas temperaturas. Por isso, é introduzido um termo de correção θ, e a equação passa a ser dada por $\chi = C/(T + \theta)$, conhecida por Lei de Curie–Weiss.

A partir da susceptibilidade, é possível calcular o momento magnético

$$\mu = [3k \cdot \chi \cdot T/N^2]^{1/2} \, \text{MB} = 2{,}828 \, [\chi \cdot T]^{1/2} \, \text{MB}.$$

Porém, antes, é importante corrigir o valor da susceptibilidade medido experimentalmente pela contribuição diamagnética de todos os átomos presentes no composto. Essa contribuição tem caráter aditivo, e pode ser avaliada somando-se as contribuições atômicas ou de grupos, disponíveis na Tabela 4.11.

Tabela 4.11 – Contribuições diamagnéticas de átomos e grupos atômicos (χ, 10^{-6} cm^3 mol^{-1})

Átomos	χ	Íons	χ	Íons	χ	Grupos	χ
H	−2,93	F^-	−9	Mg^{2+}	−5	$C = C$	+5,5
C	−6,00	Cl^-	−23	Zn^{2+}	−15	$C \equiv C$	+0,8
C (aromático)	−6,24	Br^-	−35	Pb^{2+}	−32	$C = N$	+8,2
N	−5,57	I^-	−51	Ca^{2+}	−10,4	$C \equiv N$	+0,8
N (aromático)	−4,61	NO_3^-	−19	Fe^{2+}	−12,8	$N = N$	+1,8
O	−4,61	ClO_4^-	−32	Cu^{2+}	−12,8	$N = O$	+1,7
O (cetona)	+1,7	CN^-	−12	Co^{2+}	−12,8	$C = O$	+6,3
P	−26,3	SCN^-	−31	Ni^{2+}	−12,8	$C_2O_4^{2-}$	−25
F	−6,3	OH^-	−12	Mn^{2+}	−14	$CH_3CO_2^-$	−30
Cl	−20,1	SO_4^{2-}	−40	Hg^{2+}	−40	H_2O	−13
Br	−30,6	O^{2-}	−12	Co^{3+}	−10	NH_3	−18
I	−44,6	$S_2O_3^{2-}$	−49	Cr^{3+}	−10	piridina	−49
Se	−23	CO_3^{2-}	−28	VO^{2+}	−37	bipy	−105
S	−15,0	NO_2^-	−10	NH_4^+	−13,3	phen	−128

Essa expressão, quando aplicada para os íons de terras raras, conduz, com algumas exceções, a valores bastante próximos dos obtidos experimentalmente (Tabela 4.12).

Tabela 4.12 – Momentos magnéticos (MB) de lantanídios

Íon	Configuração	Estado fund.	$g_J[J(J+1)]^{1/2}$	$\mu_{experimental}$
Ce^{3+}	$4f^1$	$^2F_{5/2}$	2,54	2,4
Pr^{3+}	$4f^2$	$^3H_2$	3,58	3,5
Nd^{3+}	$4f^3$	$^4I_{9/2}$	3,62	3,5
Sm^{3+}	$4f^5$	$^6H_{5/2}$	0,84	1,5
Gd^{3+}	$4f^7$	$^8S_{7/2}$	7,94	8,0
Tb^{3+}	$4f^8$	$^7F_6$	9,74	9,5
Ho^{3+}	$4f^{10}$	$^5I_8$	10,60	10,4

Entretanto, no caso dos íons de metais de transição, não há concordância com os momentos previstos com base no valor de J, conforme pode ser visto na Tabela 4.13.

Tabela 4.13 – Momentos magnéticos (MB) para metais de transição da série 3d

Íon livre	Conf.	$g_J[J(J+1)]^{½}$	Complexo	$2[S(S+1)]^{½}$	$\mu_{experimental}$
Ti^{3+}, V^{4+}	$3d^1 \, (^2D_{3/2})$	1,55	$t_{2g}^1 \, (^2T_{2g})$	1,73	1,7-1,8
V^{3+}	$3d^2 \, (^3F_2)$	1,63	$t_{2g}^2 \, (^3T_{1g})$	2,83	2,6-2,8
Cr^{3+}, V^{2+}	$3d^3 \, (^4F_{3/2})$	0,77	$t_{2g}^3 \, (^4A_{2g})$	3,87	~3,8
Mn^{3+}, Cr^{2+}	$3d^4 \, (^5D_0)$	0	$t_{2g}^3 e_g^1 \, (^5E_g)$	4,90	~4,9
Fe^{3+}, Mn^{2+}	$3d^5 \, (^6S_{5/2})$	5,92	$t_{2g}^3 e_g^2 \, (^6A_{1g})$	5,92	~5,9
Fe^{2+}	$3d^6 \, (^5D_4)$	6,70	$t_{2g}^4 e_g^2 \, (^5T_{2g})$	4,90	5,1-5,5
Co^{2+}	$3d^7 \, (^4F_{9/2})$	6,63	$t_{2g}^5 e_g^2 \, (^4T_{1g})$	3,87	4,1-5,2
Ni^{2+}	$3d^8 \, (^3F_4)$	5,59	$t_{2g}^6 e_g^2 \, (^3A_{2g})$	2,83	2,8-4,0
Cu^{2+}	$3d^9 \, (^2D_{5/2})$	3,55	$t_{2g}^6 e_g^3 \, (^2E_g)$	1,73	1,7-2,2

A concordância melhora bastante quando se considera apenas a contribuição que vem do momento de spin, S. Essa aproximação é conhecida como *spin-only* ou μ_{so}. Nesse caso, $L = 0$ e $J = S$. Assim, o momento magnético fica igual a

$$\mu_{so} = 2[S(S + 1)]^{1/2} \text{ MB}$$

pois g_s se reduz a 2.

Na aproximação *spin-only*, outra forma de expressar essa equação em termos do número de elétrons n é por meio de

$$S = \Sigma s_i = n(1/2),$$

e, portanto,

$$\mu_{so} = [n(n + 2)]^{1/2} \text{ MB}.$$

Com base nessa equação é possível avaliar o número de elétrons desemparelhados em um complexo, ou fazer um diagnóstico do estado de spin (campo forte/campo fraco).

A boa concordância observada indica que, para os metais da série $3d$, a contribuição do momento orbital, L, é relativamente pequena, o que é coerente, pois o acoplamento spin–órbita é relativamente fraco nessa série, em comparação com o observado para os elementos lantanídios. Mesmo assim, os pequenos desvios observados já refletem alguma influência do acoplamento spin–órbita, no momento magnético do complexo.

A contribuição do momento orbital L implica a possibilidade de circulação do(s) elétron(s) entre dois ou mais orbitais, que devem ser degenerados e interconversíveis, e apresentar vacância necessária para acomodar o elétron. Assim, circulação é possível para os íons de configuração d^1 $(t_{2g})1$, d^2 $(t_{2g})^2$, d^6 $(t_{2g})^4(e_g)^2$ e d^7 $(t_{2g})^5(e_g)^2$, pois os orbitais t_{2g} (d_{xy}, d_{xz}, d_{yz}) são interconversíveis rotacionalmente, e havendo vacância, um elétron pode circular livremente através deles, gerando uma contribuição do momento orbital L. Isso parece ser particularmente relevante para os íons de configuração d^7, que apresentam desvios mais acentuados em relação à situação *spin-only*. Já no caso da configuração d^3 $(t_{2g})^3$ e d^8 $(t_{2g})^6(e_g)^2$ não existe a vacância necessária para que a circulação aconteça.

Nas configurações d^4, d^5, d^8 e d^9 a circulação entre os orbitais degenerados e_g seria energeticamente possível, porém não acontece, pois sob o ponto de vista angular ou geométrico, os orbitais $d_z{}^2$ e $d_x{}^2 - y^2$ não são interconversíveis. Por isso, os íons de configuração d^3, d^4 (spin alto), d^5(spin alto), d^8 e d^9 tendem a seguir o esquema spin-only. Na situação de campo forte, as configurações d^4 $(t_{2g})^4$ e d^5 $(t_{2g})^5$ apresentam contribuição do momento orbital L, desviando-se um pouco do cálculo *spin-only*, ao contrário das configurações d^6 $(t_{2g})^6$ e $d^7(t_{2g})^6(e_g)^1$, em que não é possível a circulação de elétrons.

CAPÍTULO 5

ESTRUTURA ELETRÔNICA E ORBITAIS MOLECULARES DOS COMPOSTOS DE COORDENAÇÃO

Atualmente, com as facilidades e os recursos computacionais disponíveis, já é possível simular e reproduzir teoricamente as estruturas moleculares para os compostos de coordenação, bem como calcular os níveis de energia, prever as transições e mapear a distribuição eletrônica, incluindo tanto o metal como os ligantes. Existem basicamente duas abordagens utilizadas: a mecânica molecular (clássica) e a mecânica quântica. Uma breve descrição desses métodos pode ser encontrada nos Apêndices 4 e 5.

Os métodos quânticos são empregados regularmente no cálculo dos orbitais moleculares, e também já estão disponíveis em programas computacionais de acesso universal. Sua utilização tem sido bastante facilitada com os recursos existentes, mas a interpretação dos resultados, que é a parte mais importante, sempre irá depender do conhecimento químico associado.

No cálculo computacional, o ponto de partida é a Equação de Schrödinger, $H\psi = E\psi$, onde H é o operador hamiltoniano e ψ é a função de onda, que deve obedecer à condição de antissimetrização imposta pelo Princípio de Pauli, como já vimos anteriormente.

Figura 5.1
Representação
(bidimensional) do
compartilhamento
eletrônico entre A e B no
sistema de coordenadas
internucleares.

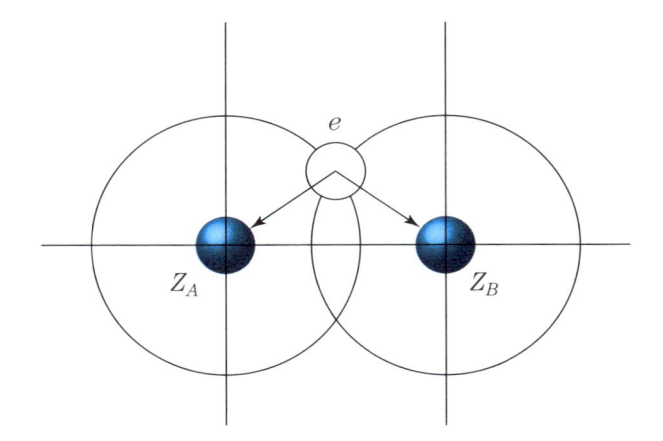

Para a construção dos orbitais moleculares, o primeiro passo é o estabelecimento de um sistema de coordenadas espacial, como na Figura 5.1

O hamiltoniano da molécula é constituído pelos operadores de energia cinética, energia potencial, energia de repulsão intereletrônica e energia de repulsão internuclear, que aparecem sequencialmente na expressão

$$H = -\frac{h^2}{8\pi^2 m}\Sigma\nabla_i^2 - \frac{\Sigma Z_{ni}e^2}{r_{ni-e}} + \frac{\Sigma e^2}{r_{ij}} + \frac{\Sigma Z_{ni}Z_{nj}e^2}{r_{ni-nj}}.$$

Os índices ni e nj referem-se aos núcleos i e j, genéricos. No segundo termo, a atração núcleo-elétron é somada sobre todos os átomos envolvidos na ligação química.

A função de onda é formada pela combinação linear dos orbitais atômicos, ou mais comumente, por um conjunto de funções base, mais simples, porém capazes de simular os orbitais dando maior velocidade ao cálculo computacional:

$$\psi_{OM} = (-1)^{\dot{P}}\{c_1\psi_1 + c_2\psi_2 + \dots c_n\psi_n\}.$$

Na formulação da função de onda, a condição de antissimetrização é introduzida por meio de um operador de permutação, $\dot{P}$, que inverte o sinal da função de onda a cada troca de posição de elétrons.

A solução da Equação de Schrödinger é conduzida aplicando-se o operador hamiltoniano à função de onda, até chegar aos coeficientes de mistura dos orbitais que produzem o menor valor de energia. Esse raciocínio está contido no Princípio Variacional que norteia praticamente todos os cálculos da mecânica quântica. Com essa finalidade, a derivada da energia E, com respeito aos coeficientes, acaba levando a um conjunto de equações, conhecidas como equações seculares:

$$\Sigma_i c_i \, (H_{ij} - ES_{ij}) = 0.$$

Na solução dessas equações, a estratégia converge para a resolução do determinante secular:

$$\begin{vmatrix} H_{11} - E & H_{12} - ES_{12} & \cdots\cdots & H_{1n} - ES_{1n} \\ H_{21} - ES_{21} & H_{22} - E & \cdots\cdots & H_{2n} - ES_{2n} \\ \cdots\cdots & & & \\ H_{n1} - ES_{n1} & H_{n2} - ES_{n2} & \cdots\cdots & H_{nn} - E \end{vmatrix} = 0$$

onde

$H_{ii} = \langle\psi_i|H|\psi_i\rangle$ representa a energia associada a ψ_i, e equivale ao potencial de ionização.

$H_{ij} = \langle\psi_i|H|\psi_j\rangle$ representa a energia ou integral de ressonância que descreve a mistura de ψ_i e ψ_j e é responsável pela ligação química.

$S_{ij} = \langle\psi_i|\psi_j\rangle$ representa a integral de recobrimento dos orbitais ψ_i e ψ_j (overlap) e é sujeita à restrição de simetria.

Uma vez obtidos os valores de energia, bem como das integrais envolvidas no determinante secular, estes são substituídos nas equações seculares para gerar os coeficientes, c_1 das funções de onda, fechando o cálculo. Um compacto sobre os métodos computacionais de cálculo pode ser encontrado no Apêndice 4.

Conceitualmente, é interessante recordar como se comportam os orbitais moleculares de uma molécula biatômica simples, como o H_2. Nesse caso, a função de onda normalizada é dada por

$$\psi_{AB} = N(\psi_A + \psi_B).$$

e o determinante secular pode ser resolvido facilmente:

$$\begin{vmatrix} H_{AA} - E & H_{AB} - ES_{AB} \\ H_{AB} - ES_{AB} & H_{BB} - E \end{vmatrix} = 0$$

$$(H_{AA} - E)^2 - (H_{AB} - ES_{AB})^2 = 0$$

$$E = (H_{AA} \pm H_{AB})/(1 \pm S_{AB})$$

$$\psi_{AB}{}^* = N(\psi_A - \psi_B)$$

$$\psi_{AB} = N(\psi_A + \psi_B)$$

$$\Delta \approx H_{AB}$$

São obtidas duas energias, em função dos sinais + e – associados à combinação das funções de onda. A primeira solução com sinal + leva à estabilização do orbital molecular por um fator aproximadamente igual à energia de ressonância H_{AB}, visto que em geral $S_{AB} \ll 1$. Esse orbital é denominado ligante. A solução com sinal – leva a um orbital molecular instável, ou antiligante. A colocação de dois elétrons nesse orbital acaba anulando a estabilização conseguida com o orbital ligante.

Quando as energias dos orbitais A e B são muito distintas, os coeficientes de combinação nas funções de onda são bastante diferentes, e uma forma conveniente de descrever o sistema é por meio da Teoria de Perturbação. Segundo essa abordagem, a formação do orbital molecular AB é tratada como uma perturbação do orbital ψ_A pela influência do orbital ψ_B, e isso é expresso pelo coeficiente $\lambda \ll 1$. Assim, as funções de onda dos orbitais moleculares ligante e antiligante ficam dadas por

$$\psi_{AB} = \psi_A + \lambda\psi_B \text{ e } \psi_{AB}{}^* = \psi_B - \lambda\psi_A.$$

Essa forma de escrever a função de onda, segundo a Teoria de Perturbação, equivale a dizer que o orbital molecular ψ_{AB} tem mais semelhança com ψ_A, porém encerra uma pequena contribuição de ψ_B. No estado excitado, ou antiligante, ψ_B passa a ser dominante, incorporando uma pequena contribuição, com sinal negativo, de ψ_A.

As energias correspondentes estão representadas no esquema:

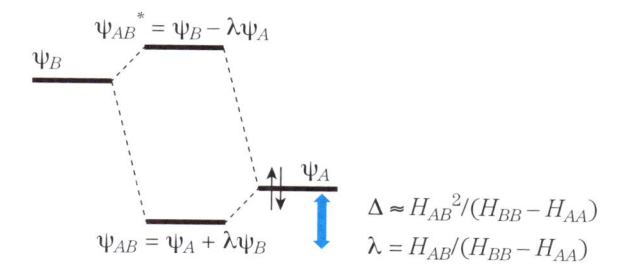

A estabilização do orbital molecular ψ_{AB} é dada por $\Delta = H_{AB}^2/(H_{BB} - H_{AA})$, como indicado nesse esquema. Esse fator é muito importante, pois mostra que a interação entre os orbitais ψ_A e ψ_B estabiliza a ligação por uma quantidade igual ao quadrado da integral de ressonância H_{AB}.

Por outro lado, no denominador, a diferença $H_{BB} - H_{AA}$ mostra a importância da separação energética entre os orbitais que estão interagindo, ψ_B e ψ_A. Tanto a energia de ressonância, H_{AB} como a separação energética, $H_{BB} - H_{AA}$, influenciam o grau de mistura (λ) dos orbitais. Quanto maior for a diferença de energia entre os dois orbitais, menor será a mistura ou interação entre eles. Esse é um ponto essencial para entender a questão da afinidade metal–ligante nos compostos de coordenação.

Orbitais moleculares para complexos octaédricos

A formação dos orbitais moleculares em complexos octaédricos pode ser ilustrada didaticamente a partir da combinação dos orbitais atômicos s, p, d do metal com os orbitais de tipo σ ou π dos ligantes. Existem procedimentos básicos da Teoria de Grupo, para realizar as combinações por meio da construção dos orbitais de simetria apropriada. Em geral, isso é feito computacionalmente, porém, no caso dos complexos octaédricos ML_6, é possível fazer essa dedução de forma intuitiva, a partir da percepção de como cada orbital do metal se comporta na presença dos seis orbitais σ (e π) dos ligantes.

Sob o ponto de vista didático, a abordagem intuitiva pode ser mais interessante e construtiva. Por isso, vamos procurar visualizar os orbitais do íon metálico central, e os

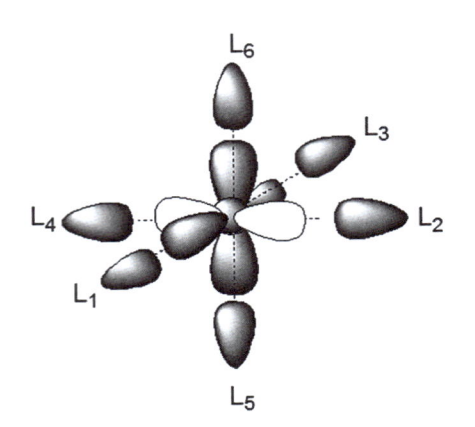

orbitais do ligante dispostos no octaedro, já direcionados para interagir com eles, como ilustrado na Figura 5.2.

O orbital s do metal (M), pela sua simetria esférica (a_{1g}), pode interagir simultaneamente com os orbitais σ dos seis ligantes ao seu redor, isto é, $\lambda_1(\sigma_1 + \sigma_2 + \sigma_3 + \sigma_4 + \sigma_5 + \sigma_6)$. Escrita dessa maneira, essa combinação de orbitais dos ligantes já fica adaptada para a simetria a_{1g}. A função de onda do orbital molecular (ψ_{OM}) resultante pode ser escrita como

$$\psi_{OM} = \psi_M + \lambda\psi_L \text{ ou}$$

$$\psi_s(a_{1g}) = s + \lambda_1(\sigma_1 + \sigma_2 + \sigma_3 + \sigma_4 + \sigma_5 + \sigma_6).$$

A visualização dessa combinação pode ser vista no diagrama da Figura 5.3. Nesse diagrama, de um lado temos o orbital s, e do outro lado, os seis orbitais σ (degenerados). Os orbitais σ_L têm menor energia, e estão preenchidos com elétrons. Dessa forma, eles acabam tendo maior participação na constituição do orbital molecular ligante. Por outro lado, o orbital antiligante apresenta maior contribuição do orbital s, vazio, do íon metálico.

Um raciocínio semelhante pode ser aplicado para as combinações dos orbitais p_x, p_y e p_z. Esses orbitais apresentam simetria t_{1u} e, portanto, têm paridade ímpar (u). Por isso, eles interagem com os ligantes σ localizados nos eixos x, y e z correspondentes, como na Figura 5.2, respeitando a troca de sinais nos lóbulos opostos, isto é,

$$\psi_{px}(t_{1u}) = p + \lambda_2(\sigma_1 - \sigma_3)$$

$$\psi_{py}(t_{1u}) = p + \lambda_2(\sigma_2 - \sigma_4)$$

$$\psi_{pz}(t_{1u}) = p + \lambda_2(\sigma_5 - \sigma_6).$$

O diagrama que ilustra a combinação desses orbitais pode ser visto na Figura 5.3, em superposição aos orbitais moleculares de simetria a_{1g}.

Os orbitais d apresentam simetria e_g e t_{2g} no grupo de ponto O_h. Apenas os orbitais e_g apontam para as direções dos ligantes σ no octaedro, como pode ser visto na Figura 5.3. Os orbitais t_{2g} não podem formar ligações σ com os ligantes, por restrições de simetria, além de não estarem orientados na direção dos eixos do octaedro. A combinação dos orbitais e_g ($d_z{}^2$, $d_x{}^2 - y^2$) do metal com os orbitais σ dos ligantes também pode ser feita de forma intuitiva, respeitando as devidas orientações e sua natureza. Um detalhe importante a ser lembrado é que a notação $d_z{}^2$ constitui, na realidade, uma simplificação de $d_{2z^2 - x^2 - y^2}$. Esse orbital, em particular, tem maior concentração sobre o eixo z, expresso pelo multiplicativo 2, e ainda tem componentes sobre os eixos x e y, com sinais negativos. Para levar isso em conta na função de onda, devemos introduzir um peso 2 para ($\sigma_5 - \sigma_6$) e um sinal negativo para ($\sigma_1 + \sigma_2 + \sigma_3 + \sigma_4$), isto é,

$$\psi(e_g) = d_{2z^2 - x^2 - y^2} + \lambda_3(2\sigma_5 + 2\sigma_6 - \sigma_1 - \sigma_2 - \sigma_3 - \sigma_4).$$

A combinação envolvendo o orbital $d_x{}^2 - y^2$ pode ser feita diretamente:

$$\psi(e_g) = d_x{}^2 - y^2 + \lambda_4(\sigma_1 - \sigma_2 + \sigma_3 - \sigma_4).$$

Assim, embora os orbitais moleculares $\psi(e_g)$ tenham a mesma energia, sua constituição em termos dos orbitais participantes é, na realidade, bastante diferente. Introduzindo essa combinação no diagrama de orbitais moleculares, em superposição aos orbitais de simetria a_{1g} e t_{1u}, chegamos ao diagrama completo que descreve as ligações σ nos complexos octaédricos (Figura 5.3).

Deve ser notado que os orbitais atômicos d_{xz}, d_{yz}, d_{xy} têm simetria t_{2g} e permanecem **não ligantes** no diagrama de orbitais moleculares σ. Esse é um ponto que pode parecer contrastante em relação ao diagrama de desdobramento

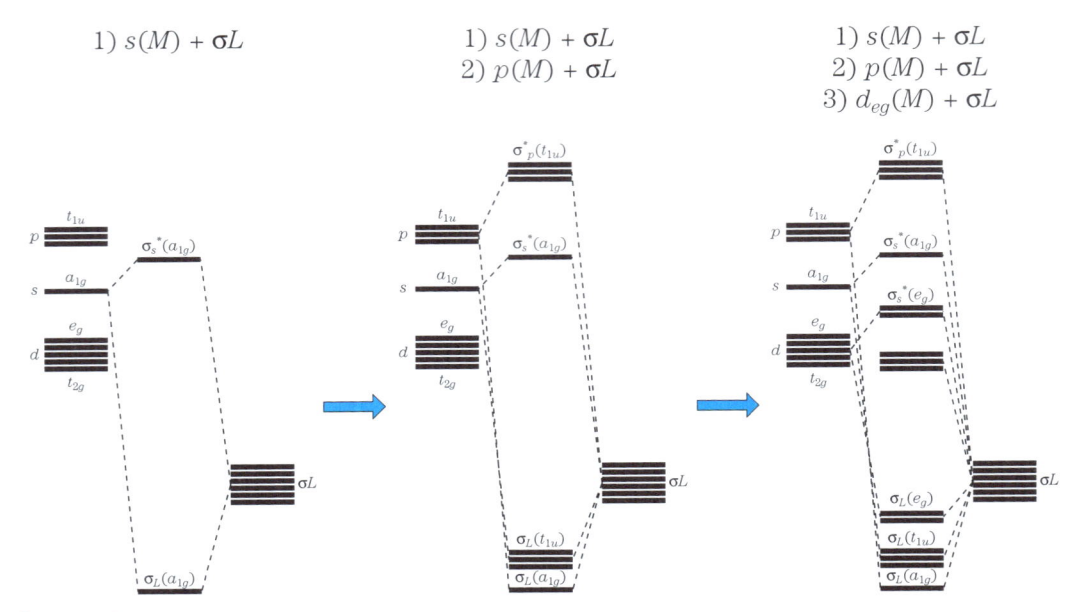

Figura 5.3
Construção, em etapas, dos orbitais moleculares σ para um complexo octaédrico.

previsto pela Teoria do Campo Ligante. Como já foi visto, pela Teoria de Campo Ligante os orbitais t_{2g} são estabilizados para manter o baricentro de energia, em resposta à repulsão sentida pelos orbitais e_g. O caráter antiligante dos orbitais e_g é mantido em ambas as teorias.

Os orbitais t_{2g} têm simetria π e participam da formação de orbitais moleculares com ligantes que apresentam orbitais π,

$$\psi(t_{2g}) = (d_{xy}, d_{xz}, d_{yz}) + \lambda(\Sigma\pi_i)$$

como representado no esquema:

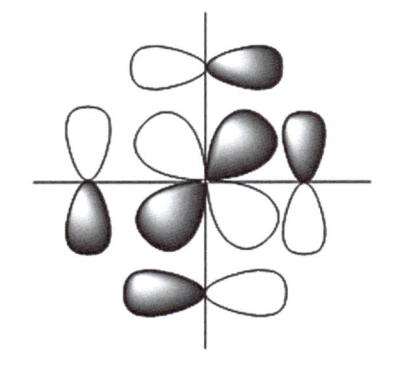

Situações distintas são observadas quando os orbitais π estão cheios (ligantes doadores π) ou vazios (ligantes receptores π). A presença de orbitais π cheios é sinalizada por sua menor energia em relação aos orbitais d, que servem de referência, demarcando o nível de valência (nível de Fermi) para os complexos. Note que, normalmente, os íons metálicos são considerados receptores de elétrons, e, portanto, devem apresentar orbitais vazios ou incompletos, para que os ligantes possam compartilhar seus elétrons. Assim, os níveis eletrônicos superiores aos dos orbitais d se encontram inicialmente vazios, e têm um caráter receptor. Portanto, a diferenciação do caráter doador ou receptor-π dos ligantes é fundamental na representação dos orbitais moleculares.

Introduzindo as ligações de natureza π, é possível completar o diagrama global de orbitais moleculares para um complexo octaédrico, O_h, como ilustrado na Figura 5.4, para as duas situações, doadora-π ou receptora-π.

Neste ponto, é interessante comparar o comportamento dos orbitais d nos complexos metálicos, por meio da Teorias de Campo Ligante e dos Orbitais Moleculares, como mostrado na Figura 5.5.

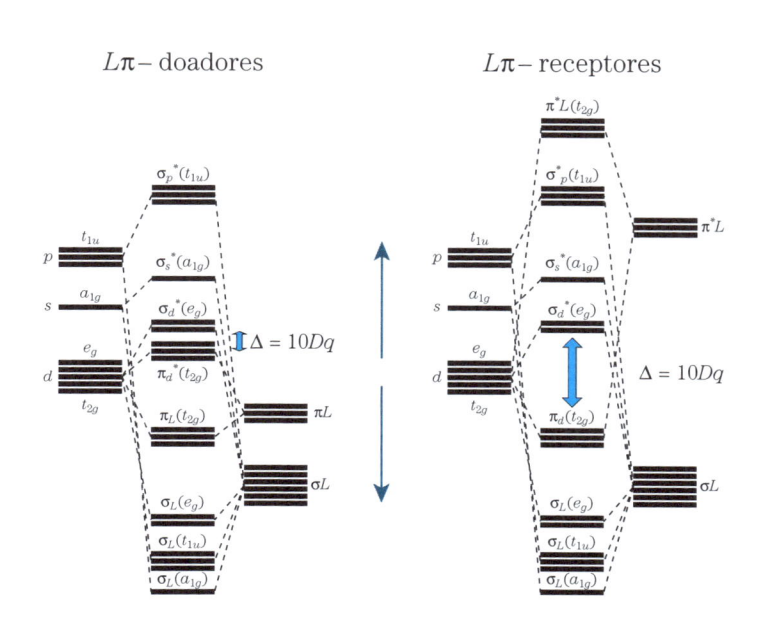

Figura 5.4
Diagramas completos de orbitais moleculares para complexos com ligantes doadores-π e receptores-π.

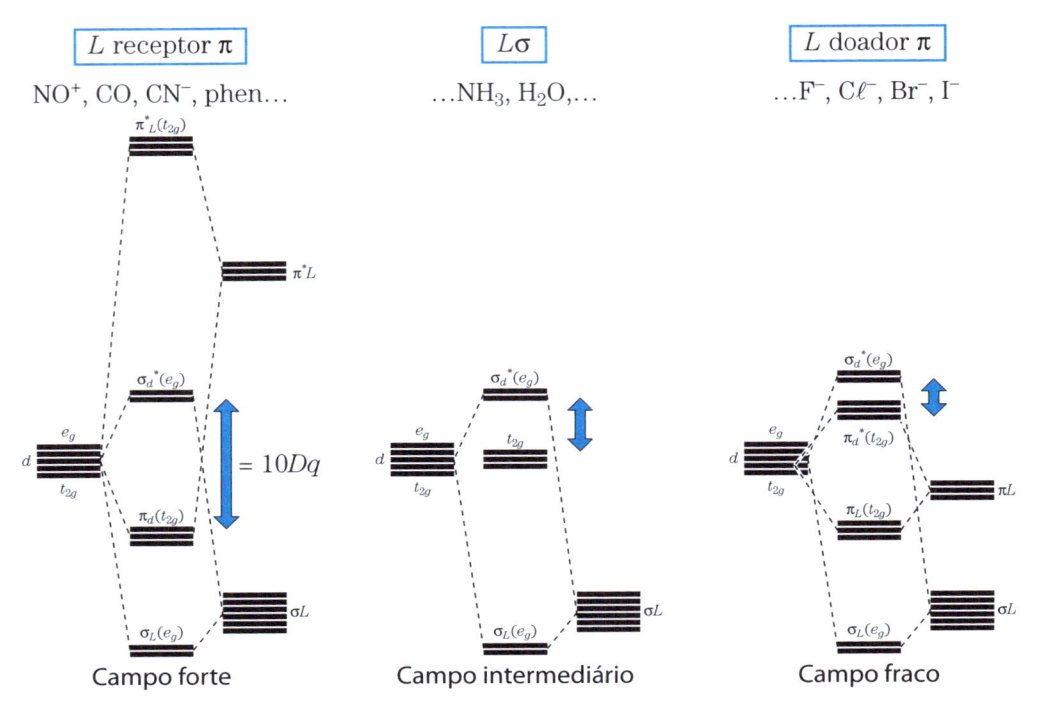

Figura 5.5
A visão dos campos forte, intermediário e fraco, pela Teoria dos Orbitais Moleculares.

Na formação de orbitais moleculares com ligantes receptores-π, os elétrons provenientes dos orbitais d_π ou t_{2g} do íon metálico são compartilhados com os mesmos, sendo que o metal atua como um doador-π. Essa situação é bastante favorecida em complexos com metais de configuração d^6, em estados de oxidação baixos, envolvendo ligantes insaturados do tipo NO^+, CO e CN^-. Estes são receptores-π, e levam à situação de spin baixo, ou campo forte $(t_{2g})^6$. A formação dos orbitais moleculares confere ao nível t_{2g} um caráter fortemente ligante, aumentando o valor de $\Delta = 10Dq$ na Figura 5.5. Por isso, os ligantes receptores-π proporcionam um campo ligante mais forte aos complexos, aumentando a afinidade pelos íons de metais com alto conteúdo eletrônico principalmente nos orbitais t_{2g}, como é o caso do Ru^{2+} ($4d^6 = t_{2g}{}^6$). Esse comportamento tornou-se marcante na química do rutênio, após os trabalhos de Henry Taube, na década de 1970.

Os ligantes com caráter tipicamente σ, como NH_3 e H_2O, produzem um desdobramento de energia $\Delta = 10Dq$ típico de campo intermediário.

Os ligantes com capacidade doadora-π, como os haletos, S^{2-}, N_3^- e SCN^-, podem formar ligações fortes por meio do compartilhamento de elétrons com os orbitais $d_\pi(t_{2g})$ vazios ou incompletos, do íon metálico. Nesse caso, o orbital ligante tem maior participação dos orbitais π dos ligantes doadores, que acabam sendo estabilizados, transferindo densidade eletrônica para o metal. Em consequência, os orbitais d_π do íon metálico têm sua energia aumentada, assumindo um caráter antiligante, que os aproxima energeticamente dos orbitais $d_\sigma(e_g)$. Dessa forma, o valor de $\Delta = 10Dq$ é reduzido, diminuindo a força de campo no complexo.

Espectroscopia de transferência de carga

Nos compostos de coordenação, os metais e ligantes sempre são considerados doadores e receptores de elétrons ou vice-versa. Na discussão dos espectros eletrônicos, pode ser interessante distinguir três situações: i) transições que ocorrem no interior do íon metálico, ii) transições que ocorrem no interior do ligante, e iii) transições que se processam entre o metal e o ligante, ou entre dois centros metálicos, como mostrado na Figura 5.6.

As transições eletrônicas centradas nos íons metálicos correspondem às de campo ligante (CL), e sua atribuição

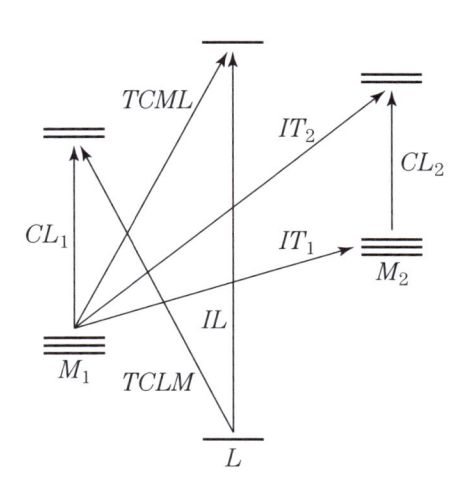

Figura 5.6
Transições eletrônicas em complexos do tipo M-L-M': CL = campo ligante; IL = interna no ligante, $TCML$ = transferência de carga metal–ligante, $TCLM$ = transferência de carga ligante–metal, IT = intervalência.

pode ser feita convenientemente com o auxílio do diagrama de Tanabe–Sugano, conforme descrito no capítulo anterior.

As transições internas dos ligantes (*IL*) podem ser caracterizadas e modeladas por meio dos orbitais moleculares, e os métodos computacionais descritos no Apêndice 5 são bastante adequados para essa finalidade.

As transições que envolvem o cruzamento das fronteiras metal–ligante ou ligante–metal são conhecidas como de transferência de carga (*TC*), pois envolvem formalmente a passagem de elétron de um local para outro, como acontece em um processo redox, porém sob excitação luminosa. Essas transições podem ser de transferência de carga metal–ligante (*TCML*) ou ligante–metal (*TCLM*), podendo ser calculadas e atribuídas com base na Teoria dos Orbitais Moleculares. A primeira evidência da natureza dessas transições é que elas não são observadas no metal e nos ligantes, isoladamente. Seu surgimento é uma evidência direta da formação do complexo, e tem sido usado para monitorar em primeiro plano, as reações de complexação, como é o caso da mistura de íons de Fe^{3+} (inicialmente incolor) com íons SCN^- (incolor) formando complexos $[Fe(SCN)_n]^{3-n}$ intensamente vermelhos.

Um exemplo em que os três tipos de transições, *CL*, *IL*, e *TCML*, podem ser observados está ilustrado na Figura 5.7 para o complexo $[Fe(CN)_5MPz]^{2-}$ (MPz^+ = íon metil pirazínio).

Figura 5.7
Espectro eletrônico do complexo $[Fe(CN)_5MPz]^{2-}$ mostrando a transição *TCML* Fe→MPz em 660 nm, *TCML* Fe→CN em 220 nm, *IL* (MPz) em 270 nm e CL (*d-d*) em 380 nm, com diferentes graus de expansão de escala vertical.

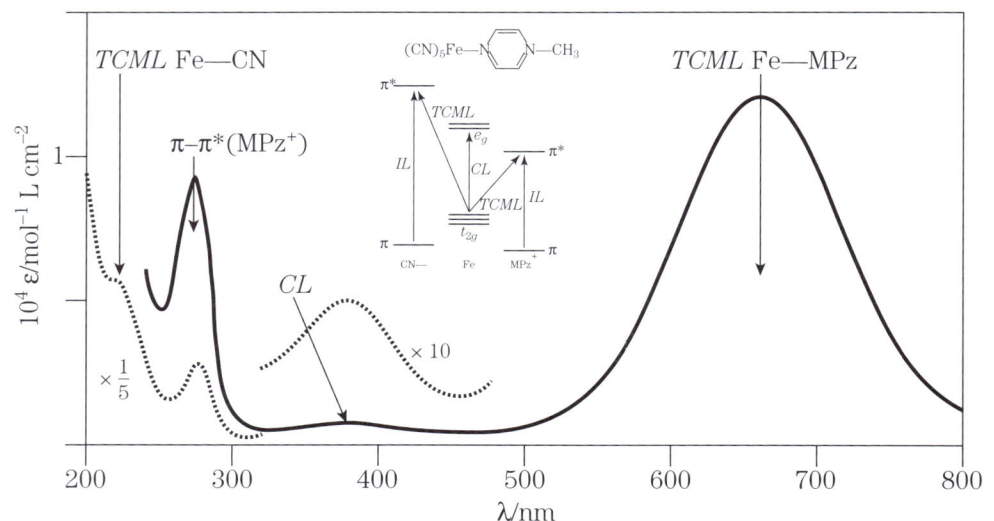

Existe uma quarta modalidade, indicada na Figura 5.6 como transições intervalência. A análise dessas transições será discutida mais adiante, e retomada no Capítulo 8, em conjunto com os processos de transferência de elétrons.

Transferência de carga e eletronegatividade óptica

A transição de transferência de carga (E_{TC}) é um processo que equivale a remover um elétron do doador para introduzi-lo no ligante, como indicado na Figura 5.8. Assim, a energia da transferência de carga pode ser equacionada em termos das diferenças entre os potenciais de ionização do doador (PI_D) e a afinidade eletrônica do receptor (AE_R). Porém ela também deve levar em conta a variação na repulsão intereletrônica, ou na energia de emparelhamento, ΔP, provocada pela passagem de elétrons, principalmente no íon metálico. Esse efeito é menos relevante no caso dos ligantes, nos quais os elétrons estão deslocalizados sobre os orbitais moleculares existentes.

Dessa forma, a energia da transição de transferência de carga pode ser equacionada como

$$E_{TC} = PI_D - AE_R + \Delta P.$$

Outra forma de expressar essa energia é por meio da correlação entre o potencial de ionização/afinidade eletrônica

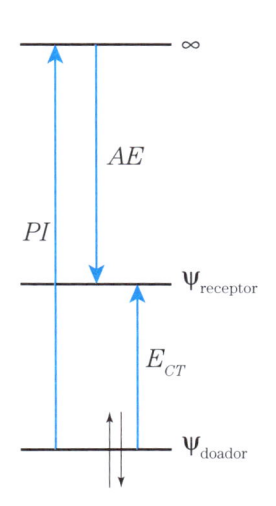

Figura 5.8
Ciclo de energia envolvido na transferência de carga.

de um átomo com sua eletronegatividade, conforme proposto por Mulliken. Dessa forma, é possível adaptar a equação de transferência de carga para

$$E_{CT} - \Delta P = 30.000 \ (\chi_{opt,\ doador} - \chi_{opt,\ receptor})$$

onde χ_{op} corresponde à eletronegatividade óptica, expressa na escala de Pauling, já com o fator de conversão (30.000).

A energia de emparelhamento no íon metálico pode ser trabalhada na teoria de campo ligante em termos da Álgebra de Racah, segundo a equação

$$P = (F_S) \cdot 7B$$

onde B é o parâmetro de Racah e F_S é o fator de spin indicado na Tabela 5.1 para uma dada configuração eletrônica.

Tabela 5.1 – Fatores de emparelhamento de spin, F_S, para configurações d^n

n elétrons	$S = 0$	$S = 1/2$	$S = 1$	$S = 3/2$	$S = 2$	$S = 5/2$
2 ou 8	4/3		–2/3			
3 ou 7		1		–2		
4 ou 6	2		0		–4	
5		4/3		–5/3		–20/3

Por exemplo, no complexo $[CoCl_4]^{2-}$ a banda de transferência de carga $Cl^- \rightarrow Co^{II}$ é observada na região do ultravioleta, em 43.000 cm^{-1}. Para equacionar a energia de transferência de carga, será necessário calcular a variação na energia da emparelhamento, ΔP, a partir dos valores de P no íon metálico, antes e depois do processo.

Assim, no estado inicial, temos que verificar como fica a distribuição eletrônica no íon Co^{2+} em campo tetraédrico, isto é $d^7 = e^4 t_2^{\ 3}$ (vide esquema). Existem três elétrons desemparelhados nos orbitais t_2, ou $S = {}^3/_2$. Com essas informações, consultando a Tabela 5.1, iremos obter $F_S = -2$, e portanto $P_{inicial} = F_S \cdot 7B = -2 \times 7B = -14B$.

$$t_2 \quad \text{(orbitals)} \qquad TC \qquad t_2 \quad \text{(orbitals)}$$

$$e \quad \text{(orbitals)} \qquad \qquad e \quad \text{(orbitals)}$$

$$d^7 = e^4 t_2^{\,3} \qquad\qquad d^8 = e^4 t_2^{\,4}$$

Analogamente, após a transferência do elétron, o íon de cobalto é reduzido a $Co^+ = d^8$. No campo T_d a distribuição é dada por $e^4 t_2^4$, com dois elétrons desemparelhados nos orbitais t_2, resultando em $S = 1$. Consultando a Tabela 5.1, iremos obter $FS = -^2/_3$ e portanto $P_{final} = (-2/3) \times 7B = -(14/3)B$.

A variação da energia de emparelhamento fica dada por

$$\Delta P = (-14/3)B - (-14)B = (28/3)B.$$

O valor de B determinado por meio da espectroscopia para o complexo $[CoCl_4]^{2-}$ é igual a $670\ cm^{-1}$, e portanto $\Delta P = (28/3) \times 670 = 6.250\ cm^{-1}$.

A partir da avaliação de ΔP, com base na equação da energia de transferência de carga, é possível avaliar a eletronegatividade óptica do íon metálico:

$$E_{TC} - \Delta P = 43.000 - 6.250 = 30.000(\chi_{op,Cl}-\chi_{op,Co})$$

Substituindo a eletronegatividade do Cl (escala de Pauling) = 3,0, pode-se calcular o valor da eletronegatividade óptica do Co(II) no complexo $[CoCl_4]^{2-}$:

$$\chi_{op,Co} = 3,0 - (43.000 - 6.250)/30.000 = 1,8$$

Com base nos valores das eletronegatividades ópticas é possível prever as energias das bandas de transferência de carga, e correlacioná-las com as energias de separação de bandas (*band gap*) em sólidos inorgânicos.

O equacionamento das energias de transferência de carga em termos dos potenciais de ionização e afinidade eletrônica, ou das diferenças de eletronegatividade, também é muito útil como diagnóstico do processo metal→ligante ou ligante→metal.

As transições de transferência de carga metal→ligante diminuem de energia à medida que o ligante se torna mais aceitador de elétrons, ou seja, a energia de seu orbital π^* se aproxima mais da energia do orbital doador do metal. No caso de ligantes orgânicos, como os derivados da piridina, é possível provocar uma variação sistemática nas energias por meio da introdução de substituintes como NH_2, $-CH_3$ que aumentam a densidade eletrônica no anel, ou $-CONH_2$, $-CHO$, $-CN$ que agem no sentido inverso. Uma diminuição nas energias de transferência de carga ao longo dessa série é indicativa de processo metal→ligante, ou *TCML*. Isso pode ser observado nos espectros dos complexos $[Fe(CN)_5py\text{-}R]^{3-}$ relacionados na Tabela 5.2.

Tabela 5.2 – Variação das energias da transição *CTML* e *CTLM* nos complexos $[Fe^{II}(CN)_5L]^{3-}$ e $[Fe^{III}(CN)_5L]^{2-}$ em função do caráter receptor dos ligantes L

L = py-R	$TC\ Fe^{II}{\rightarrow}L/$ nm $(10^3\ cm^{-1})$	$TC\ L{\rightarrow}Fe^{III}/$ nm $(10^3\ cm^{-1})$
Mpz^+	662 (15,1)	340 (29,4)
4-py-C(O)H	505 (19,8)	-
pirazina	458 (21,8)	340 (29,4)
4-py-C(O)NH$_2$	438 (22,8)	363 (27,5)
4-py	362 (27,6)	367 (27,2)

Outro aspecto importante é a influência do estado de oxidação do íon metálico. O aumento no estado de oxidação equivale a um aumento no potencial de ionização do metal, diminuindo sua capacidade de doar elétrons. Em sentido oposto, sua afinidade eletrônica aumenta, tornando-o um melhor receptor ou aceitador de elétrons. Assim, na série de complexos $[Fe^{III}(CN)_5L]^{2-}$ observa-se uma transição de transferência de carga ligante→metal, ou *TCLM*, cuja energia segue uma tendência contrária à observada nos complexos de Fe(II), como mostrado na Tabela 5.2.

Portanto, o aumento do estado de oxidação favorece a ocorrência de processos de transferência de carga ligante→metal, que podem ser observados para ligantes doadores-π como SCN^-, N_3^-, fenolatos e catecolatos. Esses ligantes formam complexos intensamente coloridos com Fe(III), em razão da presença de bandas de *TCLM* na região do visível.

Por outro lado, a redução do estado de oxidação favorece a ocorrência de processos de transferência de carga metal–ligante, principalmente na presença de ligantes aceitadores-π, como os derivados aromáticos nitrogenados (piridina, pirazina, polipiridinas) que apresentam orbitais π vazios, de baixa energia. Esses ligantes formam complexos intensamente coloridos com Fe(II), proporcionando aplicações analíticas muito importantes.

Transições intervalência

Após as considerações feitas sobre as transições de transferência de carga, surge um novo desafio a ser trabalhado. Muitos complexos apresentam mais de um íon metálico em sua composição, e geralmente são classificados como polinucleares. Nesses complexos, além das transições características das unidades presentes (*CL*, *TC*, *IL*) também podem ocorrer transições entre elas. Isso acontece frequentemente quando os íons metálicos apresentam estados de oxidação distintos, como Fe(II) e Fe(III), e é marcante em uma grande variedade de minerais, como Fe_3O_4, Mn_3O_4, FeS_2 (piritas), que geralmente apresentam propriedades metálicas. Um dos melhores exemplos para ilustrar esse processo é o Azul da Prússia, ou ferrocianeto férrico, $Fe^{III}_4[Fe^{II}(CN)_6]_3$.

Esse composto de cor intensamente azul é formado instantaneamente quando se misturam íons de Fe^{3+} e $[Fe(CN)_6]^{4-}$. A cor provém da excitação óptica de um elétron do íon de Fe(II) para o íon de Fe(III), passando pela ponte de cianeto.

Apesar da sua aparente simplicidade, o complexo de Azul da Prússia encerra muitos segredos. Não se trata de uma simples adição de dois componentes. A coordenação dos íons de Fe(III), por meio do terminal N do grupo cianeto, atua como um dreno de elétrons, fortalecendo a ligação Fe(II)–CN, pelo aumento do caráter receptor-π do ligante.

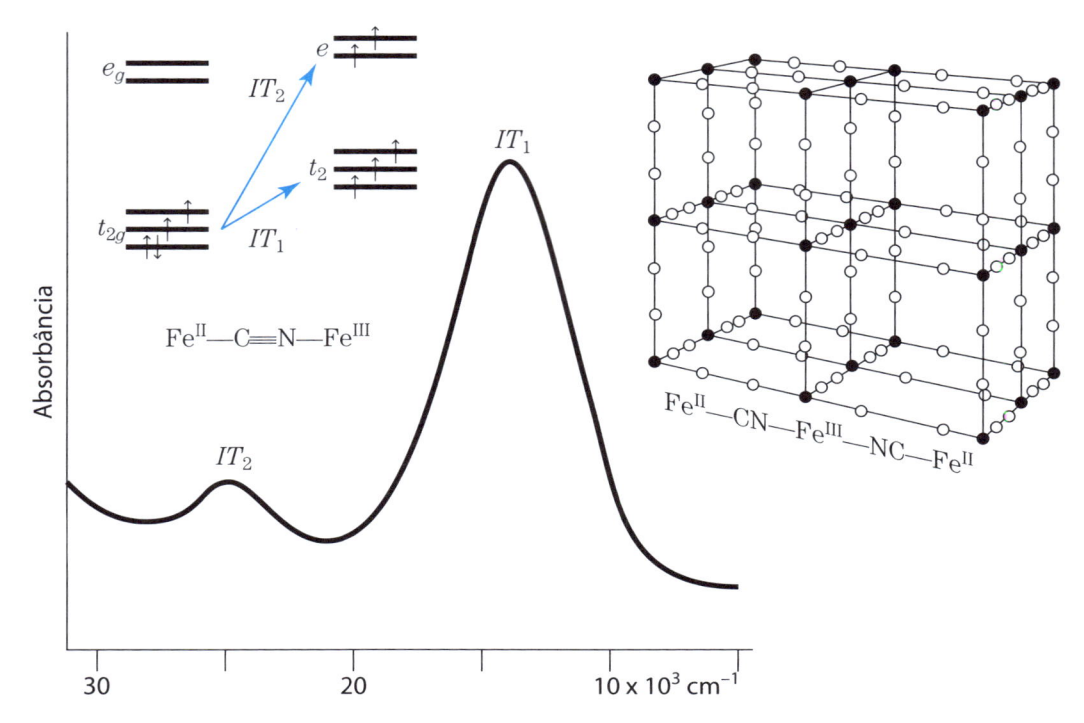

Figura 5.9
Espectro do Azul da Prússia, $Fe^{III}_4[Fe^{II}(CN)_6]_3$, mostrando as transições intervalência IT_1 e IT_2, envolvendo os níveis t_{2g}^6 do Fe(II) para os níveis t_{2g}^3 e e_g^2 do Fe(III), localizados no retículo cristalino cúbico.

Isso estabiliza o complexo de Fe(II), diminuindo a energia dos orbitais t_{2g} (e aumentando seu potencial redox em quase 1 V). Os efeitos eletrônicos decorrentes da coordenação estão embutidos na energia da transição intervalência, complicando a modelagem teórica do sistema.

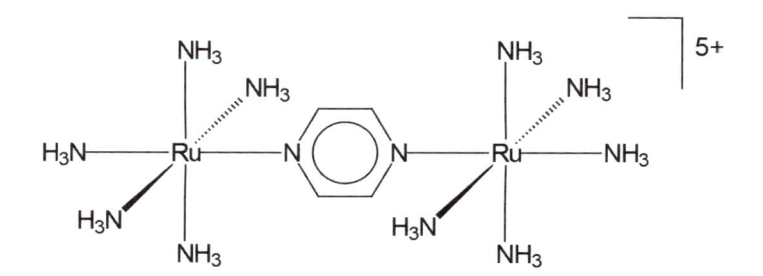

Na década de 1970, um sistema simétrico, bastante simples, conhecido como complexo de Creutz–Taube, despertou enorme curiosidade nos meios científicos.

Esse complexo apresenta dois íons de Ru ligados por uma ponte de pirazina, com uma carga global +5, e tem uma característica muito importante, que é a presença de uma banda eletrônica em 1.570 nm atribuída à transição intervalência $Ru^{II} \rightarrow Ru^{III}$ (Figura 5.10). Assim como no caso do Azul da Prússia, essa banda não pode ser explicada considerando simplesmente a presença de um complexo de Ru(II) ligado a outro de Ru(III) por meio da ponte de pirazina. Na realidade, existe uma forte comunicação eletrônica entre esses complexos, que os tornam idênticos ou não, dependendo da escala de tempo de observação.

Transições intervalência também podem ser observadas em complexos de esfera externa, ou pares iônicos, sem participação direta dos ligantes de ponte. Um caso típico é observado quando se misturam íons de $[Ru^{III}(NH_3)_6]^{3+}$ com $[Fe^{II}(CN)_5L]^{3-}$. Surgem novas colorações, com bandas eletrônicas características, decorrentes de transições intervalência $Ru^{II} \rightarrow Ru^{III}$ no sistema $[Ru^{III}(NH_3)_6]^{3+}//[Fe^{II}(CN)_5L]^{3-}$.

Como pode ser notado, as transições de transferência de carga e intervalência estão intimamente ligadas à questão da transferência de elétrons nos complexos. Nos processos de excitação óptica, os elétrons são transferidos de forma unitária ou integral, justificando o uso da expressão transferência óptica de elétrons no lugar da transferência de carga. Entretanto, essa denominação continua em uso, por força da tradição. A relação entre a transferência óptica e térmica será discutida no Capítulo 9.

Figura 5.10
Espectro do complexo de Creutz–Taube, em D_2O, mostrando a banda intervalência (*IT*) em 1.570 nm.

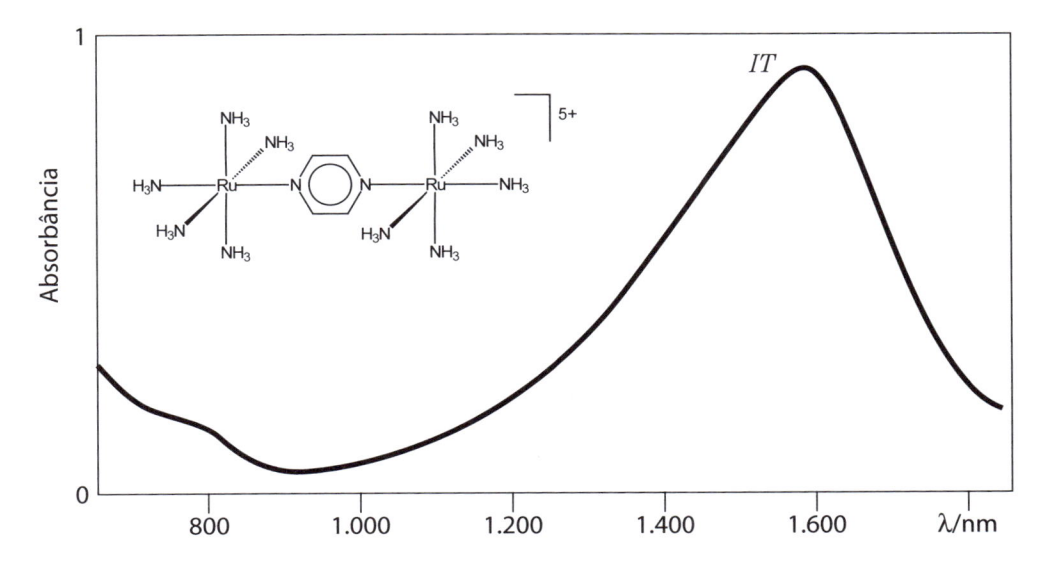

CAPÍTULO 6

TERMODINÂMICA E EQUILÍBRIOS DE FORMAÇÃO DE COMPLEXOS

Neste capítulo, a formação dos complexos será apresentada sob o ponto de vista termodinâmico, utilizando as equações básicas que relacionam as variações de energia livre (ΔG) com as variáveis entálpicas (ΔH) e entrópicas(ΔS), bem como as relações equivalentes de constante de equilíbrio (K) e potenciais redox (ΔE):

$$\Delta G = \Delta H - T\Delta S$$

$$\Delta G = -RT \ln K$$

$$\Delta G = -n \cdot F \cdot \Delta E.$$

Em solução, a estabilidade do complexo está diretamente relacionada com sua interação com as moléculas do solvente, descrita genericamente como solvatação. Todo íon metálico em solução encontra-se solvatado, interagindo diretamente com as moléculas do solvente. A solvatação pode envolver a coordenação das moléculas do solvente junto ao íon metálico, ou atuar no nível da esfera externa, fazendo a interface com o meio.

Considerando o solvente, uma reação de formação de complexo, ou complexação, pode ser escrita genericamente da seguinte forma:

$$M(\text{solv})_n{}^{z+} + L(\text{solv})_m{}^{z-} \rightleftharpoons \{M{-}L\}(\text{solv})_p{}^{(+z\,+\,z-)} + q(\text{solv})$$

como na ilustração:

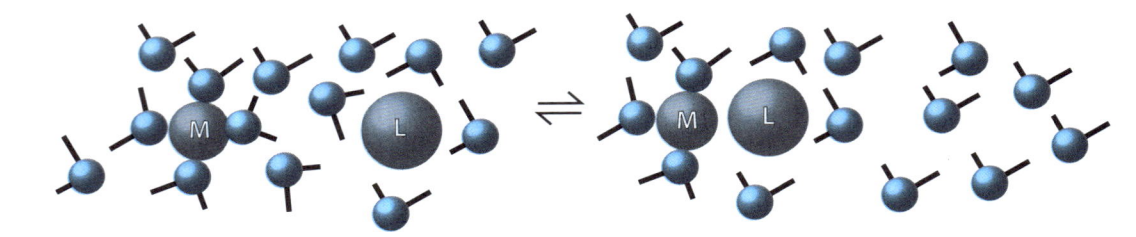

Nela, destaca-se a presença das moléculas do solvente envolvendo os íons metálicos e os ligantes, em equilíbrio dinâmico que pode favorecer a formação do complexo $M{-}L$ ou a sua dissociação, dependendo dos fatores energéticos atuantes. Quando as espécies são carregadas eletricamente, a formação do complexo implica a neutralização de cargas, favorecendo a liberação do solvente.

A formação do complexo $M{-}L$ apresenta uma constante de estabilidade K, que, a rigor, depende das concentrações ativas, ou atividades das espécies químicas em equilíbrio. Essas quantidades são representadas (entre chaves) por $\{ML\}$, $\{M\}$ e $\{L\}$, e são um pouco menores que as concentrações analíticas, pois as espécies químicas em solução não se movem como partículas livres, exceto quando se aproximam da diluição infinita. A atmosfera iônica formada pelos outros íons presentes acaba interferindo no movimento das espécies, reduzindo sua concentração ativa por um fator γ, isto é,

$$\{\text{atividade}\} = \gamma\,[\text{concentração}].$$

Assim,

$$\{ML\} = \gamma_{ML}\,[ML]$$
$$\{M\} = \gamma_M\,[M]$$
$$\{L\} = \gamma_L\,[L]$$

e

$$K = \frac{[ML]}{[M][L]}\frac{\gamma_{ML}}{\gamma_M\gamma_L}$$

O fator de atividade γ depende da força iônica do meio (I), dada pela somatória dos produtos das carga Z_i e concentrações c_i,

$$I = \frac{1}{2}\Sigma c_i Z_i^2.$$

Assim, em um meio salino, de força iônica constante, o fator de atividade não irá variar, e a constante de equilíbrio pode ser expressa em termos das concentrações nominais ou analíticas das espécies envolvidas, já englobando a relação dos coeficientes de atividade. Por isso, nas discussões mais criteriosas a respeito dos equilíbrios, é importante saber o valor da força iônica empregada, e procurar mantê-la sempre constante.

Sob o ponto de vista entálpico, existem pelo menos três contribuições importantes a serem consideradas: a) a atração eletrostática entre os íons, b) a formação de ligações covalentes, e c) a formação e quebra de ligações das espécies presentes com o solvente, bem como a própria interação solvente–solvente.

Essas três contribuições entálpicas estão incluídas na expressão geral de entalpia de complexação:

$$\Delta H = -\frac{Z_M \cdot Z_L e^2}{r_{ML}} - \frac{\Sigma c_M^2 c_L^2 H_{ML}^2}{H_{MM} - H_{LL}} + \Delta H_{solv/dessolvatação}$$

a) O primeiro termo descreve a atração eletrostática entre as cargas Z_M do complexo metálico e Z_L do ligante, separados pela distância de ligação, r_{ML}.

b) O segundo termo descreve a contribuição da energia da formação da ligação covalente entre o metal e o ligante, expressa pela integral de ressonância, $HML = <\psi_M|H|\psi_L>$, e pelo inverso da separação energética entre os orbitais do metal e do ligante que estão se combinando, $H_{MM} - H_{LL}$, devidamente ponderada pelos coeficientes (ao quadrado) de combinação das funções de onda, c_M e c_L.

c) O terceiro termo engloba as diferenças nas energias de solvatação e dessolvatação das espécies, incluindo, neste último caso, a liberação de moléculas de solvente para a meio fluído (*bulk*).

Sob o ponto de vista entrópico, o solvente tem um papel preponderante na formação dos complexos em solução. Os íons solvatados, geralmente cátions e ânions, quando se associam por forças eletrostáticas, têm sua carga global reduzida ou neutralizada, e isso leva à liberação de um grande número de moléculas de solvente para o meio. O processo de dessolvatação acaba consumindo energia para quebrar as ligações íon–solvente, porém é bastante beneficiado entropicamente, levando ao aumento do número de partículas e dos graus de liberdade.

Uma análise criteriosa desses fatores foi feita por G. Klopman em 1968, destacando, em especial, a contribuição do termo covalente na formação dos complexos. Klopman explorou com propriedade a influência do termo H_{MM}-H_{LL} na energia livre de formação dos complexos. Esse termo reflete a diferença de energia entre os orbitais do metal e do ligante envolvidos no processo de doação–recepção dos pares eletrônicos, utilizando a linguagem dos sistemas ácido–base.

Assim, Klopman mostrou que as energias H_{MM} do metal e H_{LL} dos ligantes seguem a seguinte ordem:

a) Para os metais,

$$A\ell^{3+} > Ln^{3+} > Ti^{4+} > Mg^{2+} > Ca^{2+} > Sr^{2+} > Ba^{2+} > Ga^{3+} >$$
$$Cr^{2+} > Fe^{2+} > Ni^{2+} > Cu^{2+} > T\ell^{+} > Cd^{2+} > Cu^{+} > Ag^{+} >$$
$$Au^{+} > Hg^{2+}...$$

b) Para os ligantes,

$$H^{-} > I^{-} > SH^{-} > CN^{-} > Br^{-} > Cl^{-} > OH^{-} > H_2O > F.$$

Representando esses dados em um diagrama (Figura 6.1), podemos ver que a combinação entre os metais e ligantes localizados nos extremidades envolve uma diferença de energia H_{MM}-H_{LL} muito grande, diminuindo a contribuição do termo de covalência na formação do complexo. Nesse caso, a afinidade se manifesta principalmente por meio do termo eletrostático. Por outro lado, as espécies voltadas para o centro do diagrama, como o Ag^{+} e o I^{-}, apresentam energias dos orbitais receptores e doadores bastante próximas, aumentando a contribuição do caráter covalente no complexo.

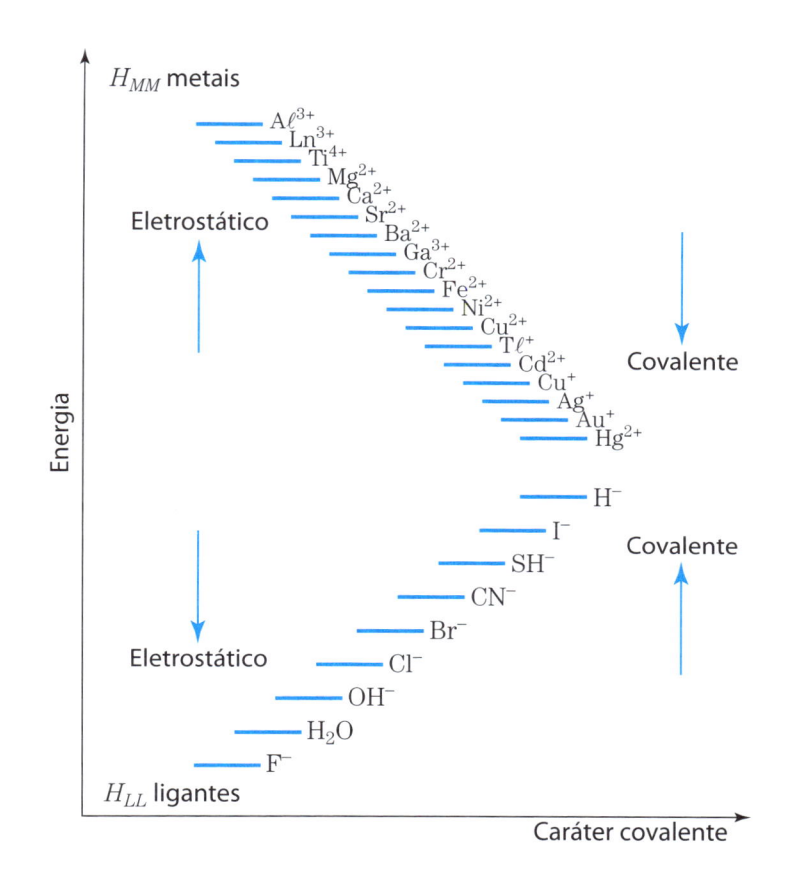

Figura 6.1
Ilustração da abordagem de Klopman, representando as energias dos níveis doadores e receptores envolvidos na interação metal–ligante, mostrando o aumento do caráter eletrostático quando H_{MM} e H_{LL} se afastam, e o aumento do caráter covalente quando H_{MM} e H_{LL} se aproximam.

Essa abordagem permite racionalizar a questão da preferência ou afinidade metal–ligante, originalmente proposta por R. G. Pearson, em termos das correlações ácido–base duros e moles. Na visão empírica introduzida por Pearson, os metais são considerado ácidos de Lewis, pela tendência de receber os pares eletrônicos dos ligantes. Estes, por suas vez, atuam como bases de Lewis. Pearson notou que os metais manifestam preferências bem definidas por certos tipos de ligantes, e vice-versa, de acordo com suas características específicas, como cargas iônicas e raios, e com sua polarizabilidade, como mostrado na Tabela 6.1.

Os metais com cargas catiônicas elevadas e raios pequenos comportam-se como entidades mais duras, de onde é difícil remover elétrons, ou mesmo compartilhá-los com outros átomos. No sentido oposto, nos metais que apresentam cargas catiônicas pequenas e raios grandes, os elétrons

Tabela 6.1 – Ácidos e bases, duros e moles

Tipos	Ácidos	Bases
Duros	Li^+, Na^+, K^+, Rb^+, Cs^+ Be^{2+}, Mg^{2+}, Ca^{2+}, Sr^{2+}, Ba^{2+} Sc^{3+}, La^{3+}–Lu^{3+}, Cr^{3+}, Fe^{3+}(s.a.), $A\ell^{3+}$, In^{3+} Ce^{4+}, Th^{4+}, U^{4+}, Ti^{4+}, Zr^{4+}, Hf^{4+}, VO^{2+}, UO_2^{2+}	H_2O, OH^-, O^{2-}, ROH, RO^-, R_2O CH_3COO^-, CO_3^{2-}, NO_3^-, PO_4^{3-}, SO_4^{2-}, ClO_4^- $R\text{-}SO_3^-$, Cl^-, F^-
Intermediários	Fe^{2+}, Co^{2+}, Ni^{2+}, Cu^{2+}, Zn^{2+} Rh^{3+}, Ir^{3+}, Ru^{3+}, Os^{3+}, Sb^{3+}, Bi^{3+}	N_3^-, N_2, py, NO_2^-, SO_3^{2-}, Br^-, $\underline{N}CS^-$
Moles	Cu^+, Ag^+, Au^+, Hg^+, $T\ell^+$, Cd^{2+}, Hg^{2+}, CH_3Hg^+ $[Co(CN)_5]^{3-}$, $[Fe(CN)_5]^{3-}$, Pd^{2+}, Pt^{2+}, Pt^{4+}, Ru^{2+}, Os^{2+}	H^-, R^-, RS^-, I^- NO^+, CO, CNR, CN^-, C_2H_4, R_3P, $(RO)_3P$, R_3As, R_2S, $R_2\underline{S}O$

podem ser removidos ou compartilhados com maior facilidade, fazendo com que se comportem como entidades moles, deformáveis ou polarizáveis eletronicamente.

Raciocínio análogo pode ser aplicado para os ligantes ou bases de Lewis. Os ligantes pequenos se comportam como entidades duras, ao passo que o acúmulo de cargas negativas e aumento de raio os tornam entidades moles, polarizáveis.

O reconhecimento dessa diferença foi expressa da seguinte forma por Pearson:

> Ácidos duros preferem bases duras, e ácidos moles preferem bases moles.

Outra correlação interessante observada por Arhland, Chatt e Davies foi em relação à preferência pelo tipo de átomo ligante, resumida na Tabela 6.2.

Os metais duros manifestam preferência pelos átomos coordenantes pequenos, ou com caráter mais duro. Assim, na sequência dos haletos, a preferência recai sobre o fluoreto, que é mais duro do que o iodeto. Da mesma forma, o oxi-

Tabela 6.2 – Preferência dos metais pelos átomos ligantes	
Metais duros preferem:	N >> P > As > Sb O >> S > Se > Te F > Cl > Br > I
Metais moles preferem:	N << P > As > Sb O << S, Se, Te F < Cl < Br < I

gênio é o preferido na família dos calcogênios, e o nitrogênio tem preferência sobre o fósforo e os demais elementos.

Os metais moles revelam uma outra ordem de preferência, em relação aos metais duros, sobre os átomos ligantes. O iodeto se torna preferido dentre os demais haletos, assim como o enxofre, e em menor extensão o Se e Te ganham do oxigênio. O fósforo é bastante especial, sendo o elemento preferido pelos metais moles, dentro da família do N. Contribui para isso a disponibilidade dos orbitais d no fósforo, e sua expansão radial, adequada para formar ligações retrodoadoras com os metais de natureza mole, principalmente do grupo da platina.

A apreciação dos ácidos e bases duros e moles pela abordagem de Klopman é bastante esclarecedora, pois ressalta a participação dos diferentes tipos de ligações químicas, e destaca a importância da separação energética entre os orbitais de fronteira, permitindo racionalizar as tendências observadas por Pearson, e também por Arhland, Chatt e Davies.

Para perceber melhor o alcance dessa abordagem, é interessante examinar os dados termodinâmicos para a interação dos cátions metálicos com os ligantes sulfato (duro), amônia (intermediário) e mercaptoetanol (mole), na Tabela 6.3.

A complexação dos íons metálicos com sulfato apresenta valores de $\Delta G < 0$. Entretanto, os valores de ΔH são tipicamente > 0, e portanto desfavoráveis. O fator que dirige a reação é o termo entrópico, ressaltando um padrão característico dos íons duros. Apesar de ter uma energia

Tabela 6.3 – Parâmetros termodinâmicos para a interação de íons metálicos com sulfato, amônia e mercapto-etanol, em meio aquoso

Metal	Ligante	K $(mol^{-1}L)$	ΔG $(kJ\ mol^{-1})$	ΔH $(kJ\ mol^{-1})$	ΔS $(J\ K^{-1}mol^{-1})$
Mg^{2+}	SO_4^{2-}	$1,8 \times 10^2$	$-12,8$	20	108
La^{3+}	SO_4^{2-}	$6,4 \times 10^3$	$-21,7$	10	108
Ni^{2+}	SO_4^{2-}	$2,1 \times 10^2$	$-13,2$	14	92
Ni^{2+}	NH_3	$6,8 \times 10^2$	$-16,1$	-17	-2
CH_3Hg^+	$HOC_2H_4S^-$	$7,0 \times 10^{15}$	$-90,4$	-83	26

eletrostática favorável, em virtude das cargas envolvidas, o fato de o ΔH ser positivo indica que a entalpia de dessolvatação do íon metálico é o fator dominante. A dessolvatação libera várias moléculas de água, tanto da esfera interna como da esfera externa do complexo, provocando o aumento da entropia, que acaba dirigindo a reação.

A complexação com amônia é governada pela entalpia, evidenciando a importância do caráter covalente da ligação, com pouca contribuição dos termos eletrostático e entrópico, visto que não ocorrem variações de carga no processo.

A interação do complexo de mercúrio com o ligante mercapto–etanol (Tabela 6.3) revela parâmetros termodinâmicos característicos de sistemas moles. A reação é bastante favorável, e controlada essencialmente pela entalpia (-83 kJ mol^{-1}), decorrente da forte ligação covalente entre o íon de mercúrio e o ligante tiolato.

Dessa forma, a interação entre os complexos duros também pode ser diagnosticada pela variação positiva de entalpia, e pelo valor bastante favorável de ΔS, que reflete o papel determinante do solvente no processo. No caso de complexos moles, a variação de entalpia, $\Delta H < 0$, é o fator determinante. A contribuição do solvente nesse caso é pequena, visto que os sistemas moles são menos solvatados em relação aos sistemas duros, em virtude da menor concentração de carga.

Em resumo,

interação duro–duro: $\Delta H > 0$ e $\Delta S > 0$ (dominante)

interação mole–mole: $\Delta H < 0$ (dominante) e $\Delta S \approx 0$.

Muitos ligantes, como o ácido etilenodiamina tetraacético, apresentam grupos duros e moles na mesma molécula e é interessante observar como os parâmetros termodinâmicos de cada parte se comportam. Essa comparação pode ser feita na Tabela 6.4.

Em termos aproximados, sem levar em conta o efeito quelato, o ligante $EDTA^{4-}$ pode ser pensado como sendo formado por quatro grupos acetato e uma etilenodiamina, interligados. Observando os dados termodinâmicos da interação do Zn^{2+} com acetato, nota-se a predominância do termo entrópico, característico de uma interação de natureza dura. No caso do EDTA, o elevado valor de ΔS (235 J mol^{-1} K^{-1}) pode ser associado principalmente à interação do Zn^{2+} com os quatro grupos acetato. A contribuição do $\Delta H = -23,5$ kJ mol^{-1} é um pouco mais difícil de ser analisada, porém não é a dominante, se comparada com o fator $-T\Delta S = -298 \times 235 = -70$ kJ mol^{-1} no cálculo de ΔG. O mesmo padrão se repete para os demais íons na Tabela 6.4.

Uma comparação interessante pode ser feita entre os parâmetros termodinâmicos dos complexos de Ni^{2+} com etilenodiamina e glicina, na Tabela 6.4. Como esperado, a formação do complexo com etilenodiamina é dirigida entalpicamente ($\Delta H = -37,2$ kJ mol^{-1}, $-T\Delta S = -6,8$ kJ mol^{-1}), ao passo que a presença de um grupo carboxilato e uma amina na glicina torna as duas contribuições equilibradas ($\Delta H = -17,3$ kJ mol^{-1}, $-T\Delta S = -17,8$ kJ mol^{-1}).

Outro exemplo interessante que ilustra bem o comportamento de um sistema mole é dado pelo equilíbrio

$$CH_3Hg^+ + L \rightleftharpoons CH_3HgL^+.$$

Variando os ligantes L, observa-se que as constantes de estabilidade seguem um padrão típico de interações covalentes, na ligação $Hg^{2+}-L$, definindo a ordem de afinidade ao longo da série:

L	F^-	Cl^-	Br^-	I^-	NH_3	PPh_3
log K	1,50	5,25	6,62	8,60	7,60	15,0

Tabela 6.4 – Parâmetros termodinâmicos para a interação de íons metálicos com EDTA e ligantes correlatos em meio aquoso

Metal	Ligante	K (mol^{-1}L)	ΔG (kJ mol^{-1})	ΔH (kJ mol^{-1})	ΔS (J mol^{-1}K^{-1})
Zn^{2+}	CH_3COO^-	8,8	–5,4	8,5	46
Zn^{2+}	$NH_2C_2H_4NH_2$	$8,0 \times 10^5$	–33,7	–29,2	15
Zn^{2+}	$EDTA^{4-}$	$1,7 \times 10^{16}$	–92,4	–23,5	235
Mg^{2+}	$EDTA^{4-}$	$3,5 \times 10^8$	–48,1	13,1	211
La^{3+}	$EDTA^{4-}$	$1,5 \times 10^{15}$	–86,6	–3,3	279
Ni^{2+}	$EDTA^{4-}$	$2,0 \times 10^{18}$	–104,6	–34,9	237
La^{3+}	CH_3COO^-	$3,8 \times 10^8$	–9,0	9,1	61
Ni^{2+}	$NH_2C_2H_4NH_2$	$5,0 \times 10^8$	–43,9	–37,2	23
Ni^{2+}	$NH_2CH_2COO^-$	$1,5 \times 10^6$	–35,2	–17,3	60

Efeito do solvente

O solvente tem um papel essencial em qualquer processo químico, proporcionando o meio onde se processam as transformações. Esse meio físico tem seu nível próprio de organização, que é mantido por forças intermoleculares e pelas flutuações dinâmicas associadas com a energia térmica. Um complexo, como soluto, fica completamente envolvido pela estrutura dinâmica da esfera de solvatação, que se confunde com a própria esfera externa de coordenação. As mudanças nessa esfera contribuem para as variações entrópicas, já discutidas, mas também para variações entálpicas, refletindo a natureza da interação soluto–solvente. Além disso, o solvente atua como dielétrico, promovendo a separação das cargas iônicas em solução. Por isso, os efeitos do solvente estão relacionados com o tipo de fenômeno em observação, por exemplo, de natureza óptica, elétrica ou química. Existem, assim, diversos parâmetros de correlação para solventes, e alguns estão compilados na Tabela 6.5.

A constante dielétrica ε é particularmente útil na previsão de solubilidade dos compostos. A constante E_T foi introduzida por Reichardt em 1962 para correlacionar as

Solvente	ε = Dielétrico	E_T	DN	AN
Tabela 6.5 – Parâmetros de solventes				
Hexametilfosforamida			38,8	10,6
Piridina	12,3	40,2	33,1	14,2
Dimetilsulfóxido	48,9	45,0	29,8	19,3
N-metilpirrolidona			27,3	13,3
N,N-dimetilacetamida			26,6	16,0
Tetrahidrofurano	7,39	37,4	20,0	8,0
Éter etílico	4,22	34,6	19,2	3,9
Acetona	20,5	42,2	17,6	12,5
Acetato de etila	6,03	38,1	17,1	
Dioxano	2,21	36,0	14,8	10,8
CCl_4	2,23	32,5		8,6
Benzeno	2,27	34,5	0,1	8,2
Nitrobenzeno	34,6	42,0	4,4	14,8
Benzonitrila	25,2	42,0	11,9	15,5
Acetonitrila	37,5	46,0	14,1	19,3
Nitrometano	38,5	46,3	2,7	20,5
2-propanol	18,3	48,6		33,5
Etanol	24,3	51,9		37,1
Formamida	109,5	56,6		39,8
Metanol	32,6	55,5	19,0	41,3
Água	78,5	63,1	18,0	54,8
Ácido acético				52,9

mudanças espectroscópicas de moléculas orgânicas em diferentes solventes. Entre os parâmetros mais utilizados para os compostos de coordenação estão os conhecidos como DN e AN. O primeiro foi introduzido por V. Gutmann em 1966, tomando como base as variações entálpicas medidas para a interação do complexo $[SbCl_5]$ com os diversos solventes. Esse parâmetro, DN (*donor number*), expressa a facilidade de doação do par eletrônico do átomo ligante do solvente, em relação ao complexo de antimônio, tomado como padrão (Sb←:solvente). O outro parâmetro, conhecido como AN (*acceptor number*), foi introduzido depois, com base na interação do $Et_3P{=}O$ com solventes, monitorada pelos deslocamentos químicos do ^{31}P nos espectros de ressonância magnética nuclear. Esse parâmetro expressa a interação $P{=}O{:}{\rightarrow}$solvente, e é útil para correlacionar efeitos de solvente, quando há predominância do caráter receptor de elétrons.

As propriedades dos complexos do tipo $[Fe^{III}(CN)_5L]^{3-}$ são fortemente correlacionadas com o poder receptor ou AN dos solventes, em virtude da forte interação $Fe{-}C{\equiv}N{:}{\rightarrow}$ solvente existente. Esses efeitos provocam deslocamentos nas bandas TC Fe→L com mudanças solvatocrômicas realmente impressionantes, como ilustrado na Figura 6.2 para o complexo $[Fe^{II}(CN)_5(dmpz)]^{3-}$ (dmpz = dimetil pirazina). Nesse exemplo, a banda TC se desloca de 430 nm para 605 nm, quando se passa da água para a acetona. A interação com o solvente também provoca mudanças drásticas nas constantes cinéticas de dissociação, que au-

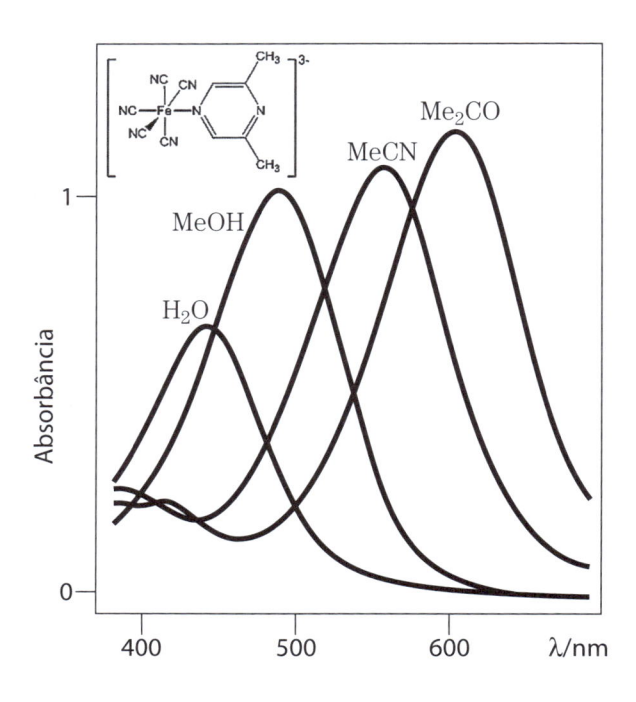

Figura 6.2
Solvatocromismo: deslocamento da banda de transferência de carga $d_\pi(Fe){\rightarrow}p_\pi{}^*(dmpz)$ no complexo $[Fe^{II}(CN)_5(dmpz)]^{3-}$ em H_2O (AN = 54,8), metanol (AN = 41,3), acetonitrila (AN = 19,3) e acetona (AN = 12,5).

mentam mais de 100 vezes, enquanto o potencial redox ($Fe^{III/II}$) do complexo diminui de 0,53 V para –0,25 V.

Os complexos do tipo $[Ru^{II}(NH_3)_5L]^{2+}$ são muito parecidos com os da série $[Fe(CN)_5L]^{3-}$, pois ambos apresentam configuração d^6 spin baixo. Entretanto, suas propriedades são mais bem correlacionadas com o poder doador ou DN dos solventes, refletindo a interação Ru—N—H←:solvente.

Constantes de estabilidade

As constantes de estabilidade também descrevem o comportamento termodinâmico dos complexos em solução. Existem duas formas de expressar as constantes de estabilidade: em termos parciais ou globais.

As constantes parciais, K_i, descrevem as etapas isoladas envolvidas no equilíbrio de formação do complexo, como nos exemplos

$$Cu^{2+} + NH_3 \rightleftharpoons Cu(NH_3)^{2+} \quad K_1 = \frac{[Cu(NH_3)^{2+}]}{[Cu^{2+}][NH_3]}$$

$$Cu(NH_3)^{2+} + NH_3 \rightleftharpoons Cu(NH_3)_2^{2+}$$

$$K_2 = \frac{[Cu(NH_3)_2^{2+}]}{[Cu(NH_3)^{2+}][NH_3]}$$

$$Cu(NH_3)_{n-1}^{2+} + NH_3 \rightleftharpoons Cu(NH_3)_n^{2+}$$

$$K_n = \frac{[Cu(NH_3)_n^{2+}]}{[Cu(NH_3)_{n-1}^{2+}][NH_3]}$$

onde $\log K_1 = 4,15$; $\log K_2 = 3,50$; $\log K_3 = 2,89$ e $\log K_4 = 2,13$.

As constantes globais, β_n referem-se ao equilíbrio envolvendo a coordenação de n ligantes:

$$Cu^{2+} + 2NH_3 \rightleftharpoons Cu(NH_3)_2^{2+} \quad \beta_2 = K_1K_2 = \frac{[Cu(NH_3)_2^{2+}]}{[Cu^{2+}][NH_3]^2}$$

$$Cu^{2+} + nNH_3 \rightleftharpoons Cu(NH_3)_n^{2+}$$

$$\beta_n = K_1K_2...K_n = \frac{[Cu(NH_3)_2^{2+}]}{[Cu^{2+}][NH_3]^n} .$$

No exemplo em questão,

$$\beta_2 = K_1 \cdot K_2 \Rightarrow \log \beta_2 = 4,15 + 3,50 = 7,65$$

$$\beta_4 = K_1 \cdot K_2 \cdot K_3 \cdot K_4 \Rightarrow \log \beta_4 = 4,15 + 3,50 + \\ + 2,89 + 2,13 = 12,67$$

a determinação das constantes de estabilidade é uma tarefa difícil de realizar manualmente, mas felizmente tem sido bastante facilitada com os recursos computacionais modernos. Em geral, começamos equacionando os equilíbrios sucessivos,

$$M + L \overset{K_1}{\rightleftharpoons} ML$$
$$+L \overset{K_2}{\rightleftharpoons} ML_2$$
$$+L \ldots \overset{K_n}{\rightleftharpoons} ML_n$$

e expressando a concentração das espécies $[ML_i]$ em termos das constantes

$$\beta_1 = K_1 K_2 \ldots K_i = \frac{[ML_i]}{[M][L]^i}$$

tal que

$$[ML_i] = \beta_i [M][L]^i.$$

A seguir equacionamos as concentrações totais de M e L, conhecidas inicialmente, em função da somatória das constantes envolvidas:

$$[M]_{\text{total}} = [M] + [ML] + \ldots + [ML_n] = [M] + \Sigma[ML_i] = \\ = [M] (1 + \Sigma\beta_i)[L]^i$$

e

$$[L]_{\text{total}} = [L] + [ML] + 2[ML_2] + \ldots n[ML_n] = [L] + \Sigma i \cdot \beta_i[M][L]^i.$$

Utilizando algum recurso experimental que permita avaliar as quantidades $[M]$ ou $[L]$ livres, como é o caso das técnicas eletroquímicas, é possível resolver as equações de balanço de massa, computacionalmente, e assim extrair as constantes de equilíbrio envolvidas. Também são muito usados os métodos espectrofotométricos, nos quais as concentrações c são relacionadas com a absorbância A, por meio da Lei de Beer, $A = \varepsilon \cdot b \cdot c$ (b = caminho óptico e ε = absortividade por mol). Em muitos casos, os espectros das espécies ML_i apresentam diferenças significativas, facilitando o equacionamento em função das absortividades ε_i.

As constantes de estabilidade parciais, sucessivas, seguem um padrão típico de diminuição em função do aumento do número de ligantes, como nos exemplos ilustrados na Figura 6.3.

Para racionalizar esse comportamento, podemos escrever os equilíbrios sucessivos da seguinte forma:

$$ML_{x-1}(H_2O)_{N-(x-1)} + L \rightleftharpoons ML_x(H_2O)_{N-x}$$

$$ML_x(H_2O)_{N-x} + L \rightleftharpoons ML_{x+1}$$

onde N é o número de coordenação. Em termos estatísticos, a constante de equilíbrio no sentido da direita deve ser proporcional ao número de sítios disponíveis no complexo, para a entrada de L, isto é, $N - (x + 1)$, e no sentido da

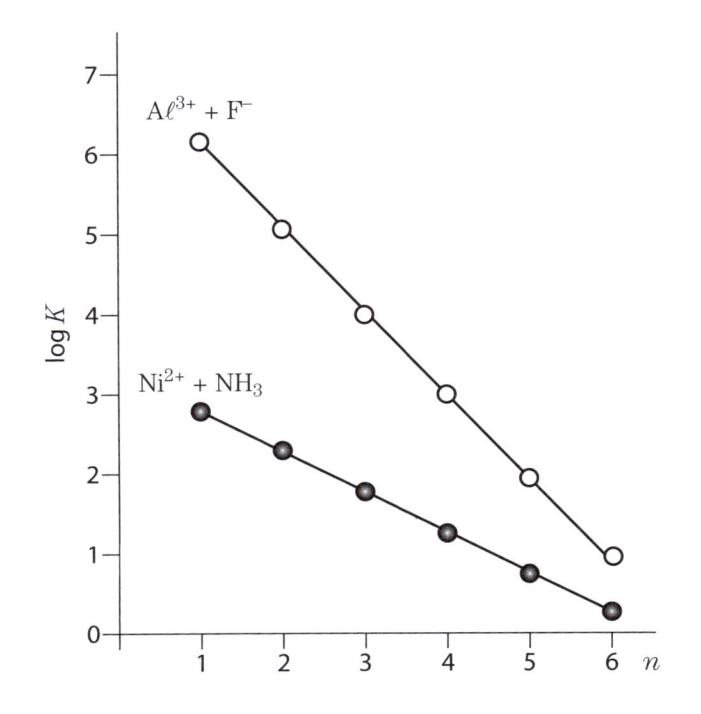

Figura 6.3
Variação das constantes de estabilidade sucessivas, em função do número de ligantes n.

esquerda, deve ser proporcional ao número de sítios ocupados por L, que podem sofrer dissociação (x). Portanto,

$$K_x \propto \frac{N - (x - 1)}{x}.$$

Da mesma forma, para o complexo seguinte,

$$K_{x+1} \propto \frac{N - x}{x + 1}.$$

Dividindo as duas expressões,

$$\frac{K_x}{K_{x+1}} = \frac{(N - x + 1)}{(N - x)} \frac{(x + 1)}{x} > 1.$$

Assim, podemos ver que, em termos estatísticos, a constante K_x sempre será maior que a constante sucessiva K_{x+1}.

Na prática, a ocorrência de uma diminuição progressiva das constantes sucessivas é indicativo de um processo normal, controlado estatisticamente. Quando ocorrem fenômenos adicionais, ou variações estruturais nos complexos ao longo do processo, esse padrão é quebrado, como no exemplo da Figura 6.4.

Nesse caso, há uma quebra significativa do padrão estatístico de variação das constantes, na passagem de $n = 2$ para $n = 3$, quando ocorre a transformação do complexo linear, Cl—Hg—Cl, no complexo angular $[HgCl_3]^-$. No complexo linear, os íons cloreto negativamente carregados estão em posições opostas, diminuindo a repulsão eletrostática. No complexo angular, os ligantes cloreto estão mais próximos, aumentando a repulsão eletrostática, que pode ser responsável pela queda mais acentuada da constante de estabilidade.

A reação do Hg^{2+} com CN^- também mostra um comportamento semelhante, com $\log K_1 = 18,00$; $\log K_2 = 16,70$; $\log K_3 = 3,83$ e $\log K_4 = 2,98$.

Nos complexos de Cu^{2+} com NH_3 ou etilenodiamina, $NH_2CH_2CH_2NH_2$, ocorre uma quebra abrupta após o preenchimento do quarto ponto de coordenação, como mostrado na Figura 6.5.

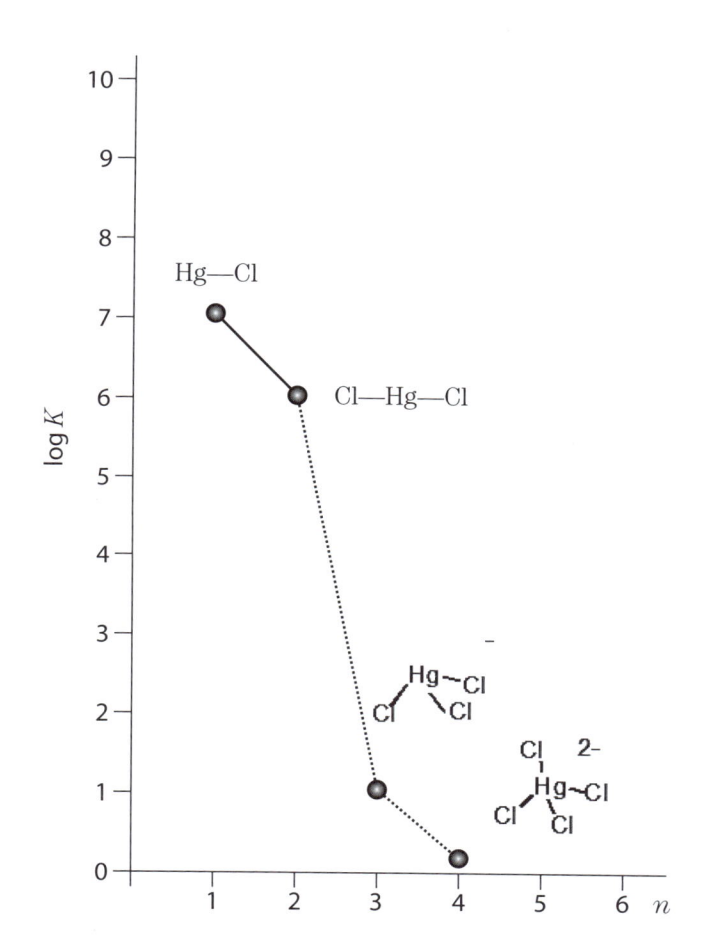

Figura 6.4
Variação das constantes de estabilidade sucessivas para os complexos de Hg^{2+} com o número de ligantes Cl^- (n).

Esse comportamento proporciona um exemplo muito sugestivo da importância do Efeito Jahn–Teller nos complexos de Cu^{2+} ($3d^9$), discutido no Capítulo 4.

Outro exemplo muito interessante é fornecido pelos complexos de ferro(II) com bipiridina ou fenantrolina, conforme ilustrado na Figura 6.6. A entrada do primeiro e segundo ligante ocorre dentro dos padrões convencionais para a série de elementos $3d$, porém a entrada do terceiro ligante é acompanhada pela inversão do estado de spin alto para spin baixo. Essa inversão promove um enorme ganho de estabilidade, proporcionada pela configuração d^6 (spin baixo), conforme já foi discutido no Capítulo 4, elevando abruptamente a constante de equilíbrio K_3.

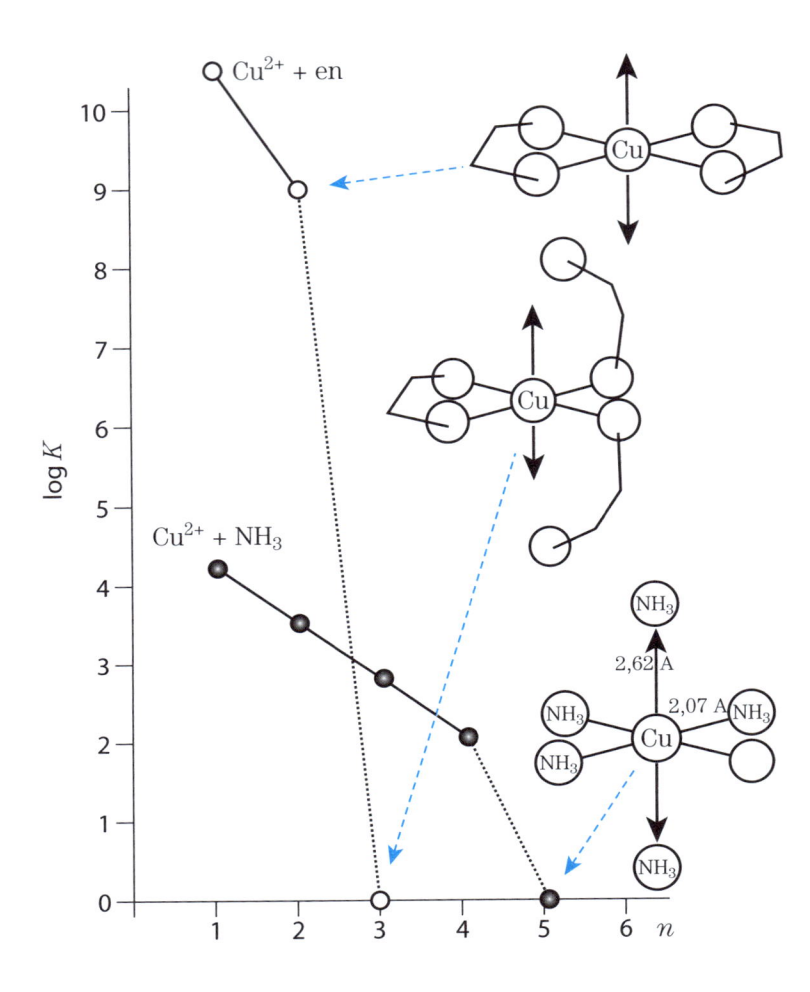

Em virtude do ganho de estabilidade na entrada do terceiro ligante, esses complexos apresentam uma anomalia no perfil de variação das constantes sucessivas, mostrando um enorme aumento na passagem de $n = 2$ para $n = 3$. Em razão desse fato, a mistura de íons de Fe(II) com bipiridina ou fenantrolina, em qualquer proporção, sempre levará à formação dos complexos trissubstituídos, $[Fe(bipy)_3]^{2+}$ ou $[Fe(phen)_3]^{2+}$, que são facilmente identificados pela sua intensa coloração vermelha em solução.

Quando comparados ao longo da série de configuração $3d^n$ as constantes de estabilidade dos complexos seguem um perfil típico, ditado pelas variações nas energias de estabilização de campo ligante, como ilustrado na Figura 6.7

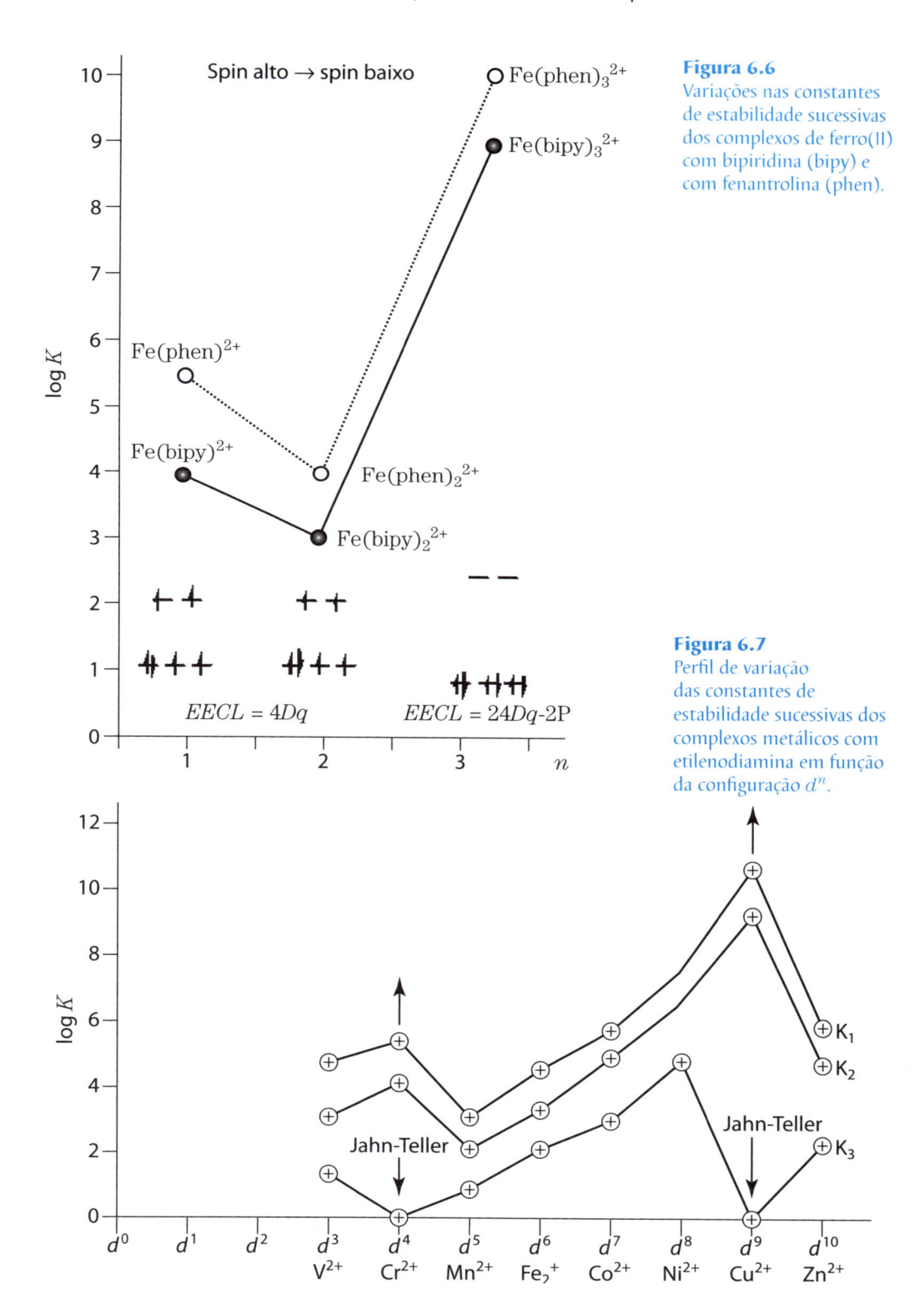

Figura 6.6
Variações nas constantes
de estabilidade sucessivas
dos complexos de ferro(II)
com bipiridina (bipy) e
com fenantrolina (phen).

Figura 6.7
Perfil de variação
das constantes de
estabilidade sucessivas dos
complexos metálicos com
etilenodiamina em função
da configuração d^n.

para a série de complexos com etilenodiamina. Esse perfil descreve o comportamento de uma série, conhecida como Irving–Williams, em homenagem aos professores Harry M. N. H. Irving (1903-1993) e Robert J. P. Williams (1926-) da Universidade de Oxford.

Enquanto as constantes K_1 e K_2 seguem o comportamento normal da série de Irving–Williams, a constante K_3 apresenta um desvio abrupto no caso dos íons de Cu^{2+}, atribuído ao Efeito Jahn–Teller.

Efeito quelato

A comparação dos valores numéricos das constantes de estabilidade de complexos com ligantes polidentados com a dos ligantes monodentados irá mostrar sempre uma vantagem significativa para os primeiros. Um exemplo típico é o dos complexos com amônia e com etilenodiamina:

$$Cu^{2+} + 2\ NH_3 \rightleftharpoons Cu(NH_3)_2{}^{2+} \quad \log\beta_2 = 7{,}65$$

$$Cu^{2+} + NH_2CH_2CH_2NH_2 \rightleftharpoons Cu(en)^{2+} \quad \log K_1 = 10{,}5.$$

A comparação da constante de estabilidade de um complexo com ligante quelante, e a constante global correspondente para um ligante monodentado, leva ao quociente

$$Q = K_1/\beta_2$$

que define o chamado efeito quelato, Q.

Verifica-se que $Q > 1$, ou seja, a formação de quelatos proporciona maior estabilidade, em relação à coordenação do número equivalente de ligantes monodentados.

No caso ilustrado, $\log Q = 10{,}5 - 7{,}65 = 2{,}85$. Portanto o complexo com etilenodiamina é quase mil vezes mais estável que o complexo formado com duas aminas. Esse efeito na realidade envolve muitos fatores, incluindo variações das energias de estabilização de campo ligante e no próprio valor de $10Dq$, e ainda esbarra no fato de que as unidades dimensionais de K_1 e β_2 não são idênticas.

O efeito quelato encontra forte respaldo nos estudos cinéticos, pois a etapa de fechamento do anel acontece muito mais rapidamente do que a entrada de um segundo ligante, em virtude da maior proximidade do terminal ligante nas vizinhanças do sítio de coordenação, como pode ser visto no esquema

$$Cu^{2+} + 2\,NH_3 \;\overset{K_1}{\rightleftharpoons}\; Cu(NH_3)^{2+} + NH_3 \;\overset{K_2}{\rightleftharpoons}\; Cu(NH_3)_2{}^{2+}$$

Dessa forma, $K'_2 \gg K_2$, e nesse ponto estaria a origem cinética do efeito quelato.

Uma evolução do efeito quelato pode ser vista na comparação dos vários ligantes polidentados compilados na Tabela 6.6.

Tabela 6.6 – Constantes de estabilidade ($\log K_1$) para complexos quelatos e macrocíclicos

Ligante	Abrev.	Cu^{2+}	Zn^{2+}
	en	10,6	5,9
	dien	16	8,9
	trien	20,4	12,1
	ciclam	26,2	15,5

Observa-se um aumento progressivo de estabilidade dos complexos, em função do número de anéis quelatos, atingindo o máximo quando acontece o fechamento do anel, e o ligante se torna macrocíclico. Nesse caso em particular, o efeito passa a ser caracterizado como macrocíclico, pois incorpora uma estabilidade adicional decorrente do confinamento no íon metálico no anel, dificultando sua saída, em relação às estruturas abertas. De fato, os ligantes macrocíclicos estão entre os que formam os complexos mais estáveis com os íons metálicos. Nos sistemas biológicos, os ligantes macrocíclicos são representados principalmente pelos anéis tetrapirrólicos das porfirinas, corrinas e clorofilas.

Potenciais redox dos complexos

Os potenciais redox (E^O) têm uma relação direta com as constantes de estabilidade dos complexos, e isso é importante nos processos de transferência de elétrons, bem como no funcionamento das cadeias respiratória e fotossintética nos seres vivos. A determinação do E^o pode ser feita por diferentes técnicas, e as mais usadas são a potenciometria e a voltametria cíclica. Esta última é mais versátil, pelo seu caráter dinâmico, proporcionando informações relevantes sobre os processos redox, além de fornecer os potenciais de cada par redox. Informações a respeito dessa técnica podem ser obtidas no Apêndice 6.

A forma mais simples de mostrar a relação dos potenciais redox com as constante de equilíbrio é por meio da construção de um ciclo termodinâmico:

$$M^{3+} + nL \xrightleftharpoons{\beta^{III}_n} ML_n^{3+}$$

$$\Updownarrow E^o_{M}{}^{3+/2+} \qquad \Updownarrow E^o_{MLn}{}^{3+/2+}$$

$$M^{2+} + nL \xrightleftharpoons{\beta^{II}_n} ML_n^{2+}$$

De acordo com as convenções vigentes, os potenciais padrão referem-se ao processo de redução, e por isso as equações devem ser escritas nesse sentido, como indicado no esquema. Na linha superior, partindo do íon na forma oxidada, expressamos a formação do complexo com o ligante L pela constante global β^{III}. Na linha inferior, colocamos a formação do complexo com o íon metálico no estado de oxidação II, com a constante β^{II}. Nas linhas verticais, estão os potenciais de redução do íon $M^{3+/2+}$ e do complexo ML_n^{3+}/ML_n^{2-}.

Assim, podemos construir o ciclo termodinâmico a partir da equações

$$\Delta G = -RT\ln K \text{ e } \Delta G = -nFE^o$$

devidamente aplicadas às linhas horizontal e vertical, isto é,

$$\Delta G_{M(3+/2+)} + \Delta G_{MLn(2+)} = \Delta G_{MLn(3+)} + \Delta G_{MLn(3+/2+)}$$

ou

$$-nFE^0{}_{M(3+/2+)} - RT\ln\beta^{II}{}_n = -RT\ln\beta^{III}{}_n - nFE^0{}_{MLn(3+/2+)}.$$

Rearranjando, chegamos à expressão

$$E^0{}_{MLn^{3+/2+}} = E^0{}_{M^{3+/2+}} + (RT/F)\ln\frac{\beta^{II}{}_n}{\beta^{III}{}_n}.$$

Essa equação mostra que os potenciais redox do complexo ML_n dependem do quociente $\beta^{II}{}_n/\beta^{III}{}_n$. Quanto maior for a constante de estabilidade do complexo na forma reduzida, em relação à forma oxidada, maior será o seu potencial redox. Na visão oposta, quanto maior for a constante de estabilidade do complexo na forma oxidada, $\beta^{III}{}_n$, menor será o potencial redox.

Como as constantes de estabilidade estão relacionadas com as interações doadoras–receptoras nos complexos, podemos estabelecer uma correlação entre os potenciais redox e a natureza dos ligantes.

Isso pode ser mais bem percebido na sequência de complexos de Fe(III)/(II) com oxalato, edta, cianeto, água e fenantrolina.

$$[Fe^{III}(ox)_3]^{3-} \quad + e^- \rightleftharpoons [Fe^{II}(ox)_3]^{4-} \quad E° = -0,01\,V \quad \text{doador } \pi$$

$$[Fe^{III}(edta)]^- \quad + e^- \rightleftharpoons [Fe^{II}(edta)]^{2-} \quad E° = 0,12\,V$$

$$[Fe^{III}(CN)_6]^{3-} \quad + e^- \rightleftharpoons [Fe^{II}(CN)_6]^{4-} \quad E° = 0,36\,V$$

$$[Fe^{III}(H_2O)_6]^{3+} + e^- \rightleftharpoons [Fe^{II}(H_2O)_6]^{2+} \quad E° = 0,77\,V$$

$$[Fe^{III}(phen)_3]^{3+} + e^- \rightleftharpoons [Fe^{II}(phen)_3]^{2+} \quad E° = 1,02\,V \quad \text{receptor } \pi$$

Em meio aquoso, o par redox de referência é o $[Fe(H_2O)_6]^{3+/2+}$ cujo $E^o = 0,77$ V. Ligantes, como oxalato, são doadores-π típicos e estabilizam preferencialmente os metais em estados de oxidação mais altos, pois têm maior capacidade receptora de elétrons. Isso provoca um aumento relativo de β^{III}, diminuindo o potencial redox do complexo $[Fe(ox)_3]^{3-/4-}$ para $-0,01$ V.

Ligantes como fenantrolina são receptores-π típicos, e estabilizam preferencialmente os metais em estados de oxidação baixos, com maior capacidade retrodoadora de elétrons. Dessa forma, o valor de β^{II} passa a ser dominante, aumentado o valor do potencial redox do complexo $[Fe(bipy)_3]^{3+/2+}$ para 1,02 V.

Uma forma interessante de trabalhar a influência dos ligantes nos potenciais redox foi introduzida por A. B. P. Lever (Universidade de York, Canadá) em 1990, parametrizando os potenciais redox de uma diversidade de complexos com diferentes ligantes, de acordo com a equação

$$E^o = S_M(\Sigma E_L) + I_M.$$

Essa equação descreve um comportamento linear de E^o *versus* E_L, para um mesmo íon metálico M, com um coeficiente angular S_M e linear I_M. O parâmetro E_L expressa a contribuição do ligante ao potencial redox, E^o, e seus valores típicos estão reunido na Tabela 6.7. As constantes S_M e I_M são particulares a uma classe correlata de complexos.

Valores representativos de S_M e I_M para íons metálicos têm sido propostos, em função do tipo de elemento e do solvente empregado, como mostrado na Tabela 6.8.

Tabela 6.7 – Parâmetros E_L para diversos ligantes

Ligante	E_L	Ligante	E_L	Ligante	E_L
acetonitrila	0,34	N_3^-	–0,30	1,10 fenantrolina	0,26
4,4' bipiridina	0,27	Br^-	–0,22	2,2' bipiridina	0,26
NH_3	0,07	Cl^-	–0,24	2,2' bipirazina	0,36
CO	0,99	CN^-	0,02	2,4 pentanodionato	–0,08
dimetil sulfóxido	0,47	F^-	–0,42	8-hidroxiquinolinato	–0,09
N_2	0,68	H^-	–0,30	ciclam	0,10
imidazol	0,12	OH^-	–0,59	dietilditiocarbamato	–0,08
isonicotinamida	0,26	I^-	–0,24	dimetilglioximato	0,01
pirazina	0,33	NO_3^-	–0,11	etilenodiamina	0,06
pirazolato-	-0,24	NO_2^-	0,02	glicinato	–0,05
piridina	0,25	$oxalato^{2-}$	–0,17	2-aminometilpiridina	0,17
4-acetil piridina	0,30	ClO_4^-	0,06	salicilaldeído	-0,04
4-piridinacarbaldeido	0,31	SCN^-	–0,06	trifenilfosfina	0,39
isonicotinamida	0,28	H_2O	0,04	terpiridina	0,25
4-cianopiridina	0,32	CF_3COO^-	–0,15	tioureia	–0,13
4-t-butil piridina	0,23	$CF_3SO_3^-$	0,13	t-1,2-bis(piridil)eteno	0,26

Tabela 6.8 – Valores típicos de S_M e I_M para íons metálicos

Metal	S_M	I_M
Cr(III)/Cr(II) spin baixo, em água	0,575	–1,12
Cr(III)/Cr(II) spin alto, fase orgânica	0,84	–1,18
Fe(III)/Fe(II) spin baixo, em água	0,68	0,24
Fe(III)/Fe(II) spin baixo, fase orgânica	1,10	–0,43
Fe(III)/Fe(II) spin alto, fase orgânica	0,89	–0,25
Ru(III)/Ru(II) em água	1,14	–0,35
Os(III)/Os(II) em água	1,61	–1,30
Os(III)/Os(II), fase orgânica	1,01	–0,40

A título de exemplo, com base nas Tabelas 6.7 e 6.8, o potencial redox do complexo $[Ru(NH_3)_5(py)]^{3+/2+}$ em meio aquoso poderia ser estimado como $1,14 \times [(5 \times 0,07) + 0,25] - 0,35 = 0,33$ V, em comparação com o valor experimental de 0,3 V. O resultado pode apresentar desvios significativos, em função de outros parâmetros condicionais envolvidos nos potenciais redox. Esse tipo de correlação é particularmente útil para comparar uma série de complexos semelhantes, por meio da correlação E^o $versus$ E_L, utilizando novos valores de S_M e I_M a serem obtidos experimentalmente.

CAPÍTULO 7

REAGENTES COMPLEXANTES

Um dos pontos mais importantes na Química de Coordenação é o uso racional dos ligantes como reagentes complexantes para a identificação dos íons metálicos, ou para modificar suas propriedades e desenvolver aplicações em grande diversidade de áreas, incluindo processos químicos industriais, hidrometalurgia, medicina e catálise. De fato, os reagentes complexantes estão presentes em quase todos os produtos de uso doméstico, como detergentes, medicamentos, removedores de manchas, fertilizantes solúveis, conservantes e alimentos.

Spot tests

Na metade do século passado os reagentes complexantes foram trabalhados com maestria por Fritz Feigl, notável cientista austríaco-brasileiro (Figura 7.1), levando ao desenvolvimento de ensaios analíticos em microescala, geralmente feitos diretamente sobre papel de filtro ou placas cerâmicas. Esses ensaios ficaram conhecidos como *spot tests*, e tornaram-se indispensáveis na Química Analítica, pela praticidade, minimização da quantidade de reagentes e bom desempenho em termos de **limite da detecção** (*ld*)

Figura 7.1

Fritz Feigl (Viena, 1891) doutorou-se pela Universidade de Viena em 1920, sob orientação de Ernst Spath (descobridor da mescalina). Em 1924, casou-se com Regine Freier, formada em administração e, depois, doutorada em Química, sob sua orientação. Livre-docente em 1927, Feigl conquistou a cátedra em 1937, mudando-se para a Universidade da Bélgica após a instalação do regime nazista em 1938. Com a ocupação da Bélgica em 1940, Feigl foi enviado para um campo de concentração. Regine, em viagem na França, conseguiu resgatá-lo com o apoio da embaixada brasileira, que o encaminhou para o Brasil. Em pouco tempo, ele iniciou seus trabalhos no Laboratório de Produção Mineral do Rio de Janeiro, onde dedicou-se principalmente aos trabalhos analíticos e ao desenvolvimento de processos de exploração de minérios. Fundou a empresa Alka, que explorou a extração da cafeína de excedentes da produção agrícola de café. Sob administração de sua esposa, a empresa tornou-se bastante próspera. Feigl permaneceu no Brasil até a sua morte, em 1971, depois de trinta anos de intensa atividade científica. Publicou centenas de artigos, e muitos livros, incluindo o

spot tests, que teve várias edições internacionais. Foi um cientista bastante laureado, desfrutando de um nível de reconhecimento ainda sem paralelo entre os químicos brasileiros.

ou **sensibilidade**. Outra qualidade importante é a seletividade de resposta para um conjunto de elementos, que pode ser aperfeiçoada até atingir a **especificidade**, para a identificação de uma única espécie. Essa forma de trabalhar as reações deu enorme notoriedade a Feigl na química analítica e forense. Um novo vocabulário passou a ser praticado após os trabalhos de Feigl:

- ***spot tests*** – feitos com gotas depositadas sobre placa de toque (placa com pequenas cavidades) ou papel de filtro.

- ***limite de detecção ou identificação (li)*** – quantidade absoluta da espécie detectada, expressa inicialmente em μg (micrograma), e atualmente também em ng (nanograma $10^{-9}\,g$), pg (picograma $10^{-12}\,g$) ou fg (femtograma $10^{-15}\,g$).

- ***limite de diluição (ld)*** – nível de diluição soluto/solvente, em partes por milhão (ppm), partes por bilhão (ppb) ou partes por trilhão (ppt).

O aprimoramento da sensibilidade e seletividade dos testes foi sempre perseguido por Feigl, por meio do planejamento e do desenvolvimento criterioso de novos reagentes complexantes ou analíticos. Isso incluía o ajuste das condições das reações, e também o uso de agentes interferentes para inibir eventuais reações paralelas que pudessem comprometer os resultados dos ensaios.

Importância do controle do pH nas reações de complexação

Os reagentes complexantes são bases decorrentes de ácidos conjugados fracos, cujas constantes de dissociação (Ka) são expressas como potências decimais (10^{-x}) bastante negativas:

$$HL \rightleftharpoons H^+ + L^- \ (K_a \text{ ou } 1/K_{HL}).$$

Geralmente, as constantes dos ácidos são expressas na forma de $pKa = \log(1/K_a) = \log K_{HL}$. Algumas constantes típicas de ácidos em água estão relacionadas no Apêndice 7.

O íon metálico (representado genericamente por M^+) pode ser visto como um concorrente natural do H^+, pois ambos competem pelo mesmo ligante:

$$M^+ + L^- \rightleftharpoons M_L \ (K_{ML})$$

ou

$$HL + M^+ \rightleftharpoons H^+ + ML \quad K = K_a K_{ML}.$$

K_{ML} refere-se à constante de estabilidade do complexo, e deve ser suficientemente elevada para que o produto $K_a K_{ML}$ seja maior que 1, isto é, o equilíbrio da reação deve ser favorável à complexação ($K_a K_{ML} > 1$, ou $K_{ML} > 1/K_a$). Portanto, a complexação será favorável quando $\log K_{ML} > pK_a$.

Quando o balanço das constantes for pouco favorável, pode ser possível deslocar o equilíbrio de complexação no sentido desejado por meio do controle do pH. Considerando a equação de equilíbrio

$$K = \frac{[ML][H^+]}{[HL][M^+]}$$

a retirada de H^+ por adição de uma base forte leva a um aumento de $[ML]$ no numerador, para que o valor numérico de K se mantenha constante.

Solventes

Os complexos eletricamente neutros geralmente são mais solúveis em solventes orgânicos de polaridade média ou baixa, e, dessa forma, podem ser extraídos da fase aquosa, mediante controle de pH. Esse recurso é muito importante nos ensaios de complexação, introduzindo, entretanto, mais um equilíbrio a ser considerado, envolvendo a partição entre o meio aquoso e o solvente orgânico. Atualmente o uso de extração com solventes é bastante empregado na separação e purificação de elementos metálicos, principalmente na hidrometalurgia. É nesse setor que o emprego de reagentes complexantes vem sendo conduzido no estado da arte, em virtude do impacto econômico associado.

Características e aplicações dos reagentes complexantes

Álcoois

Os álcoois apresentam pK_as acima de 15, e isso limita bastante sua atuação como reagentes complexantes, tornando necessário o uso de pHs muito elevados. Nessas condições, os íons OH^- podem levar à formação de precipitados de hidroxo ou oxo-complexos. O poder complexante dos álcoois é maior na forma de agentes quelantes, como é o caso dos poliálcoois:

Os álcoois são complexantes de características tipicamente duras, e dessa forma têm maior afinidade por íons metálicos duros, como os que apresentam um alto valor da relação carga/raio.

Um caso especial de reação de poliálcoois acontece com o ácido bórico, conforme representado no esquema:

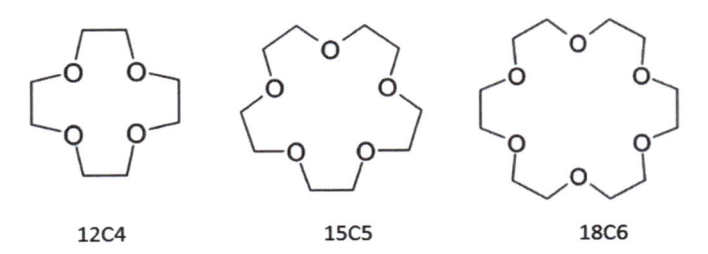

Essa reação leva à formação de um ácido forte que pode ser facilmente titulado com bases, e tem um papel importante na análise de polióis, incluindo açúcares.

Éteres coroa

Os éteres coroa formam uma classe interessante de ligantes macrocíclicos, com afinidade para íons metálicos de características duras, como os metais alcalinos. Geralmente são mais solúveis em meio orgânico, e proporcionam uma estratégia importante para fazer a transferência de fase de espécies normalmente solúveis somente em meio aquoso, como os sais de Li^+, Na^+ e K^+. Os íons metálicos se alojam na cavidade, de forma seletiva, em função dos raios e das dimensões envolvidas. O solvente também é um fator importante a ser considerado. Alguns exemplos típicos estão ilustrados no esquema:

12C4   15C5   18C6

A notação adotada expressa o número de átomos do anel, seguido pelo número de oxigênios, por exemplo 12C4 = anel com 12 átomos e 4 oxigênios.

Valores típicos de constantes de associação podem ser vistos na Tabela 7.1. Os dados revelam um aumento de seletividade para o K^+ e o Ba^{2+} à medida que o anel se expande do 12C4 até o 18C6.

Tabela 7.1 – Constantes de associação (log$K$) de íons metálicos com éteres coroa em água e em metanol

	Na$^+$	K$^+$	Rb$^+$	Cs$^+$	Ca^{2+}	Sr^{2+}	Ba^{2+}	Ag$^+$	Tl $^+$	Pb^{2+}	Solv.
12C4										2,00	água
15C5	0,8	0,75		0,8			1,69			2,00	água
18C6	0,8	2,05	1,51	0,96	0,5	2,75	3,79	1,50	2,2	4,24	água
12C4	1,5	1,60	1,65	1,62							MeOH
15C5	3,32	3,5	2,80	2,69	2,2			3,62	3,31	3,6	MeOH
18C6	4,35	6,11	5,4	4,6	4,0		7,2	4,61	5,27		MeOH

Ácidos carboxílicos

Os ácidos carboxílicos são complexantes de características duras, que apresentam pK_as relativamente baixos, na faixa de 4 a 6, favorecendo a formação de complexos com os íons metálicos em solução. A estabilidade é aumentada no caso dos ácidos policarboxílicos, tanto pelo abaixamento do pK_a para a faixa de 2 a 4, em virtude do efeito indutivo exercido pelos grupos carboxílicos vizinhos, como pela possibilidade de formação de quelatos, a exemplo dos ácidos oxálico e malônico.

ácido oxálico

ácido malônico

O ácido oxálico é um complexante bastante usado para íons metálicos. Seu comportamento como ácido complexante relativamente forte ($pK_a = 1,2$) justifica o emprego em formulações para remoção de ferrugem e manchas envolvendo depósitos metálicos.

Os compostos α-hidroxicarboxílicos são ácidos mais fortes que os respectivos ácidos monocarboxílicos, e sua coordenação a íons metálicos é favorecida por meio da formação de quelatos. Exemplos típicos podem ser representados pelo ácido lático, ácido cítrico, ácido tartárico e ácido glucônico (Tabela 7.2).

ácido lático

ácido cítrico

ácido tartárico

ácido glucônico

Tabela 7.2 – Constantes típicas de formação (log$K$) de complexos de ácido glicólico (lático), cítrico e tartárico com íons metálicos

Ácido		Mg^{2+}	Mn^{2+}	Fe^{2+}	Co^{2+}	Ni^{2+}	Cu^{2+}	Zn^{2+}	La^{3+}	Fe^{3+}
glicólico	β_1	1,33	1,58	1,33	1,96	2,17	2,89	1,86	2,28	2,90
	β_2				3,01	3,77	4,69	3,06	3,88	
cítrico	β_1	1,92	2,16		4,08	4,25	5,95		7,17	10,24
	β_2	3,8	4,15				8,09		10,2	15,9
tartárico	β_1			1,43	3,53	5,47	3,10		3,26	5,68
	β_2			2,5		7,6	5,4		5,05	10,5

O ácido cítrico é moderadamente forte ($pK_a = 3,13$) e eficiente agente complexante em virtude dos três grupos carboxílicos vizinhos. Um caso bastante interessante é o do ácido glucônico. Esse ácido é produto da oxidação da glucose, e tem baixo poder complexante em meio neutro ou levemente ácido. Entretanto, em meio fortemente alcalino (pH > 12) a formação de complexos bi ou tridentados é viabilizada pela ionização dos grupos OH envolvidos. Dessa forma, o ácido glucônico é um dos poucos complexantes conhecidos capazes de dissolver hidróxido de ferro(III) em meio alcalino ($K_{ps} = 10^{-36}$).

Fosfatos

Os fosfatos formam complexos bastante estáveis com os íons metálicos, principalmente de caráter duro ou intermediário. Na forma monomérica, geralmente está presente como ânions $H_2PO_4^-$, HPO_4^{2-} e PO_4^{3-}, gerando um sistema tampão bastante utilizado no laboratório. Entretanto, não é usado como agente complexante, pois tende a formar precipitados com a maioria dos cátions metálicos.

Uma forma linear, bastante usada no comércio, é conhecida como tripolifosfato de sódio, $Na_3P_3O_9$. Ela pode ser obtida pelo aquecimento de uma mistura de duas partes de Na_2HPO_4 e uma parte de NaH_2PO_4:

$$2Na_2HPO_4 + NaH_2PO_4 \xrightarrow{\text{desidratação}} Na_5P_3O_{10} + 2H_2O$$

Sua estrutura em cadeia pode ser representada como

Essa espécie tem alto poder complexante, e já foi usada em detergentes, perfazendo um teor de 25 a 45% em peso. Forma com Ca^{2+} e Mg^{2+} complexos com constantes de estabilidade em torno de 10^8 mol L^{-1}, e tem efeito positivo na formação de micelas, abaixando o valor da constante micelar crítica, que mede a concentração a partir da qual o detergente passa a formar estruturas agregadas. Apesar de suas qualidades e baixo custo, ela deixou de ser usada em detergentes domésticos pelo fato de gerar problemas ambientais, estimulando a eutroficação das águas por meio da proliferação das algas acima dos limites da sustentabilidade. Além do poder complexante, a unidade trifosfato tem um papel relevante nos sistemas biológicos, sob a forma do ATP, armazenando energia por meio das ligações de fosfato. Esse papel é normalmente desempenhado na presença de íons de K^+ ou Mg^{2+}, evidenciando o papel dos complexos nos processos hidrolíticos que levam à quebra das ligações P—O—P.

Fenóis

Sob o ponto de vista químico, os fenóis são bastante distintos dos álcoois. A presença do grupo aromático promove a deslocalização dos elétrons, reduzindo o pKa para valores inferiores a 10. Outra consequência da deslocalização eletrônica é o favorecimento do caráter covalente nos complexos, com participação de ligações π-doadoras, aumentando a afinidade pelos íons de metais de transição.

O ácido salicílico (2-hidroxibenzoico) forma complexos com quase todos os elementos (Tabela 7.3), em virtude da combinação das características ácido–base intermediárias dos fenóis e carboxilatos aromáticos. Os complexos de Fe(III) são especialmente interessantes, por apresentarem constantes de estabilidade elevadas e intensa coloração avermelhada em solução. Por isso são frequentemente utilizados como reagentes analíticos complexantes para Fe^{3+}.

O catecol e seus derivados são particularmente bons complexantes, porém seu caráter doador de elétrons facilita a oxidação pelo ar, formando quinonas e semiquinonas. Esse efeito é tão marcante que o pirogalol é utilizado em sistemas de remoção do oxigênio contaminante de gases industriais, como nitrogênio e argônio.

Uma forma de evitar a degradação dos complexantes fenólicos é a introdução de grupos retirantes de elétrons,

Tabela 7.3 Constantes de estabilidade (log$K$) típicas de complexos de salicilato e catecóis em meio aquoso

		Mn^{2+}	Co^{2+}	Ni^{2+}	Cu^{2+}	Zn^{2+}	Fe^{3+}	Al^{3+}	La^{3+}
Salicilato	β_1	6,10	6,83	6,96	10,00	7,10	16,36	12,9	5,32
	β_2			11,8	17,6		29,9	23,2	9,6
	β_3							29,8	12,7
Catecol	β_1		8,61	8,89	13,96	9,90	14,96	16,9	9,46
	β_2		15,3	15,0	25,0	17,6	24,4	30,5	
	β_3							39,4	
Tiron	β_1	7,2	8,2	8,56	14,23	10,2	20,7	16,6	12,8
	β_2	12,7	14,4	15,1	25,4	18,5	35,7	30,2	
	β_3	16,2					46,1	39,9	

por meio da sulfonação. Os derivados sulfônicos do catecol como o Tiron e o ácido cromotrópico são mais estáveis e solúveis em água. Ambos formam complexos intensamente coloridos com Fe(III) e Ti(IV) e são utilizados na análise colorimétrica dessas espécies, proporcionando elevado grau de seletividade analítica. O nome Tiron deriva de titanium e iron.

catecol   Tiron   ácido cromotrópico   pirogalol

Os complexos de Fe(III) com Tiron apresentam cores que variam do azul ao vermelho-tijolo, em função do pH, em virtude da desprotonação sucessiva dos grupos fenólicos. Em meio alcalino, o complexo trissubstituído adquire uma carga elétrica global –9, como na estrutura

Dessa forma, é fortemente atraído por resinas aniônicas, podendo ser concentrado facilmente sobre essas resinas, ampliando o limite de detecção de íons de Fe(III) em meio aquoso. Comportamento análogo é observado para o ácido cromotrópico.

Os polifenóis também são complexantes naturais, presentes nos ácidos húmicos abundantes no solo (húmus) e nos ácidos fúlvicos encontrados no meio aquático. Ambos são originários da degradação da madeira, principalmente das ligninas constituintes. Esses ácidos têm papel importante nos ecossistemas, auxiliando as raízes na captura e transporte dos íons metálicos necessários para as plantas.

Complexantes polifenólicos sintéticos como a **deferiprona** (ferriprox®) foram desenvolvidos para o tratamento da hemocromatose, uma doença genética associada à predisposição de absorção excessiva do ferro na alimentação, gerando depósitos que podem levar a lesões no fígado, pâncreas e coração. O complexo formado é do tipo

deferiprona

Cetonas

As cetonas geralmente não são grupos complexantes efi-
cientes; contudo, essa característica é radicalmente modi-
ficada no caso da pentanodiona. A razão dessa mudança é a
ocorrência do equilíbrio ceto-enólico na unidade β-dicetona:

Esse equilíbrio proporciona um aumento da deslocalização eletrônica sobre o ligante, favorecendo a formação
de ligações com maior caráter covalente, com os íons metálicos, como na estrutura

Em geral, os ligantes β-dicetônicos formam complexos
neutros, solúveis em meio orgânico. Exemplos típicos estão
compilados na Tabela 7.4.

Tabela 7.4 – Constantes de estabilidade ($\log\beta$) de complexos de acetilacetonato em meio aquoso								
	Mn^{2+}	Co^{2+}	Ni^{2+}	Cu^{2+}	Zn^{2+}	Fe^{3+}	Be^{2+}	La^{3+}
β_1	5,70	6,80	7,40	9,80	4,85	9,17	7,27	5,0
β_2	10,5	12,6	13,5	18,4	8,22	18	14.2	
β_3					9,43			

Esses complexos podem ser extraordinariamente estáveis, resistindo a temperaturas relativamente elevadas,
muitas vezes superiores a 400 °C, passando para o estado

de vapor. Isso permite sua utilização em processos de separação de íons metálicos por cromatografia em fase gasosa, e em processos conhecidos como CVD, ou *Chemical Vapor Deposition*, empregados na eletrônica para gerar filmes finos de metais por meio da decomposição controlada sobre superfícies preaquecidas.

Uma aplicação didática muito interessante é a separação de íons de Zn^{2+} e Cu^{2+} em meio aquoso, utilizando acetilacetona (Hacac) em processo de extração com solvente (por exemplo, diclorometano, CH_2Cl_2). A reação de complexação pode ser controlada pelo pH:

$$M^{2+} + 2Hacac \rightleftharpoons [M(acac)_2] + 2H^+$$

O complexo de Cu^{2+} ($3d^9$), sendo mais estável que o de Zn^{2+}, é formado quantitativamente a partir de pH 3. O complexo de Zn^+ só se forma acima de pH 5. Assim, trabalhando cuidadosamente no intervalo de pH 3-5, é possível fazer a complexação seletiva dos íons de cobre com acetilacetona, e extrair o produto em meio orgânico, deixando os íons de zinco em fase aquosa. O complexo de cobre pode ser decomposto com ácidos para liberar o íon metálico e regenerar o ligante. Quando conduzido de forma adequada, o processo fornece um exemplo interessante de tecnologia sustentável para extração e recuperação de metais como o cobre, de alto valor tecnológico (consultar volume 6 desta coleção).

Hidroxilaminas e hidroxamatos

A hidroxilamina apresenta o grupo funcional —NOH que isoladamente é pouco efetivo na formação de complexos. Contudo, na presença de grupos vizinhos como N=O e C=O, pode gerar espécies complexantes bastante eficazes para íons metálicos de natureza intermediária, como os de metais de transição. Um exemplo típico é o nitrosofenil-hidroxilamina, comercializado com o nome de *Cupferron*, e empregado na determinação de Cu(II) e Fe(III).

nitrosofenil-hidroxilamina
ou cuferron

ácido hidroxâmico

Outro exemplo interessante é o ferricromo, um hexapeptídio cíclico natural que contém três grupos hidroxamatos (carbonil-hidroxilamina). Esse complexante pode ser extraído de fungos, nos quais atua no transporte de ferro.

ferricromo

A desferrioxamina é outro complexante transportador de ferro, com grupos hidroxamatos, extraído de bactérias. Foi um dos primeiros agentes quimioterápicos eficazes a ser utilizado no tratamento da hemocromatose.

desferrioxamina

Aminas

As aminas formam complexos bastante estáveis com íons de metais de transição, apresentando um comportamento típico de ligantes doadores-σ. O exemplo típico é a etilenodiamina, e as constantes de estabilidade de seus complexos representativos estão compiladas na Tabela 7.5.

A estabilidade cresce com a formação de quelatos, no sentido da etilenodiamina, dietilenodiamina e trietilenodiamina, como mostrado na Tabela 7.6.

Tabela 7.5 – Constantes de estabilidade ($\log K_1$) de complexos com etilenodiamina em meio aquoso

	Ag⁺	V²⁺	Cr²⁺	Mn²⁺	Fe²⁺	Co²⁺	Ni²⁺	Cu²⁺	Zn²⁺	Cd²⁺
β_1	5,06	4,63	5,15	2,77	4,28	5,89	7,66	10,6	5,92	5,63
β_2	7,66	7,58	9,19	4,87	7,60	10,7	14,0	19,9	11,0	10.2
β_3		8,91		5,79	9,65	13,8	18,6		12,9	12,3

Tabela 7.6 – Constantes de estabilidade ($\log K_1$) de complexos com aminas polidentadas em meio aquoso

Ligante	Abrev.	Co²⁺	Ni²⁺	Cu²⁺	Zn²⁺
	en	5,9	7,7	10,6	5,9
	dien	8,1	10,7	16	8,9
	trien	10,8	14,0	20,4	12,1

Aminoácidos

O grupo α-aminocarboxílico está presente em todos os aminoácidos, mas sua função biológica é principalmente estrutural, participando na formação das ligações peptídicas, por meio da condensação dos grupos carboxílicos e aminas, gerando amidas.

Na forma livre, os aminoácidos são bons complexantes, atuando como agentes quelantes para íons duros e intermediários, por meio do grupo α-aminocarboxílico. O terminal ácido apresenta pK_as típicos ao redor de 2, ao passo que os grupos aminas têm seus pKas em torno de 9.

A espécie mais simples é a glicina, da qual pode ser derivado o ácido iminodiacético e o nitrilotriacético:

glicina (gly)　　ácido iminodiacético　　ácido nitrilotriacético (NTA)

Nessa sequência, devem ser colocados os derivados carboxílicos da etilenodiamina e da dietilenodiamina conhecidos como EDTA e DTPA.

H$_4$EDTA

ácido etilenodiaminotetraacético

H$_5$DTPA

ácido dietilenodiaminopentaacético

O EDTA foi descrito pela primeira vez em 1935 por F. Munz (IG Farben, Alemanha), ganhando enorme importância após os trabalhos do químico suíço G. Scharzenbach (1904-1978). Desde então tornou-se o principal agente complexante utilizado na química. O EDTA é reconhecido como um complexante universal, por formar complexos com praticamente todos os íons metálicos conhecidos, associando sítios geralmente duros, como os carboxilatos, e sítios de comportamento intermediário, como as aminas (Tabela 7.7). Sua semelhança com os aminoácidos proporciona uma boa compatibilidade com os sistemas biológicos, reduzindo a toxicidade e conferindo um número imenso de aplicações em produtos de uso doméstico.

O DTPA é um análogo do EDTA, gerado a partir da dietilenodiamina, com cinco grupos acetato. O maior número de sítios de coordenação favorece a formação de complexos mais estáveis em solução, particularmente com as terras raras, que apresentam número de coordenação mais elevado. Um complexo muito usado na medicina é o formado com Gd^{3+}:

Esse complexo é utilizado como agente de contraste em imageamento por ressonância nuclear magnética. Os íons paramagnéticos de Gd^+ ($4f^7$) diminuem o tempo de relaxação da água, aumentando o contraste das imagens.

Existem polipeptídios cíclicos, como a valinomicina, composta pelo aminoácido valina, que tem ação antibiótica natural, interferindo no transporte de íons ao nível das membranas celulares.

valinomicina

O papel mais importante dos aminoácidos em termos da química de coordenação está associado aos grupos funcionais, R, que ficam expostos após a formação das ligações peptídicas. Dentre os vários grupos funcionais, os mais interessantes sob o ponto de vista da coordenação de íons metálicos são o imidazol, tiol, tioéter, carboxílico, fenol e aminas, presentes nos aminoácidos histidina, cisteína, metionina, ácido glutâmico, tirosina e lisina, respectivamente. Esses grupos proporcionam pontos de ancoramento de

Química de coordenação, organometálica e catálise

Tabela 7.7 – Constantes de estabilidade ($\log K_1$) de complexos amino-carboxílicos em meio aquoso

Metal	NTA	EDTA	DTPA	Metal	NTA	EDTA	DTPA
Li^+	2,51	2,79	-	Al^{3+}	9,50	16,13	18,40
Na^+	2,15	1,66	-	Ga^{3+}	13,60	20,27	23,00
Ag^+	5,16	7,32	8,70	In^{3+}	16,90	24,95	29,00
Be^{2+}	7,11	9,27	-	Bi^{3+}	-	27,90	29,70
Mg^{2+}	5,46	8,69	9,30	Sc^{3+}	12,70	23,10	-
Ca^{2+}	6,41	10,86	10,74	Y^{3+}	11,48	18,09	22,05
Sr^{2+}	4,98	8,63	9,68	La^{3+}	10,35	15,50	19,48
Ba^{2+}	4,83	7,76	8,63	Ce^{3+}	10,83	15,98	20,50
V^{2+}	-	12,70	-	Pr^{3+}	11,07	16,40	21,07
Cr^{2+}		13,61		Sm^{3+}	11,53	16,70	22,34
Mn^{2+}	7,44	14,04	15,60	Eu^{3+}	11,52	17,35	22,39
Fe^{2+}	8,84	14,33	16,55	Gd^{3+}	11,54	17,00	22,46
Co^{2+}	10,38	16,31	18,40	Tb^{3+}	11,59	17,81	22,71
Ni^{2+}	11,54	18,62	20,32	Dy^{3+}	11,74	18,30	22,82
Cu^{2+}	12,96	18,80	21,53	Ho^{3+}	11,90	18,05	22,78
Zn^{2+}	10,66	16,50	18,75	Er^{3+}	12,03	18,38	22,74
Cd^{2+}	9,54	16,46	19,31	Tm^{3+}	12,20	18,52	22,72
Hg^{2+}	14,60	21,80	27,00	Yb^{3+}	12,40	18,88	22,62
Pb^{2+}	11,39	18,04	18,80	Lu^{3+}	12,49	19,65	22,44
Pd^{2+}	-	26,40	-	Ce^{IV}	10,97	24,20	-
$T\ell^{3+}$	18,00	22,50	48,00	Zr^{IV}	20,80	29,90	36,90
Fe^{3+}	15,87	25,10	28,60	Hf^{IV}	20,34	29,50	35,40
Co^{3+}	-	40,60	-	Th^{IV}	12,40	23,20	28,78
Ti^{3+}	-	17,30	-	U^{IV}	-	25,80	-

íons metálicos em proteínas e peptídios, exercendo discriminação em termos da natureza dura ou mole envolvida. Metais moles como Hg^{2+} e Cd^{2+} ligam-se preferencialmente aos grupos tióis, ao passo que os metais intermediários como os íons de metais de transição ligam-se a todos os grupos funcionais mencionados. Metais duros, por outro lado, ligam-se preferencialmente aos grupos carboxilatos existentes.

histidina (his)   cisteína (cys)   metionina (met)

ácido glutâmico (glu)   tirosina (tyr)   lisina (lis)

A alternância na coordenação do imidazol (histidina), tiol (cisteína) e tioéter (metionina) junto ao grupo ferro-porfirínico é uma forma que a natureza encontrou para mudar os potenciais redox das metaloproteínas conhecidas como citocromo C, C1 e P450.

Constantes de estabilidade típicas para aminoácidos com íons metálicos estão exemplificadas na Tabela 7.8.

Tabela 7.8 – Constantes de estabilidade (logβ) de aminoácidos com íons metálicos em meio aquoso

		Mn^{2+}	Fe^{2+}	Co^{2+}	Ni^{2+}	Cu^{2+}	Zn^{2+}	Pb^{2+}	La^{3+}
glicina	β_1	2,71	4,13	4,66	5,80	8,20	5,03	4,36	3,23
	β_2	4,75	7,65	8,51	10,6	15,0	9,23	7,62	6,15
	β_3	5,51		10,8	13,9		11,7		
histidina	β_1	3,35	5,39	6,68	8,67	10,16	6,51	5,95	4,1
	β_2	5,78	8,74	12,3	15,5	18,1	12,0	10,1	5,4

N-heterocíclicos aromáticos e funções mistas

Os compostos heterocíclicos nitrogenados formam uma família muito grande de ligantes, com um número variado de átomos de nitrogênio, anéis aromáticos e substituintes. Estão presentes nos sistemas biológicos em aminoácidos como a histidina, e nas bases nucleicas. Sob o ponto de vista da Química de Coordenação, as espécies mais simples e relevantes podem ser representadas pelo imidazol, piridina e pirazina.

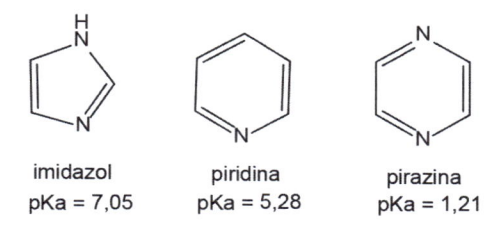

imidazol
pKa = 7,05

piridina
pKa = 5,28

pirazina
pKa = 1,21

O imidazol apresenta um anel de cinco membros com dois átomos de N não equivalentes. A presença da conjugação eletrônica introduz algum caráter aromático à molécula, embora ocorra pouca participação dos orbitais π na formação das ligações com os íons metálicos. Seu pKa = 7,05 é o mais elevado da série. Exemplos típicos de constantes de estabilidade sucessivas de complexos com imidazol estão ilustrados na Tabela 7.9, enquadrando-se o perfil típico de variação estatística.

A piridina é o composto N-heterocíclico mais próximo do benzeno. O átomo de nitrogênio no anel aromático é

Tabela 7.9 – Constantes de estabilidade de complexos com imidazol em meio aquoso

Sistema	$\log K_1$	$\log K_2$	$\log K_3$	$\log K_4$	$\log K_5$	$\log K_6$
Ni^{2+} + imidazol	3,27	2,68	2,15	1,65	1,12	0,52
Cu^{2+} + imidazol	4,31	3,53	2,92	2,14		
Zn^{2+} + imidazol	2,70	2,55	2,23	2,00	1,52	

responsável pela afinidade da piridina por metais interme-diários e moles, envolvendo tanto um caráter doador do par eletrônico σ (pKa = 5,28) como um caráter receptor π devido à presença de níveis eletrônicos excitados de baixa energia na molécula.

A presença de dois nitrogênios no anel aromático torna a pirazina uma base mais fraca que a piridina (pKa = 1,21), ao mesmo tempo que aumenta as características recepto-ras-π da molécula. Dessa forma, sua afinidade é maior por metais moles, especialmente os retrodoadores-π como o rutênio(II).

Um aspecto importante na química dos compostos N--heterocíclicos é a possibilidade de controlar suas caracterís-ticas eletrônicas por meio da manipulação dos substituintes no anel, introduzindo, por exemplo, grupos doadores como —NH_2 e —SH, ou grupos receptores como —CN, —NO_2 e —CHO. A introdução de grupos complexantes, como carbo-xilatos, oximatos e fenóis, proporciona uma enorme varieda-de de agentes complexantes, com características ácido–base intermediárias entre duros e moles. Os derivados carboxíli-cos da piridina ou pirazina formam complexos geralmente solúveis com os íons de metais de transição, apresentando forte coloração quando estes são do tipo π-retrodoadores.

Um ligante particularmente importante é a 8-hidroxi-quinolina:

8-hidroxiquinolina

Tabela 7.10 – Constantes de estabilidade de complexos com 8-hidroxi-quinolina (60% dioxano/água)									
	Mn^{2+}	Fe^{2+}	Co^{2+}	Ni^{2+}	Cu^{2+}	Zn^{2+}	Fe^{3+}	$A\ell^{3+}$	La^{3+}
β_1	7,62	9,59	9,06	11,08	11,95	9,96			8,48
β_2	14,3	18,1	17,5	21,7	22,9	18,9			16,2
β_3			24,35				37,74	33,42	

Esse ligante forma complexos bastante estáveis com uma ampla variedade de íons metálicos (Tabela 7.10), incluindo os metais duros, como o $A\ell^{3+}$. Por causa de seu pKa elevado (9,90) as reações devem ser conduzidas com o devido ajuste de pH, para favorecer a complexação. Os complexos neutros podem ser isolados com facilidade e são solúveis em meio orgânico. Uma característica importante da 8-hidroxiquinolina é a sua fluorescência bastante acentuada, quando irradiada com luz ultravioleta (UV). Essa fluorescência é intensificada quando o ligante se coordena a íons duros como $A\ell^{3+}$ e La^{3+}, e persiste nos íons de metais de transição de camada cheia, como o Zn^{2+} $(3d^{10})$. A presença de níveis eletrônicos de baixa energia, incluindo os de campo ligante, leva à supressão da fluorescência, por meio da transferência de energia e do decaimento não radiativo.

O complexo com $A\ell^{3+}$ apresenta uma fluorescência muito forte, sendo usado em dispositivos moleculares emissores de luz, conhecidos como OLEDs (*Organic Light Emitting Devices*), empregados em monitores eletrônicos de alta qualidade (consultar volume 6 desta coleção).

Polipiridinas e α-diiminas

Os ligantes típicos desta série são a 2,2′-bipiridina (bipy) e a 1,10-fenantrolina (phen), entretanto a variedade existente atualmente é muito ampla e de enorme interesse, em virtude de formar complexos estáveis com praticamente todos os metais de transição (Tabela 7.11). Os complexos apresentam propriedades fotoquímicas e redox bastante versáteis para uso em catálise e dispositivos fotoeletroquímicos.

Figura 7.2
Complexo de tris(hidroxiquinolinato) alumínio(III) usado em dispositivos orgânicos emissores de luz.

Apesar da presença dos anéis N-heterocíclicos, Pawel Krumholz (1909-1973, ex-aluno de Fritz Feigl, Professor colaborador da USP e diretor da empresa Orquima, de sua propriedade) mostrou que as características desses ligantes estão na realidade associadas à unidade α-diimínica. De fato, os complexos α-diimínicos de ferro(II), trissubstituídos, são bastante parecidos com os complexos correspondentes de bipy ou phen.

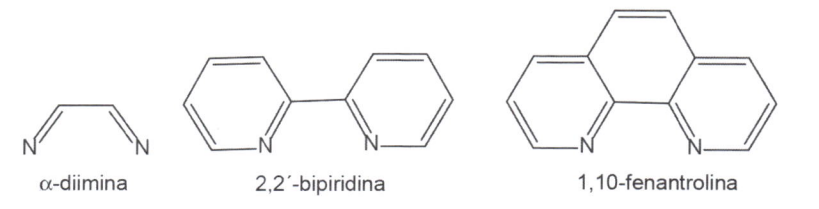

α-diimina   2,2´-bipiridina   1,10-fenantrolina

Esses ligantes têm um destaque especial na química do ferro, formando complexos vermelhos, diamagnéticos (spin baixo) bastante estáveis. Os orbitais π^* sobre o esqueleto α-diimínico interagem fortemente com os orbitais d_π do íon metálico, estabilizando os complexos por retrodoação-π e dando origem a bandas típicas de transferência de carga ao redor de 510 nm. Na reação de complexação, o íon Fe(II)

Tabela 7.11 – Constantes de estabilidade de complexos com 2,2'bipiridina e 1,10-fenantrolina em meio aquoso

		Cr^{2+}	Mn^{2+}	Fe^{2+}	Co^{2+}	Ni^{2+}	Cu^{2+}	Zn^{2+}	Cu^+
bipy	β_1	4,88	2,7	4,4	6,06	6,28	8,00	5,30	10,68
	β_2			7,6	11,42	11,91	13,6	9,8	14,35
	β_3			17,6		17,1			
phen	β_1		3,8	5,5		8,81	9,14	6,17	
	β_2			9,5		17,1	16,0	12,1	
	β_3			21,3		24,8		17,3	

de partida é paramagnético, $3d^6$ spin alto. Os ligantes, por sua vez, produzem um campo suficiente forte, para provocar a inversão de spin, após a entrada do terceiro ligante. Conforme descrito no capítulo anterior, a estabilização proporcionada pela inversão de spin acaba dirigindo a reação para a formação do complexo trissubstituído.

A complexação de íons de Fe(II) com bipy ou phen é utilizada em métodos analíticos para esse elemento, bem como em ensaios de toque. O Cu(I) é o único íon capaz de interferir no teste colorimétrico, visto que também forma complexos avermelhados com esses ligantes. Entretanto o Cu(I) é extremamente sensível à oxidação pelo ar, e, em condições normais, não chega a ser um interferente importante. O reverso, entretanto, precisa ser considerado, quando o interesse recai sobre a detecção dos íons de cobre. Nesse caso, os íons de cobre(II) devem ser reduzidos previamente, por exemplo, com hidroxilamina, na presença de bipy ou phen, para dar origem à coloração avermelhada característica. Entretanto, nessa condição, o Fe(II) é um interferente indesejável.

Para evitar a interferência dos íons de Fe(II), Feigl introduziu o uso da bipy ou phen apresentando substituintes metil ou fenil na posição α, ou vizinha ao nitrogênio do anel aromático. Esses ligantes, conhecidos como neocuproína e batocuproína, reagem com cobre(I) porém não formam complexos trissubstituídos com Fe(II), por causa dos efeitos estéricos, desaparecendo a interferência desse íon nos testes colorimétricos. São, portanto, reagentes específicos para cobre.

neocuproína

batocuproína

Os ligante polipiridínicos formam uma extensa série de complexos com os íons de metais de transição do período $4d$ e $5d$, com destaque para o rutênio. O complexo $[Ru(bipy)_3]^{2+}$ está, com certeza, entre os mais citados na literatura, em virtude de suas propriedades fotoquímicas e fotofísicas bastante especiais. Seus derivados vêm sendo empregados como importantes corantes fotoinjetores em células solares.

Oximas

As oximas apresentam o grupo coordenante —C=N—OH, normalmente gerado pela reação de compostos carbonílicos com hidroxilamina. Sua forma mais efetiva como ligante ocorre sempre em associação com outros grupos coordenantes vizinhos, incluindo a própria oxima, gerando quelatos. Alguns derivados típicos são os seguintes:

salicilaldoxima

benzoin oxima (cupron)

Um detalhe interessante do grupo oxima está na sua capacidade de formar ligações de hidrogênio intermoleculares, dando origem a espécies macrocíclicas bastante estáveis. A estrutura do complexo de salicilaldoxima com cobre(II) ilustra bem esse fato.

Esse complexo apresenta $\ln\beta_2 = 17,45$. A salicilaldoxima tem sido usada industrialmente na extração hidrometalúrgica de Cu(II), processo que responde atualmente por 25% da produção mundial de cobre, tendo, portanto, um enorme impacto na economia (consultar volume 6 desta coleção).

Outro exemplo bastante conhecido é o da dimetilglioxima, H_2dmg, por sua reação característica com Ni(II), formando o complexo macrocíclico $[Ni(Hdmg)_2]$.

Essa reação fornece um teste colorimétrico específico para o Ni(II) quando realizada sobre papel de filtro, na presença de vapores de amônia. O complexo formado é neutro e bastante insolúvel em água, apresentando-se como um sólido intensamente vermelho.

Quando observado por microscopia eletrônica de varredura sobre papel (Figura 7.3), é possível mostrar a presença de fios depositados sobre as fibras de celulose.

A modelagem molecular do complexo $[Ni(Hdmg)_2]$ é compatível com o empilhamento das estruturas macrocí-

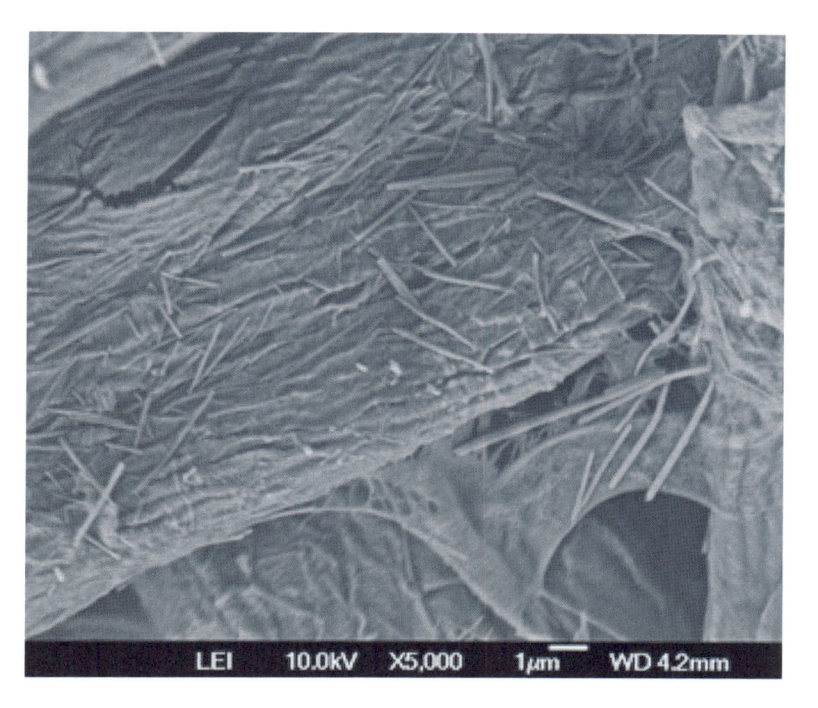

Figura 7.3
Imagens de microscopia
eletrônica de varredura
para o [Ni(Hdmg)$_2$]
depositado sobre fibras de
celulose do papel de filtro.

clicas, ao longo do eixo metal–metal, formando fios moleculares onde os grupos metil fazem o revestimento externo, criando um ambiente hidrofóbico, como ilustrado na Figura 7.4.

A manutenção da estrutura macrocíclica, por meio de ligações de hidrogênio intermolecular, parece ser essencial para a estabilidade do complexo [Ni(Hdmg)$_2$]. Na presença de vapores de HCl, o papel vermelho com o complexo descora-se rapidamente. A protonação do grupo oximato compromete a estrutura macrocíclica, levando à perda da planaridade e inversão de spin, formando o complexo octaédrico, paramagnético. Isso explicaria o desaparecimento das bandas de transferência de carga características da estrutura planar.

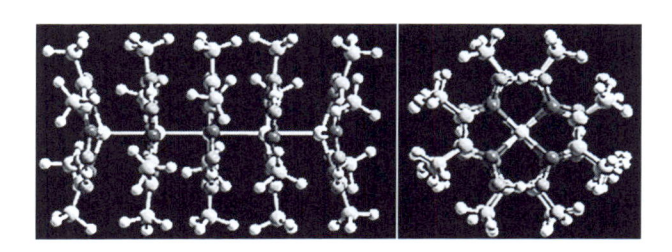

Figura 7.4
Modelagem molecular do
[Ni(Hdmg)$_2$] mostrando
o empilhamento e a
formação de um fio
envolvido por grupos
metil.

A reação do H_2dmg com Pd(II) conduz à formação de um precipitado amarelo intenso, bastante estável, mesmo na presença de ácidos. Os complexos de Pd(II) sempre apresentam campo forte, e dessa forma o estado de spin não é afetado pela protonação do anel macrocíclico, como no caso do níquel(II). Feigl observou que, na presença de Pd(II), a mancha vermelha de $[Ni(Hdmg)_2]$ torna-se resistente aos vapores de ácido, e soube explorar esse fato para desenvolver um teste analítico para esse elemento. A hipótese inicial era que o complexo de $[Pd(Hdmg)_2]$ formaria uma película protetora sobre o complexo de Ni(II). Na realidade, o complexo de paládio exerce o efeito de proteção depositando-se sobre os terminais dos fios dos complexos de níquel, bloqueando, dessa forma, o ataque de ácido.

Reagentes sulfurados

A presença de enxofre introduz um caráter mole nos ligantes, favorecendo a coordenação dos metais intermediários e moles, e em particular, dos metais pesados. O número e variedade de ligantes sulfurados é bastante grande.

O ligante mais simples é o H_2S ($pK_a = 7$ e 13,9), um gás fétido e tóxico que forma sulfetos metálicos geralmente insolúveis com os elementos de transição e metais pesados. A substituição de um H por um radical orgânico dá origem aos organo-tióis, R—SH, que são fortes agentes complexantes e vêm sendo cada vez mais aplicados em nanotecnologia, pela facilidade com que se ligam às superfícies de ouro.

Nos sistemas biológicos, o grupo R—SH está presente na cisteína e na homocisteína, e faz a interligação entre as cadeias proteicas formando pontes de dissulfeto —S—S—. Também está presente em biomoléculas conhecidas como metalotioneínas, que são importantes para o transporte e regulação de íons metálicos livres como o Zn^{2+} e Cu^{2+} no organismo. As metalotioneínas são proteínas de baixo peso molecular, em torno de 7.000, com cerca de 30% de cisteína em sua constituição. No caso de intoxicação por metais pesados como Cd^{2+} e Hg^{2+} a biossíntese das metalotioneínas é estimulada para proteger o organismo contra esses elementos tóxicos (consultar volume 6 desta coleção).

Alguns quelantes importantes com grupos tióis são os seguintes:

tioglicol   dimercaptopropanol (BAL)   ácido tioglicólico

penicilamina   tionalida

Nesses exemplos, o dimercaptopropanol já foi usado na defesa dos soldados contra o gás de guerra (Lewisite) diclorovinilarsênio, e identificado pela sigla BAL (*British Anti-Lewisite*). Esse composto coordena-se ao arsênio (vide esquema), formando um complexo estável, diminuindo sua ação tóxica e prolongando a vida até o atendimento médico hospitalar.

No tratamento de casos de intoxicação com metais pesados, diversos reagentes sulfurados têm sido empregados, destacando-se a penicilamina e a tionalida, que são bons complexantes e relativamente bem tolerados pelo organismo.

Complexantes sulfurados para uso industrial incluem as tiocarbazonas, e, em especial, a ditizona (Tabela 7.12).

difenilcarbazona

difeniltiocarbazona (ditizona)

Outro complexante muito importante é a ditio-oxamida, ou ácido rubiânico. Essa molécula bastante simples tem um pK_a = 11,33, e forma complexos poliméricos insolúveis com os íons de metal de transição, apresentando ampla variedade de cores. A reação pode ser empregada em *spot tests* sobre papel, na presença de vapores de amônia, para a identificação dos íons metálicos, principalmente Co(II), Ni(II) e Cu(II). A estrutura dos complexo é do tipo polimérico, como ilustrado no esquema.

Os ditiocarbamatos são complexantes sulfurados de grande importância na indústria, principalmente pelo baixo custo. Esses ligantes são obtidos na reação de aminas secundárias, como a dietilamina, com dissulfeto de carbono, CS_2. Algumas constantes de estabilidade representativas estão mostradas na Tabela 7.12.

Tabela 7.12 – Constantes de estabilidade (log$K$) para complexos com ligantes sulfurados									
		Mn^{2+}	Fe^{2+}	Co^{2+}	Ni^{2+}	Cu^{2+}	Zn^{2+}	Pb^{2+}	Ag^+
dietilditio-carbamato	β_1								9,75
	β_2				12,9	8,80	11,6	18,3	
	β_3		11,34	14,40					
ditizona	β_1	4,94	4,78	7,52	7,42	9,35	6,93	12,46	6,98
	β_2	9,55	8,99	13,97	14,17	19,18	13,96	19,15	

Indicadores complexantes

Corantes modificados com grupos complexantes podem ser usados para a detecção de íons metálicos, e como indicadores em titulações complexométricas com EDTA. Para essa finalidade, os reagentes devem formar complexos relativamente estáveis com os íons metálicos de interesse, porém mais fracos que os complexos correspondentes com EDTA, para serem deslocados por ele. Outro requisito é que os corantes, na forma complexada e livre, tenham cores distintas, permitindo sinalizar o ponto final da titulação pela viragem da cor.

$$M\text{-Ind} + EDTA \rightarrow M\text{-EDTA} + Ind$$

O uso de corantes é particularmente útil na deteção de elementos metálicos representativos, como os metais alcalino-terrosos, alumínio e gálio, além das terras raras, por meio das mudanças cromáticas após a complexação. Isso é relevante, pois os elementos com configuração de camada completa não formam complexos com interações de transferência de carga, que são geralmente responsáveis pelas cores características dos complexos de metais de transição.

Entre os vários tipos de corantes complexantes, existe uma classe bastante numerosa derivada do trifenilmetano. Um exemplo típico é o aluminon.

Aluminon

Diversos substituintes podem ser introduzidos nas posições 1, 2, 3, 4 e 5, para modificar os padrões de complexação ou de coloração dos complexos.

Outra classe importante de indicadores é formada pelos azo-corantes, cuja estrutura típica está pode ser exemplificada pelo eriocromo(R),

Eriocromo R

Variações nesses corantes podem ser introduzidas no posicionamento dos anéis aromáticos 1 e 2, e mudando os tipos de grupos funcionais como substituintes nos anéis.

A alizarina proporciona outra classe importante de indicadores, que permite muitas variações, introduzindo substituintes nos anéis aromáticos.

Alizarina R

Essa série de corantes tem uma importância histórica, desde a sua síntese por Heinrich Caro (1834-1910), que fez deslanchar a BASF logo após a sua criação, em 1861, marcando o fim da indústria extrativa de corantes e o início da indústria química sintética, moderna.

Outro corante interessante é o íon rodizonato.

íon rodizonato

Esse corante apresenta uma tonalidade laranja-vermelho-marrom, e tem sido usado na química forense para detectar íons de Pb^{2+} nos testes balísticos, provenientes dos detonantes nas cápsulas (azoteto de chumbo) e dos resíduos gerados pelo atrito dos projéteis de chumbo com o cano da arma. Quando aplicado em papel de filtro, a cor original alaranjada torna-se púrpura na presença de Pb^{2+}. Na presença de vapores de ácido, a coloração torna-se intensamente azulada, confirmando a presença desse elemento. O teste também é positivo para Ba^{2+}. O reagente, embora seja estável na forma sólida, decompõe-se lentamente em solução.

CAPÍTULO 8

CINÉTICA E MECANISMOS DE REAÇÃO EM COMPOSTOS DE COORDENAÇÃO

Além da questão energética, já abordada no Capítulo 7, as reações químicas também precisam ser consideradas no domínio do tempo. Na realidade, esse é o aspecto mais interessante, que confere dinamismo ao nosso mundo. A linguagem envolvida é dada pela cinética química. Ela descreve como os reagentes se modificam em função do tempo, em termos energéticos e estruturais. Essa descrição fica facilitada com o auxílio da Teoria do Estado de Transição, e da superposição das curvas de potencial dos reagentes e produtos, como mostrado na Figura 8.1.

A Teoria do Estado de Transição foi proposta por Henry Eyring em 1935, e está focada no ponto de cruzamento

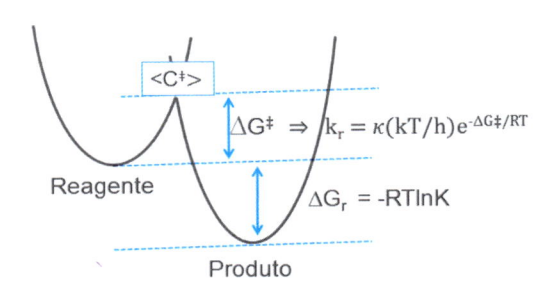

Figura 8.1
Representação da Teoria do Estado de Transição (Eyring), mostrando o complexo ativado ($<C^+>$), a energia livre de ativação ($\Delta G^{\ddagger}$) e a variação de energia livre de reação, ΔG_r.

das curvas de potencial. É nesse ponto que as funções de onda dos reagentes e produtos se encontram, estabelecendo alguma comunicação eletrônica entre si. Como resultado é gerado um estado de transição, $<C\ddagger>$, através do qual a energia pode fluir entre os reagentes e produtos, fazendo acontecer a reação. Quando o estado de transição é acessado com a própria energia térmica existente no sistema, o processo é dito adiabático. Para isso, o estado de transição deve ser acessível em termos da partição da energia térmica, regulada por kT, onde $k =$ é a constante de Bolzmann.

Eyring considerou o estado de transição, em equilíbrio com o estado fundamental, para poder aplicar o tratamento termodinâmico em termos da variação de energia livre:

$$\text{Reagente} \rightleftharpoons <C\ddagger> \qquad K^{\ddagger} = e^{-\Delta G^{\ddagger}/RT}.$$

Em regime adiabático, o decaimento do complexo ativado até o produto é ativado pelo movimento dos átomos, e isso pode ser expresso por uma frequência vibracional $\nu = kT/h = 6{,}21 \times 10^{12}\ \text{s}^{-1}$, ($h =$ constante de Planck).

Dessa forma, a constante de velocidade que descreve a transformação

$$\text{reagente} \rightleftharpoons <\text{complexo ativado}> \rightarrow \text{produto}$$

é dada pelo produto das duas constantes, $k_r = \nu \cdot K^{\ddagger}$ ou

$$k_r = (kT/h)e^{-\Delta G^{\ddagger}/RT}$$

Considerando que $\Delta G^{\ddagger} = \Delta H^{\ddagger} - T\Delta S^{\ddagger}$,

$$k_r = \kappa(kT/h)e^{-\Delta H^{\ddagger}/RT}\, e^{\Delta S^{\ddagger}/R}.$$

Nessa equação, foi introduzido um coeficiente de transmissão κ, que é igual a 1 para sistemas adiabáticos. A importância desse coeficiente será discutida mais adiante.

Na forma logarítmica, a equação se converte em

$$R\ln(kT/h) = R\ln(k/h) + \Delta S^{\ddagger} - \Delta H^{\ddagger}/T$$

e pode ser utilizada na determinação dos parâmetros de ativação $\Delta H^{\ddagger}$ e $\Delta S^{\ddagger}$, a partir do gráfico linear de $R\ln(k_r/T)$ *versus* $1/T$.

Figura 8.2
Henry Taube, nascido em Neudorf (Canadá) em
1915, doutorou-se na Universidade de Berkeley,
sob orientação de William Bray. Foi professor
das universidades de Cornell, Chicago e Stanford.
Desenvolveu pesquisas importantes em cinética
e mecanismos de reações inorgânicas, criando o
conceito de labilidade e inércia, e desvendando a
natureza dos processos de transferência de elétrons em
solução. Mostrou a importância da retrodoação nos
complexos, inovou a química do rutênio e ósmio e
desenvolveu conceitos importantes sobre os fenômenos
intervalência. Foi um dos químicos inorgânicos
de maior expressão no século passado. Contribuiu
decisivamente para o desenvolvimento e a renovação
da Química brasileira na década de 1970, por meio do
programa de cooperação NAS/CNPq, criando fortes
laços de cooperação e amizade que perduraram até
a sua morte, em 2005. Recebeu o Prêmio Nobel de
Química de 1983, e entre suas homenagens brasileiras
está a Comenda Grã-Cruz da Ordem Nacional do
Mérito Científico, da Presidência da República.

Cinética de troca de solvente

Seguindo a mesma abordagem utilizada no tratamento termodinâmico para os complexos em solução, vamos considerar o que acontece com o íon solvatado no domínio do tempo.

Na metade do século passado, com a disponibilidade dos isótopos em decorrência da era nuclear, os trabalhos de substituição isotópica ganharam muita força, impulsionando os estudos de mecanismos de reação. Reagentes marcados isotopicamente eram misturados em solução, e amostras eram coletadas em diferentes tempos, para serem analisadas em termos da distribuição dos isótopos entre os reagentes e produtos. As primeiras medidas de velocidade de troca do solvente entre a esfera interna e a esfera externa de coordenação foram obtidas dessa forma, e a racionalização do comportamento substitucional nos complexos foi feita por Taube em 1949 (Figura 8.2).

Taube foi o primeiro a reconhecer que os complexos com configuração eletrônica de "camada interna estável", como $3d^3$ e $3d^6$ (spin baixo), tinham um comportamento cinético mais lento em processos de substituição. Os complexos $3d^6$(spin baixo) eram denominados, segundo a linguagem da Teoria da Valência, de *inner complexes*. Mais tarde, com a disseminação da Teoria de Campo Ligante, passaram a ser rotulados como complexos de campo forte. A primeira teoria que permitiu racionalizar o comportamento cinético dos íons metálicos foi formulada por Taube, fazendo a diferenciação entre lábeis e inertes. Desde então, labilidade e inércia passaram a ser conceitos cinéticos relacionados com velocidades de substituição.

De acordo com Taube, os íons inertes apresentam velocidades de substituição mais lentas que 1 s, e, portanto, podem ser monitorados na escala de tempo convencional. Os íons lábeis reagem em tempos inferiores a 1 s, e a monitoração de suas reações exige o uso de instrumental adequado, como as técnicas de mistura rápida e de fluxo interrompido (*stopped-flow*) ainda bastante utilizadas atualmente.

Na década de 1960 foram feitos os primeiros estudos de relaxação química com aplicação de ultrassom, principalmente por Manfred Eigen (Prêmio Nobel de Química de 1967). As ondas de ultrassom já eram utilizadas nos sonares dos navios e submarinos para detecção de objetos submersos, com base nos sinais refletidos por eles. Algumas frequências eram problemáticas, indicando absorção pelos constituintes da água do mar. Eigen reproduziu essas medidas no laboratório, utilizando soluções de diversos sais metálicos, mostrando que as frequências de absorção de ultrassom apresentavam geralmente dois máximos, um por volta de 10^9 s^{-1} e outro variável, dependendo da natureza do elemento.

Para explicar o fenômeno, Eigen considerou que as ondas de ultrassom provocam oscilações periódicas de pressão e temperatura locais, e podem interferir nos processos em equilíbrio, pois as constantes K e as energias livres são funções de estado. Para que isso ocorra, as constantes cinéticas k_1 e k_{-1} associadas ao equilíbrio ($K_{eq} = k_1/k_{-1}$) devem ter a mesma frequência ou velocidade que as ondas de ultrassom. Quando isso acontece, a reação química passa a oscilar em ressonância com o ultrassom, ou seja, o equilíbrio é perturbado. Cada pulso de onda desloca o equilíbrio, que volta a relaxar para a condição inicial, quando a onda passa. Por isso, a técnica é conhecida como de relaxação.

O modelo proposto por Eigen está ilustrado na Figura 8.3. O máximo de absorção de ultrassom que ocorre por volta de 10^9 s^{-1} foi associado à entrada e saída do solvente na esfera externa de coordenação e formação do par iônico entre o cátion e ânion existente. Essa frequência é muito próxima da velocidade de difusão das moléculas do solvente, no meio líquido, que é da ordem de 10^9 a 10^{10} s^{-1}, e praticamente não varia com a natureza do íon metálico. No caso de íons em em solução aquosa, a constante de velocidade difusional é um pouco mais alta, chegando a 10^{11} s^{-1}.

O segundo máximo observado, que varia em toda a escala de frequência de ultrassom, depende da natureza do íon metálico e foi interpretado por Eigen como decorrente do processo de saída de solvente da esfera interna de coordenação e entrada do ligante, formando o complexo. Essa constante expressa o comportamento lábil-inerte proposto por Taube.

Atualmente, os estudos de relaxação são realizados principalmente com o auxílio de técnicas espectroscópicas, como ressonância nuclear magnética. A observação dos sinais químicos dos elementos depende da absorção de energia nas frequências das ondas de rádio pelos spins nucleares e da velocidade com que essa energia é dissipada ou relaxada. Quando há ressonância, a energia é absorvida e dissipada rapidamente, de forma contínua, dando origem

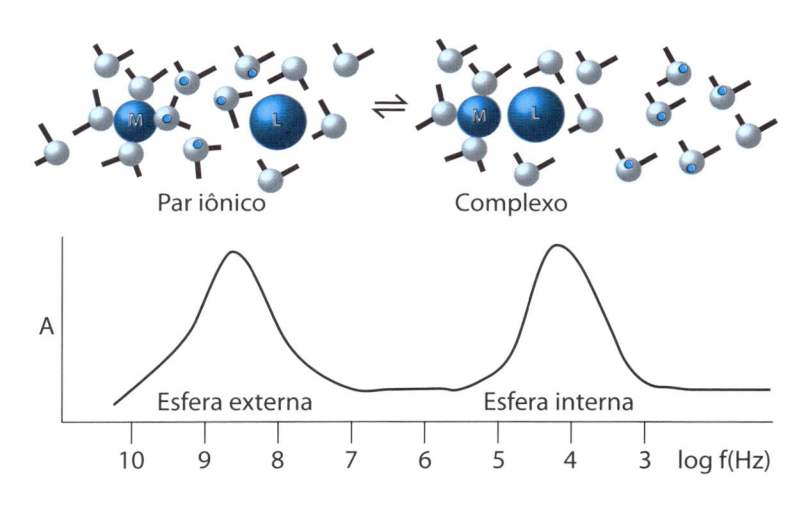

Figura 8.3
Espectro de relaxação de ultrassom de íons metálicos em solução aquosa, junto com os processos ao nível da esfera externa (formação do par iônico) ou da esfera interna (formação do complexo).

a um sinal que pode ser medido com alta precisão. Uma das formas de relaxação de spin nuclear se dá por meio da troca das moléculas do solvente ao redor. Isso pode ser observado pela largura da banda espectral, e sua análise permite calcular a constante de velocidade de troca do solvente na esfera interna de coordenação.

A Figura 8.4 reúne as constantes de troca de solvente (água) conhecidas para os íons metálicos, medidos por diferentes técnicas.

Um fato curioso na Figura 8.4 é a ampla faixa de variação das constantes de velocidade de troca de solvente, cobrindo o intervalo de 10^{-8} a 10^{10} s^{-1}. A variação do espectro de frequências (ou velocidades) em 18 ordens de grandeza é algo realmente impressionante a ser considerado na escala das transformações químicas. Por exemplo, na mesma escala relativa de tempo (s), ela equivale ao tempo de existência do universo (12,7 bilhões de anos = 10^{18} s)!

A racionalização dos dados cinéticos, mostrados na Figura 8.4, pode ser feita com base em considerações de natureza carga/raio e dos efeitos de campo ligante. Na Figura 8.5, essas constantes (em valores logarítmicos) estão sendo representadas em função da relação carga/r_{hid}^{3}. Essa relação

Figura 8.4
Distribuição das constantes de velocidade de troca de solvente para os íons metálicos.

Constantes de velocidade de troca de solvente (água) coordenado

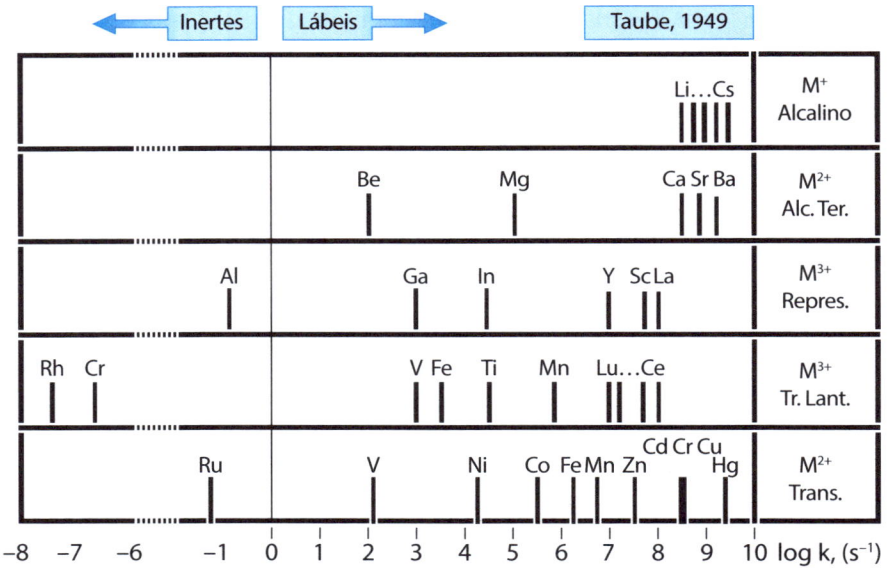

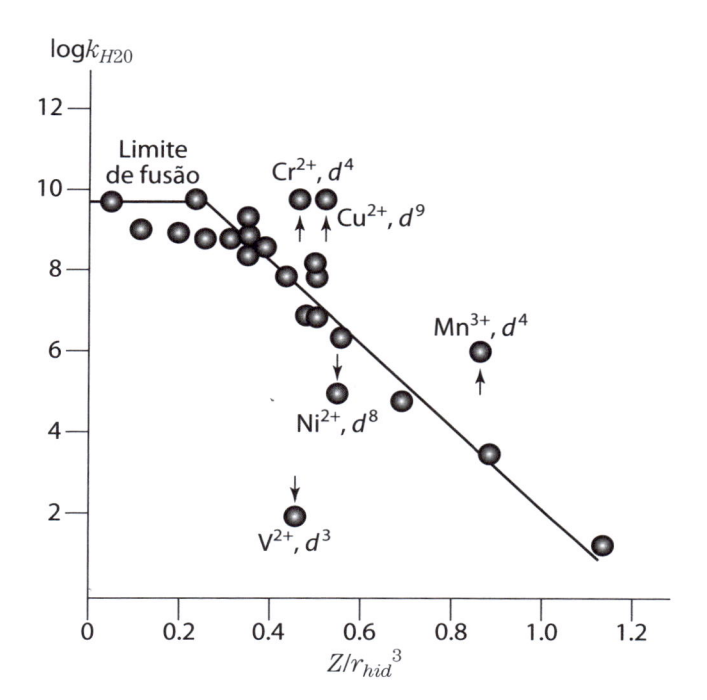

Figura 8.5
Variação das constantes de velocidade de troca de solvente em função da relação carga/r_{hid}^3.

é mais conveniente para efeitos de correlação, pois o uso de r^3 expressa uma distribuição de carga por volume. Note-se que o volume de uma esfera é igual a $(4/3)\pi r^3$. O raio hidratado foi considerado a soma do raio iônico e o raio do oxigênio (0,085 nm).

Como pode ser visto na Figura 8.5, a maioria dos íons metálicos segue um comportamento linear com respeito a Z/r_{hid}^3, mostrando a importância do efeito da polarização eletrônica exercida pelo íon metálico central na velocidade de saída do ligante coordenado. Íons com alta relação Z/r_{hid}^3 exercem maior atração sobre o par de elétrons da água, dificultando sua saída da esfera de coordenação. Por isso, íons como $A\ell^{3+}$ ($r = 0,053$ nm) apresentam uma cinética nove ordens de grandeza menor (mais lenta) em relação ao La^{3+} ($r = 1,20$ nm).

Entretanto a elevada inércia dos íons de $Cr^{3+}(3d^3)$, $Rh^{3+}(4d^6)$, e $Ru^{2+}(4d^6)$ não pode ser explicada pela relação Z/r_{hid}^3. Os desvios são tão grandes que não se enquadram na escala da Figura 8.5. O mesmo acontece com os íons de $Ni^{2+}(3d^8)$ e de $V^{2+}(3d^3)$. Essas configurações são caracterizadas por uma elevada energia de estabilização de campo ligante, como já visto no Capítulo 4.

Por outro lado, os íons de $Cu^{2+}(3d^9)$, $Cr^{2+}(3d^4)$ e $Mn^{3+}(3d^4)$ são mais lábeis que o previsto pela relação Z/r_{hid}^3, indicando a participação de um novo efeito. De fato, essas configurações são afetadas pelo Efeito Jahn–Teller, que provoca um alongamento na direção axial, facilitando portanto a saída do ligante nessa posição.

Sob o ponto de vista da Teoria de Campo Ligante também é possível fazer uma interessante previsão da tendência lábil ou inerte, em função da comparação das variações das energias de estabilização para o complexo ativado, em relação ao complexo inicial.

Esse tipo de análise foi feito por Orgel, por meio do cálculo dos diagramas de desdobramento dos níveis de energia do íon metálico, supondo as simetrias D_{5h} e C_{4v}, para as geometrias dos complexos ativados envolvidos nos mecanismos associativo (A) e dissociativo (D), conforme ilustrado na Figura 8.6.

Os cálculos das energias de estabilização de campo ligante para o complexo octaédrico de partida e os respectivos estados de transição estão mostrados na Tabela 8.1.

Nessa análise, é importante considerar a energia de estabilização de campo ligante, $EECL$, para o complexo octaédrico de partida, e os valores correspondentes para os estados de transição possíveis. Quando o estado de transição for mais estabilizado pelo campo ligante que o complexo de partida, a energia de ativação $\Delta G^{\ddagger}$ será menor, e a reação será mais rápida. Portanto o complexo será mais lábil do que o esperado sem a contribuição da $EECL$. Quando o reagente for mais estabilizado que os complexos ativados, o complexo será mais inerte. Essa lógica prevê que o campo ligante contribui para a labilidade dos íons d^1, d^2, d^4, d^6, d^7 e d^9 em situação de campo fraco, e provoca um maior grau de inércia para os íons de configuração d^3 e d^8 (campo fraco). Na situação de campo forte, considerou-se um emparelhamento parcial dos elétrons, em decorrência da distorção da geometria no complexo ativado. A análise das $EECL$ mostrada na Tabela 8.1 prevê um caráter inerte para os complexos d^5 e d^6 de campo forte, e um caráter mais lábil para os íons d^4 e d^7.

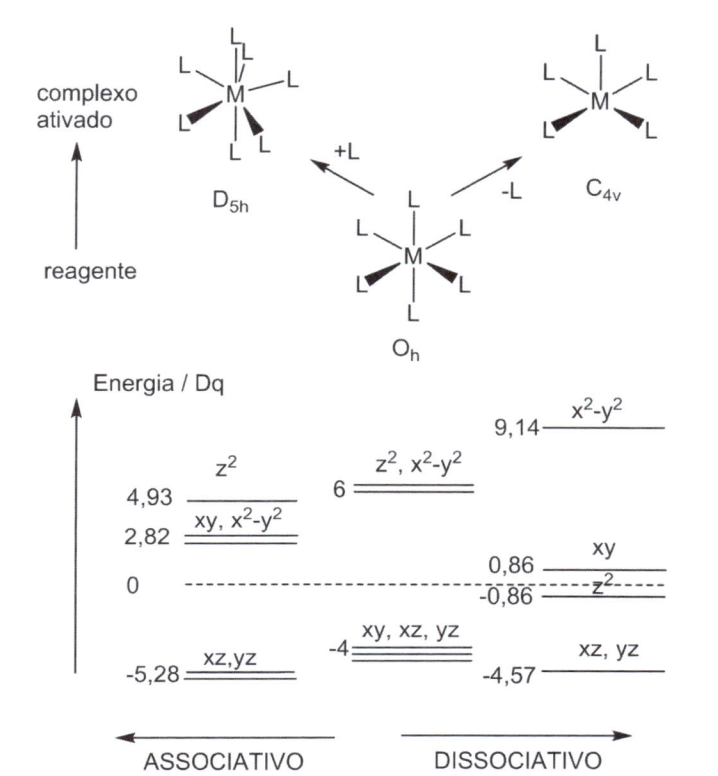

Figura 8.6
Diagramas de desdobramento das energias de campo ligante para o complexo octaédrico de partida (O_h) e os respectivos complexos ativados, de simetria D_{5h} e C_{4v}.

Tabela 8.1 – Contribuição das energias de estabilização de campo ligante (*EECL*) para o caráter lábil/inerte dos complexos

Campo fraco	EECL D_{5h}/Dq	EECL O_h/Dq	EECL C_{4v}/Dq	Caráter relativo
$d^{0,5,10}$	0	0	0	
$d^{1,6}$	5,28	4	4,57	+ lábil
$d^{2,7}$	10,56	8	9,14	+ lábil
$d^{3,8}$	7,74	12	10,0	+ inerte
$d^{4,9}$	4,93	6	9,13	+ lábil
Campo forte				
d^4	13,02	16	14,57	+ lábil
d^5	18,30	20	19,14	+ inerte
d^6	15,48	24	20,00	+ inerte
d^7	12,66	18	19,14	+ lábil

Mecanismos de substituição em complexos octaédricos

Os mecanismos de reações de substituição nos compostos de coordenação foram intensamente estudados nas décadas passadas, com os trabalhos de Taube, Basolo, Pearson, Gray, Langford e outros. Os mecanismos foram praticamente consolidados na abordagem de Eigen e Wilkins, incorporando o modelo de solvatação com a troca de solvente ou ligantes na esfera externa de coordenação, como está sendo adotado neste texto.

Os mecanismos aceitos atualmente são do tipo Dissociativo (D), Intercâmbio (I) ou Associativo (A), e essa notação tem substituído a antiga denominação SN1 ou SN2, derivada de substituição nucleofílica de primeira ou segunda ordem, mais utilizada em sistemas orgânicos.

Nos mecanismos dissociativos (D) a etapa determinante é estabelecida pelo afastamento do ligante até o ponto de ruptura da ligação, praticamente já ao nível da esfera externa do complexo. O afastamento do ligante implica o aumento do volume do complexo no estado de transição, ou seja, $\Delta V^{\ddagger} > 0$, como mostrado na Figura 8.7.

Figura 8.7
Estereoquímica de um processo de substituição dissociativa.

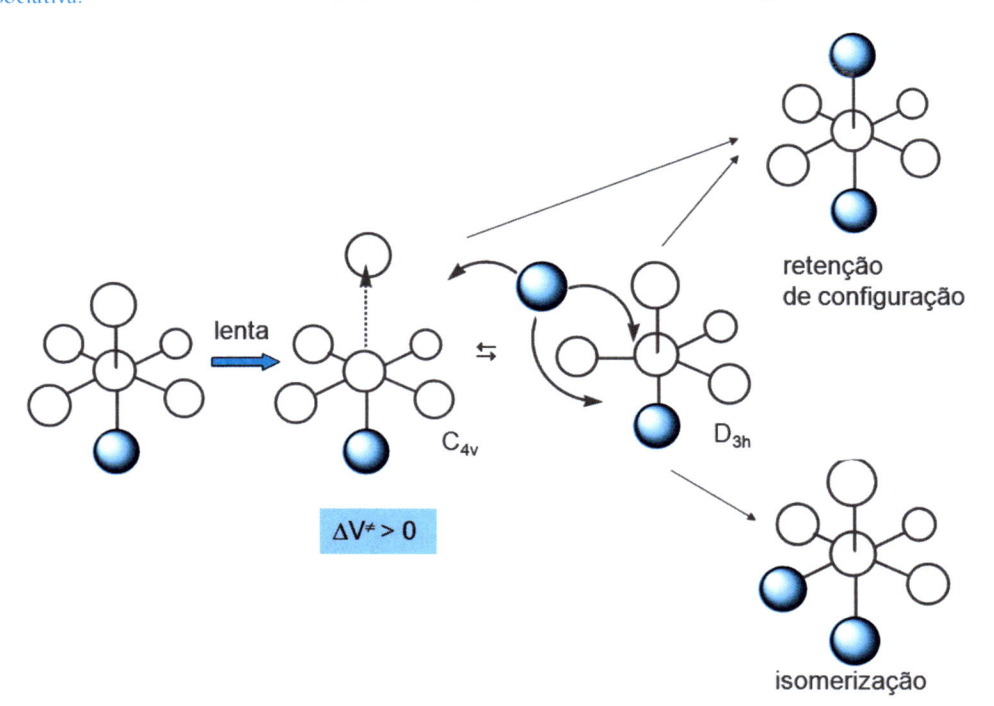

Dependendo da natureza do complexo, é possível que o estado de transição inicialmente gerado com a configuração pirâmide quadrada incorpore o ligante que se aproxima, preenchendo o sítio vago pelo ligante de saída. Nesse caso, a configuração espacial é mantida, ou seja, há retenção de configuração, como indicado no esquema. Porém, também é possível que o estado de transição sofra um rearranjo rápido para uma configuração mais simétrica, como forma de minimizar as forças de repulsão ou estéricas que ocorrem nesse espaço estereoquímico. A simetria mais favorável nesse caso é a bipirâmide trigonal, D_{3h}. Nessa situação, o ligante de entrada pode se aproximar tanto no plano superior como no inferior do complexo ativado, levando à retenção ou isomerização estrutural em relação ao complexo de partida. Isso pode ser constatado, por exemplo, por meio da marcação isotópica de um dos ligantes presentes. Dessa forma, a ocorrência de isomerização pode ser um indicativo do rearranjo estrutural que pode ter acontecido no estado de transição do processo dissociativo.

Substituição nos complexos $[Fe^{II}(CN)_5L]^{3-}$

Os melhores exemplos de complexos octaédricos que seguem o padrão dissociativo são dados pela série pentacianoferrato(II), $[Fe^{II}(CN)_5L]^{n-}$. Esses complexos têm uma simetria pseudo-octaédrica, com cinco ligantes cianeto fortemente ligados ao íon de ferro(II), estabilizado na condição de baixo spin. O sexto ligante L representa o sítio de coordenação mais fraco ou lábil no complexo.

No caso do complexo $[Fe(CN)_5H_2O]^{3-}$ o ligante H_2O coordenado é relativamente lábil e sofre troca rápida com ligantes mais fortes como amônia, piridina, pirazina, dimetilsulfóxido, monóxido de carbono etc.

$$[Fe(CN)_5H_2O]^{3-} + L \rightarrow [Fe(CN)_5L]^{3-} + H_2O$$

Os complexos formados, principalmente com os ligantes *N*-heterocíclicos, são intensamente coloridos, e a cinética pode ser acompanhada espectrofotometricamente, porém com o auxílio de técnicas rápidas, com detecção na faixa de milissegundos.

A cinética, nesse caso, segue um padrão típico de segunda ordem,

$$d[\text{Fe(CN)}_5\text{L}]/dt = k[\text{Fe(CN)}_5\text{H}_2\text{O}][\text{L}].$$

Esse tipo de lei de velocidade é bastante geral e não fornece um diagnóstico imediato do mecanismo envolvido na reação. Contudo a compilação dos resultados na Tabela 8.2 é bastante informativa.

Tabela 8.2 – Constantes de velocidade de substituição no complexo $[\text{Fe(CN)}_5\text{H}_2\text{O}]^{3-}$

Ligante	k/mol^{-1}L s^{-1}	$\Delta H^{\ddagger}$/kJ mol^{-1}	$\Delta S^{\ddagger}$/J·mol^{-1}K^{-1}	$\Delta V^{\ddagger}$/cm^3 mol^{-1}
NH$_3$	365	61	8	
piridina	360	65	25	
pirazina	380	64	21	
dimetilsulfóxido	370	64	8	
CO	310	63	12	
CN$^-$	30	76	46	+ 13,5
N-metil pirazínio	550	70	41	

Nessa Tabela, é possível notar que, para os ligantes neutros, as constantes de velocidade são muito semelhantes, da ordem de 360 mol^{-1} L s^{-1}, o mesmo acontecendo com a entalpia de ativação, independentemente de sua natureza química e basicidade, a qual varia por mais de nove ordens de grandeza. As variações nas entropias de ativação são sempre positivas, indicando uma tendência de aumento no número de partículas, com a saída do ligante H$_2$O coordenado compensado em parte pela aproximação do ligante L na esfera externa do complexo.

Quando os ligantes L apresentam carga negativa, sua presença da esfera externa de coordenação é diminuída pelas forças de repulsão eletrostática com o íon $[\text{Fe(CN)}_5\text{H}_2\text{O}]^{3-}$ e isso leva a uma diminuição na constante de velocidade da reação. Efeito oposto é exercido por ligantes, como o íon N-metil pirazínio, MPz$^+$, que são atraídos eletrostaticamente, e têm uma concentração efetiva maior na esfera externa de coordenação.

No caso do ligante CN^- foi medido o volume de ativação por meio de técnicas cinéticas com variação de pressão, sendo $\Delta V^{\ddagger} = + 13,5 \text{ cm}^3 \text{ mol}^{-1}$. Esse valor pode ser comparado ao volume molar da água = $18 \text{ cm}^3 \text{ mol}^{-1}$. Isso significa que, no complexo ativado, o ligante H_2O estaria pelo menos 75% afastado de seu sítio de coordenação, deixando-o praticamente vago para a entrada de outro ligante.

As cinéticas observadas para os complexos $[Fe(CN)_5L]^{3-}$ ($L \neq H_2O$) na presença de ligantes atacantes (A) fornecem evidências mais contundentes do mecanismo dissociativo.

O padrão observado para as constantes de velocidade de reação mostram um comportamento de saturação com o aumento da concentração do ligante atacante A, como ilustrado na Figura 8.8. Esse comportamento pode ser descrito por um mecanismo envolvendo a saída do ligante L, governado pela constante de velocidade de dissociação k_{-L}, conforme está resumido no esquema cinético da Figura 8.8.

Nesse sistema, a derivação da constante de velocidade em regime cinético de estado estacionário para o intermediário $[Fe(CN)_5]^{3-}$ é dada por uma equação de quatro termos, como indicado na Figura 8.8. Por meio dessa equação é possível ver que, quando a concentração de A

Figura 8.8
Comportamento cinético típico observado para as reações de substituição nos complexos $[Fe(CN)_5L]^{3-}$ pelo ligante atacante A, mostrando a lei de velocidade correspondente.

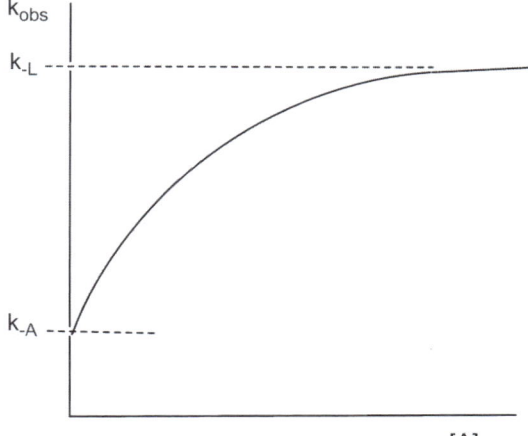

$$[Fe(CN)_5L]^{3-} \underset{k_L}{\overset{k_{-L}}{\rightleftharpoons}} [Fe(CN)_5]^{3-} + L$$

$$[Fe(CN)_5]^{3-} + A \underset{k_{-A}}{\overset{k_A}{\rightleftharpoons}} [Fe(CN)_5A]^{3-}$$

$$k_{obs} = \frac{k_{-L}\, k_A\, [A] + k_{-A}k_L\, [L]}{k_A\, [A] + k_L\, [L]}$$

Quando $[A] >> [L] \quad k_{obs} = k_{-L}$

$[A] << [L] \quad k_{obs} = k_{-A}$

é muito alta em relação a [L], a constante de velocidade se reduz a k_{-L} e a curva tende ao perfil de saturação observado experimentalmente. Por meio dessa curva é possível obter k_{-L}. Por outro lado, quando a concentração de A tende a zero, a constante de velocidade tende a k_{-A}. As demais constantes k_L e k_A podem ser obtidas diretamente das cinéticas de formação a partir do complexo de $[Fe(CN)_5H_2O]^{3-}$ ou por meio de tratamento matemático de ajuste de curvas. Dessa forma todas as constantes cinéticas k_L, k_L, k_A, k_{-A} podem ser resolvidas nesse sistema, fornecendo ainda as constantes de equilíbrio, dadas por $K_L = k_L/k_{-L}$ e $K_A = k_A/k_{-A}$.

Uma seleção de constantes de velocidade e constantes de equilíbrio para os complexos de $[Fe(CN)_5L]^{3-}$ pode ser vista na Tabela 8.3.

Tabela 8.3 – Constantes de velocidade e de equilíbrio para complexos $[Fe(CN)_5L]^{3-}$

L	k_{-L}/s^{-1}	$\Delta H^{\ddagger}/kJ\ mol^{-1}$	$\Delta S^{\ddagger}/J\ mol^{-1}K^{-1}$	$K = k_L/k_{-L}\ mol^{-1}$
NH_3	$1,75 \times 10^{-2}$	93	33	$2,08 \times 10^4$
piridina	$1,10 \times 10^{-3}$	103	46	$3,27 \times 10^5$
pirazina	$4,2 \times 10^{-4}$	110	58	$9,0 \times 10^5$
dmso	$7,5 \times 10^{-5}$	111	46	$4,9 \times 10^6$
CN^-	7×10^{-9}	127	25	$4,2 \times 10^9$
N-metilpirazínio	$2,8 \times 10^{-4}$	115	75	$1,96 \times 10^6$

Nota: Os valores de k_L foram extraídos da Tabela 8.2.

A partir das Tabelas 8.2 e 8.3, também é possível obter os parâmetros termodinâmicos para as constantes de equilíbrio de formação dos complexos. Esse sistema reproduz perfeitamente o padrão dissociativo, permitindo compor, de forma bastante clara, um quadro cinético típico para esse mecanismo.

Substituição nos complexos de [Ru^{III}(edta)H$_2$O]$^-$

Mecanismos de substituição associativa são relativamente raros em complexos octaédricos. Teoricamente, nos mecanismos associativos considera-se etapa determinante o ataque do ligante previamente alojado na esfera externa do complexo a um sítio vazio ou estereoquimicamente disponível na esfera de coordenação. Com isso, há um aumento instantâneo no número de coordenação, de 6 para 7, do estado de transição. No caso de troca de solvente, todos os ligantes coordenados são equivalentes e a geometria mais provável para o número de coordenação 7 é a bipirâmide pentagonal, D_{5h}. Considerando-se o volume inicial ocupado pelo ligante na esfera externa, somado ao volume do complexo, a formação do estado de transição associativo implica uma redução de volume, ou $\Delta V^{\ddagger} < O$.

O exemplo mais bem caracterizado de substituição associativa em complexos octaédricos é fornecido pelo sistema [Ru^{III}(edta)H$_2$O]$^{3-}$. Assim como os complexos [Fe(CN)$_5$L]$^{3-}$, esse sistema é bastante especial e merece ser discutido. Nele, um dos grupos carboxilato do edta encontra-se livre, pois, em virtude do elevado raio do íon metálico, a coordenação pelos seis pontos do ligante é pouco favorável. Dessa forma o sexto ponto de coordenação passa a ser ocupado por uma molécula de água, proveniente do solvente. A modelagem teórica desse complexo, bem como os dados cristalográficos, têm mostrado que a água coordenada interage por meio de ligações de hidrogênio com o grupo carboxilato livre. Isso facilita sua saída e amplia o espaço livre para o ataque de um ligante A, situado na esfera externa, como mostrado no esquema:

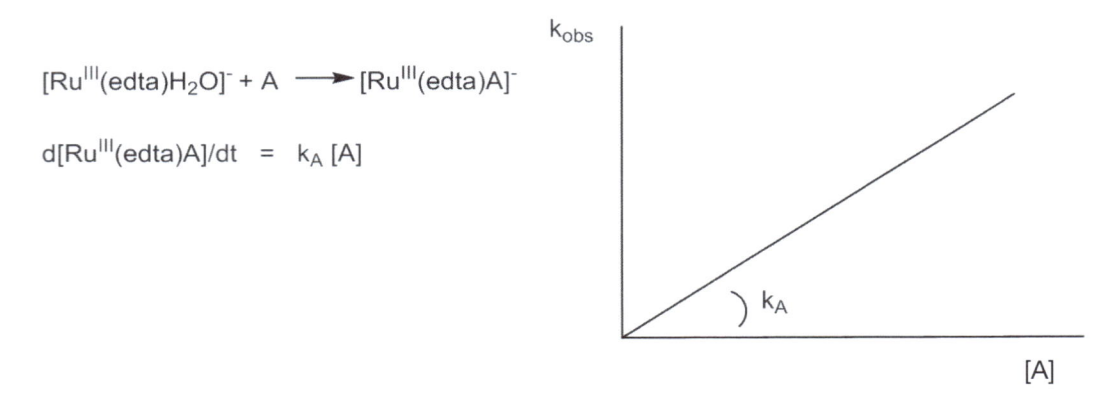

$$[Ru^{III}(edta)H_2O]^- + A \longrightarrow [Ru^{III}(edta)A]^-$$

$$d[Ru^{III}(edta)A]/dt = k_A [A]$$

Figura 8.9
Esquema cinético típico
de um processo de
substituição associativa.

Essa configuração específica adotada pelo complexo favorece o ataque do ligante, que passa a dirigir o processo, de acordo com sua facilidade de interagir com os orbitais do íon metálico central, isto é, Ru(III). Estabelece-se, dessa forma, um mecanismo geralmente associativo, no qual a etapa determinante é a entrada do ligante atacante.

O padrão cinético do mecanismo associativo é de segunda ordem, no qual a constante de velocidade da reação cresce proporcionalmente com a concentração do ligante atacante, como esquematizado na Figura 8.9.

O comportamento de segunda ordem, entretanto, é muito genérico e insuficiente para caracterizar um mecanismo de reação. Por isso, é necessário analisar como variam as constantes de velocidade e os parâmetros de ativação, conforme mostrado na Tabela 8.4.

Tabela 8.4 – Constantes de velocidade de substituição no complexo $[Ru^{III}(edta)H_2O]^-$

Ligante	k/mol^{-1}L s^{-1}	$\Delta H^{\ddagger}$/kJ mol^{-1}	$\Delta S^{\ddagger}$/J mol^{-1}K^{-1}	$\Delta V^{\ddagger}$/cm^3 mol^{-1}
CH_3CN	30	34	−100	
$SC(NMe_2)_2$	$1{,}54 \times 10^2$	25	−107	−12,2
SCN^-	$2{,}70 \times 10^2$	37	−75	−9,6
N_3^-	$2{,}07 \times 10^3$	26	−94	−9,9
$SC(NH_2)_2$	$2{,}97 \times 10^3$	22	−105	−6,8
pirazina	$2{,}0 \times 10^4$	23	−83	

O que essa tabela nos mostra é uma grande variação das constantes de velocidade com a natureza dos ligantes, bem como dos parâmetros de ativação correspondentes. As entropias de ativação são sempre negativas, consistentes com a redução no número de partículas, conforme esperado para um processo associativo. Por outro lado, o volume de ativação é negativo, variando ligeiramente com a natureza do ligante atacante, como esperado, em função de sua inclusão, com seus diferentes tamanhos, na esfera de coordenação do rutênio(III). O comportamento observado nesse caso é bastante distinto em relação ao já descrito para o complexo $[Fe(CN)_5H_2O]^{3-}$ na Tabela 8.2, caracterizando bem um processo associativo para um complexo octaédrico.

Mecanismo de intercâmbio

Na maioria dos casos, a entrada e saída dos ligantes pode acontecer de forma concertada ou ligeiramente defasada no tempo. Essa situação descreve o mecanismo conhecido como Intercâmbio (I), o qual pode tender para o associativo (I_A) ou dissociativo (I_D), dependendo da predominância da etapa de entrada ou de saída dos ligantes. O comportamento cinético, nesse caso, é intermediário entre os dois mecanismos limites.

Substituição em complexos planares

O padrão típico de substituição em complexos planares, principalmente de platina(II), $5d^8$, é o associativo. Essas reações já vêm sendo estudadas de longa data e têm importância especial, pela relevância que apresentam na área de catálise.

Nos complexos planares, existe muito espaço disponível acima e abaixo do plano molecular para o ataque do ligante. A ausência de efeitos estéricos nos complexos planares favorece o mecanismo associativo, sem restringir entretanto a possibilidade de ocorrência em paralelo de processos dissociativos.

Nesses casos, a cinética de substituição é geralmente de segunda ordem, que por ser bastante comum, não permite, isoladamente, diagnosticar o mecanismo envolvido.

Tabela 8.5 – Constantes de velocidade e parâmetro de ativação para substituição em complexos planares de platina(II)

Complexo	Ligante	k/mol^{-1}L s^{-1}	$\Delta H^{\ddagger}$/kJ mol^{-1}	$\Delta S^{\ddagger}$/J mol^{-1}K^{-1}	$\Delta V^{\ddagger}$/cm^3 mol^{-1}
[Pt(dien)Br]$^+$	H_2O	$1,4 \times 10^{-4}$	84	–63	–10
	N_3^-	$6,4 \times 10^{-4}$	65	–71	–8,5
	piridina	$2,8 \times 10^{-3}$	46	–136	–7,7
[Pt(dien)Cℓ]$^+$	H_2O	$2,0 \times 10^{-7}$	83	–75	
	Cℓ^-	$1,4 \times 10^{-3}$	87	–16	
	N_3^-	$5,0 \times 10^{-3}$	67	–71	
	I$^-$	$1,7 \times 10^{-1}$	46	–104	
	NCS$^-$	$2,7 \times 10^{-1}$	41	–117	
	SC(NH$_2$)$_2$	$5,8 \times 10^{-1}$	35	–130	

Entretanto, a análise das constantes de velocidade e do parâmetro de ativação pode ser bastante conclusiva a respeito da ocorrência do mecanismo associativo, como pode ser visto na Tabela 8.5.

Nos exemplos listados nessa tabela, a escolha do complexo [Pt(dien)X]$^+$ foi feita para eliminar qualquer contribuição de eventuais processos paralelos, em virtude da forte coordenação dietilenodiamina, estabilizada pelo efeito quelato. Isso deixa o ligante X como a única espécie sujeita à troca com o ligante atacante, como indicado no esquema:

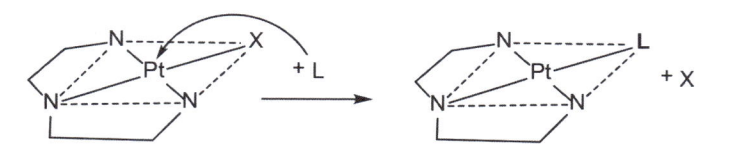

Na Tabela 8.5 as constantes de velocidade variam por seis ordens de grandeza em função da natureza dos ligantes de ataque. A mesma dependência é observada com as entalpias de ativação. As entropias de ativação, embora sempre negativas, também variam com a natureza dos ligantes, refletindo a etapa de inclusão na esfera de coordenação do complexo. Os volumes de ativação são negativos, evidenciando uma contração no complexo ativado em relação ao volume ocupado inicialmente pelas duas espécies isoladas.

Além da forte dependência das constantes de velocidade com a natureza dos ligantes, outra característica importante do mecanismo associativo nos complexos planares é a sensibilidade do ligante de saída com respeito ao ligante, existente em posição trans.

O ligante de saída tende a ser o que está ligado mais fracamente ao complexo, e normalmente a seguinte ordem de facilidade tem sido observada:

$$NO_{3^-} > H_2O > Cl^- > Br^- > I^- > N_{3^-} > SCN^- > NO_{3^-} > CN^-.$$

Ligantes com características mais duras tendem a sair mais facilmente do que aqueles aptos a formar ligações covalentes mais fortes com o metal.

Entretanto, quando existem duas possibilidades para os ligantes de saída, por exemplo, dois íons Cl^-, o fator dirigente passa a ser o efeito *trans* exercido pelos ligantes A e B já existentes no complexo. Quando sai o ligante Cl^- em posição trans ao ligante B, se diz que o efeito trans de B é maior que o de A, e vice-versa.

A ordem experimental do efeito *trans* é:

$$CN^-, C_2H_4, CO, NO > R_3P, SH_2 > H^-, SC(NH_2)_2 > CH_{3^-} >$$
$$> C_6H_{5^-} > SCN^- > NO_{2^-} > I^- > Br^- > Cl^- > Py, NH_3 > OH^- >$$
$$> H_2O, MeOH$$

Por exemplo, na reação

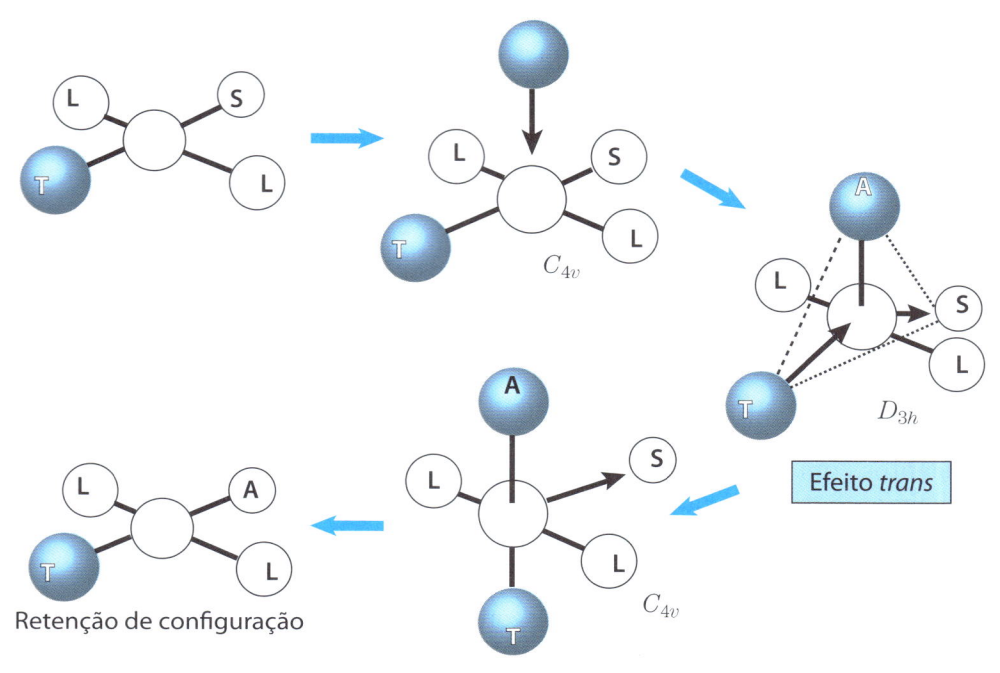

Figura 8.10
Estereoquímica do processo de substituição associativa em complexos quadrados, mostrando a atuação do efeito *trans* no complexo ativado.

o efeito *trans* do CO é maior que o do NH_3, provocando a labilização do cloreto oposto.

O efeito *trans* é de natureza cinética, e pode ser visualizado examinando a estereoquímica do estado de transição ao longo do processo de substituição, como ilustrado na Figura 8.10.

O ataque do ligante A conduz rapidamente a um complexo ativado de número de coordenação 5, o qual tende a se estabilizar segundo uma estrutura bipirâmide trigonal, para minimizar os efeitos de repulsão estérica entre os ligantes. Essa reorganização define o comportamento do complexo ativado. O ligante inicialmente em *trans* enfraquece a ligação do metal com o ligante de saída, ganhando a competição pelos mesmos orbitais. A labilização provocada permite que o ligante atacante ocupe a posição que está sendo vaga, mantendo assim a configuração inicial do complexo.

Quando queremos nos referir ao efeito de um ligante, nas propriedades do outro em posição oposta, devemos usar a expressão "**influência trans**", para não confundir com o efeito *trans*.

Um fato curioso nos processos associativos é que a ordem de adição dos reagentes pode alterar completamente o curso da reação. Por exemplo, partindo do complexo $[PtCl_4]^{2-}$, a adição de uma molécula de CO conduz ao $[PtCl_3CO]^-$. A adição posterior de uma molécula de NH_3 levará ao complexo $[PtCl_2CO(NH_3)]$ com os grupos CO e NH_3 em *trans*, pois $T_{CO} > T_{Cl}$. Se adicionarmos primeiro a amônia, o produto será $[PtCl_3(NH_3)]^-$. A adição posterior de CO conduzirá ao complexo $[PtCl_2CO(NH_3)]$, porém com os grupos CO e NH_3 em *cis*, pois $T_{Cl} > T_{NH_3}$. Isso pode ser visto com maior clareza no esquema:

$$T_{CO} > T_{Cl}$$

$$T_{Cl} > T_{NH3}$$

Substituição fotoquímica nos complexos

Os processos fotoquímicos têm a participação da luz, conduzindo a estados eletrônicos excitados, isto é, com maior conteúdo energético. Um dos requisitos para que ocorra a excitação é que a energia do fóton deve ser igual à diferença de energia entre os estados inicial e final. Essa é a condição de ressonância. Em se tratando de uma transição eletrônica, as regras de seleção já vistas no Capítulo 4 também são de fundamental importância. As transições totalmente permitidas aumentam a absorção da luz, em condições de ressonância. As transições proibidas têm uma baixa eficiência de excitação direta, mas podem estar acopladas a processos de transferência ou conversão de energia que aumentam o rendimento.

Como já foi discutido no Capítulo 4, o processo de excitação óptica, quando representado por meio das curvas de potencial, corresponde a uma linha vertical (etapa 1 – Figura 8.11). Pelo Princípio de Franck Condon, a passagem do fóton acontece em uma fração de segundo (10^{-16} s), praticamente mil vezes menor que o de uma vibração molecular (10^{-13} s). Assim, durante a excitação, as coordenadas atômicas ficam praticamente inalteradas.

No estado excitado (singleto) a molécula pode dissipar a energia sob a forma de calor (etapa 2), relaxando termicamente até o primeiro nível vibracional. Nessa condição, se houver possibilidade, poderá haver um cruzamento para outro estado excitado tripleto (etapa 3) ou decair sob a forma radiativa (etapa 4), emitindo luz (fluorescência). Se conseguir passar para o estado tripleto, a molécula irá decair mais lentamente, emitindo luz (fosforescência). Sua persistência pode ser observada mesmo cessada a excitação, pois a transição é proibida por spin (etapa 5). Nos dois estados excitados, singleto ou tripleto, as moléculas também poderão sofrer transformações fotoquímicas (etapa 6). A probabilidade de acontecer um processo químico aumenta com o tempo de vida do estado excitado. Como as colisões moleculares em solução se processam na escala de tempo difusional de 10^{-9} s, os estados excitados com tempos de vida maiores que isso podem ser quimicamente reativos. Isso não se aplica aos processos unimoleculares, como decomposição ou fragmentação, os quais podem acontecer na escala de tempo abaixo de 10^{-9} s.

Embora possam existir vários estados acessíveis para excitação óptica, eles podem se comunicar por meio do cruzamento das curvas de potencial. Em todos os casos, a energia será dissipada ao longo da cascata vibracional até chegar ao nível de menor energia ($v = 0$). Geralmente, é esse estado o responsável pelas reações fotoquímicas, como mostrado na Figura 8.11.

As considerações que podem ser feitas sobre o mecanismo de substituição no estado excitado são as mesmas já feitas anteriormente, com destaque para as mudanças nas energias de estabilização de campo ligante. Vamos tomar como exemplo um complexo inerte de Cr(III), $3d^3$. Esse padrão muda completamente quando o complexo é irradiado nas bandas de absorção no visível. Normalmente, os complexos de Cr(III) apresentam duas bandas de campo ligante, atribuídas às transições $^4A_{2g} \rightarrow {}^4T_{2g}$ e $^4A_{2g} \rightarrow {}^4T_{1g}$.

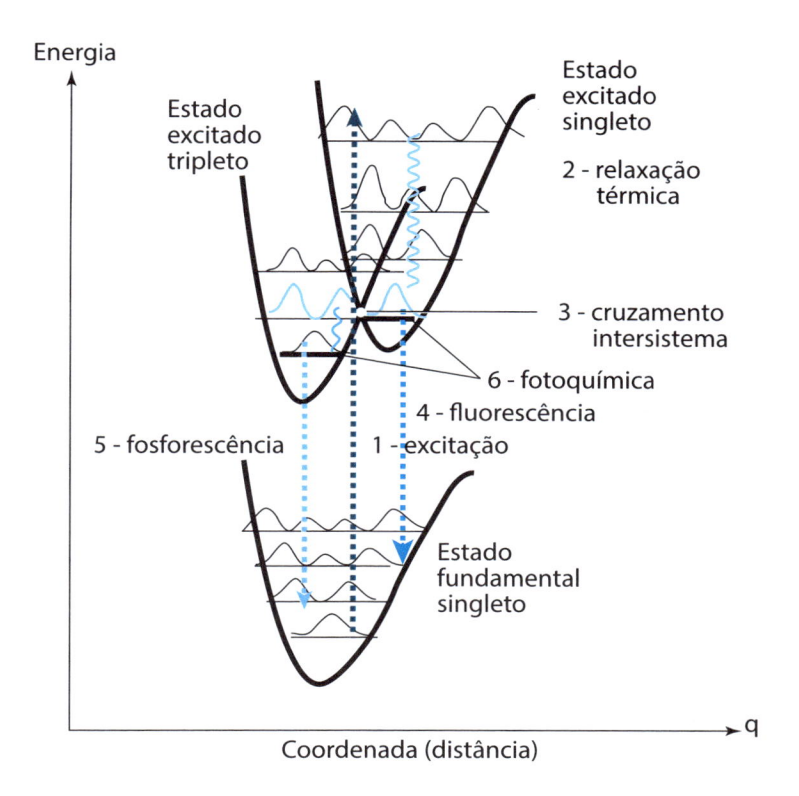

Energia

Estado excitado tripleto

Estado excitado singleto

2 - relaxação térmica

3 - cruzamento intersistema

6 - fotoquímica

4 - fluorescência

5 - fosforescência   1 - excitação

Estado fundamental singleto

Coordenada (distância)

Figura 8.11
Visualização das etapas fotofísicas e fotoquímicas sequenciais (1-6) representadas sobre as curvas de potencial de um sistema fotoexcitado.

Além disso, são observados dois picos muito fracos e próximos, atribuídos às transições proibidas por spin, $^4A_{2g} \rightarrow$ ^2E_g, $^2T_{1g}$, conforme pode ser visto no diagrama de Tanabe–Sugano da Figura 4.23.

Aplicando os mesmos critérios de análise da EECL para processos de substituição, conforme mostrado na Tabela 8.6, podemos ver que os complexos de Cr(III), que são geralmente inertes no estado fundamental ($^4A_{2g}$), tornam-se lábeis nos estados excitados ^2E_g e $^4T_{2g}$.

A reação fotoquímica é normalmente expressa em termos do rendimento quântico ϕ, que corresponde à relação entre o número de moléculas de produto formado e o número de fótons incidentes (I_o) na amostra. Em outras palavras, o rendimento quântico representa a porcentagem de fótons que efetivamente conduzem à reação. Resultados típicos observados para a equação fotoquímica de complexos de Cr(III) estão mostrados na Tabela 8.7.

$$[Cr(NH_3)_5X]^{2+} + H_2O + h\nu \rightarrow [Cr(NH_3)_5H_2O]^{3+},$$
$$[Cr(NH_3)_4(H_2O)X]^{2+}, X^-, NH_3.$$

Tabela 8.6 – Análise da EECL para complexos d^3 e d^6 (spin baixo) no estado fundamental e excitado

Estado eletrônico	EECL O_h	EECL C_{4v} (dissociativo)	EECL D_{5h} (associativo)	Caráter cinético
$[Cr^{III}L_6]^{3+}$				
$^4A_{2g}(t_{2g}^3)$ fundamental	$12Dq$	$10Dq$	$7,74Dq$	inerte
$^2E_g (t_{2g}^3)$	$12Dq - \Delta P$	$10Dq$	$7,74Dq$	lábil
$^4T_{2g} (t_{2g}^2 e_g)$	$2Dq$	$10Dq$	$7,74Dq$	lábil
$[Fe^{II}L_6]^{2+}$ spin baixo				
$^1A_{1g}(t_{2g}^6)$ fundamental	$24Dq-2P$	$20Dq-2P$	$15,48Dq-2P$	inerte
$^1T_{1g} (t_{2g}^5 e_g)$	$14Dq-2P$	$20Dq-2P$	$15,48Dq-2P$	lábil

Além da excitação nas bandas de campo ligante, a excitação nas bandas de transferência de carga também pode levar à labilização dos complexos, pois ela altera a população eletrônica dos níveis d, e consequentemente, a EECL.

Outros casos interessantes são os complexos d^6 de baixo spin, como $[Fe^{II}(CN)_6]^{4-}$ e $[Co(CN)_6]^{3-}$, geralmente inertes à substituição. A excitação na banda de campo ligante

Tabela 8.7 Rendimentos quânticos típicos (ϕ) para a equação fotoquímica de alguns complexos de Cr(III)

Complexo	Banda irradiada	$\phi(NH_3)$	$\phi(X^-)$
$[Cr(NH_3)_6]^{3+}$	^2E_g	0,29	
	$^4T_{2g}$	0,26	
$[Cr(en)_3]^{3+}$	^2E_g	0,40	
	$^4T_{2g}$	0,37	
$[Cr(NH_3)_5NCS]^{2+}$	^2E_g	0,15	0,018
	$^4T_{2g}$	0,46	0,030
$[Cr(NH_3)_5Cl]^{2+}$	$^4T_{2g}$	0,36	0,005
	TCLM	0,35	0,23

$^1A_{1g} \rightarrow {}^1T_{1g}$ provoca a labilização do complexo, em concordância com a perda da EECL no processo de substituição, como pode ser visto na Tabela 8.7.

$$[Co(CN)_6]^{3-} + H_2O + h\nu \rightarrow [Co(CN)_5H_2O]^{2-} + CN^-$$
$$\phi_{CN^-} = 0,31$$

$$[Fe(CN)_6]^{2-} + H_2O + h\nu \rightarrow [Fe(CN)_5H_2O]^{3-} + CN^-$$
$$\phi_{CN^-} = 0,4.$$

Por isso, como precaução, os complexos sempre devem ser sempre mantidos ao abrigo da luz.

Transferência de elétrons

Os processos de transferência de elétrons estão intimamente relacionados com a questão energética nos sistemas químicos. Isso fica notório nos processos de combustão, na fotossíntese e nos processos eletroquímicos, como os envolvidos nas baterias.

A variação de energia livre, expressa por $\Delta G^o = -n F\Delta E^o$, fornece a força motora necessária para ocorrer a transferência de elétrons entre dois reagentes. Porém, o caminho a ser seguido pelo elétron irá depender das possibilidades no percurso, e vários aspectos precisarão ser considerados para esclarecer essa questão.

O primeiro *insight* sobre os mecanismos da transferência de elétrons foi concebido por Henry Taube no início dos anos 1950 durante um experimento feito em laboratório didático. Taube observou que as soluções de $[Cr^{II}(H_2O)_6]^{2+}$ reagiam rapidamente com iodo, I_2, formando o complexo $[Cr^{III}(H_2O)_5I]^{2+}$. Tendo sido o autor da teoria de labilidade e inércia, o professor sabia que esse produto não poderia ter sido gerado de forma instantânea pela reação do $[Cr^{III}(H_2O)_6]^{3+}$ com íons I^-, pois em razão de sua configuração d^3, esse reagente seria inerte. Imaginou, assim, a seguinte hipótese:

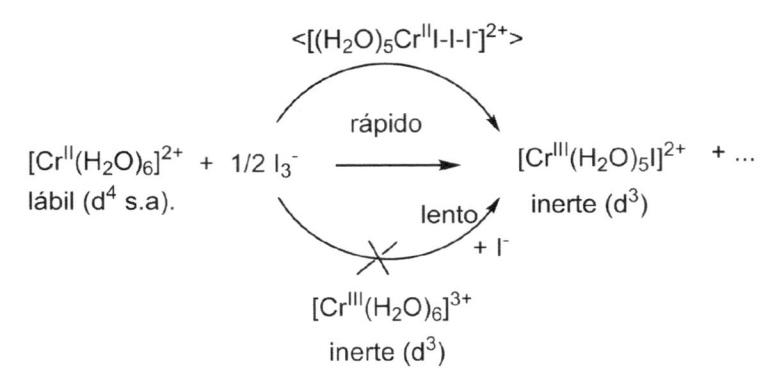

Como o íon $[Cr^{II}(H_2O)_6]^{2+}$ ($3d^4$) é lábil, o processo de transferência de elétrons deveria ser precedido da substituição de uma molécula de água, formando uma espécie do tipo $[(H_2O)_5Cr^{II}—I—I—I]^{2+}$, na qual aconteceria a transferência de elétrons do Cr(II) para o átomo de iodo terminal. O elétron passaria através do átomo de iodo ligado, que serve de ponte entre o Cr(II) e o átomo de iodo terminal. Após a passagem do elétron, o íon de Cr(III) formado ($3d^3$), sendo inerte, manteria o átomo ligado em sua esfera de coordenação, dando origem ao produto observado. Mas seria necessária outra etapa de transferência de elétron para consumir o segundo átomo de iodo e gerar iodeto no sistema, e isso gerava alguma dúvida sobre o verdadeiro mecanismo envolvido.

Por isso, Taube procurou um sistema mais adequado para comprovar sua hipótese de transferência de elétrons através de uma ponte. O complexo escolhido foi o $[Co^{III}(NH_3)_5Cl]^{2+}$, o clássico complexo purpúreo trabalhado por Alfred Werner. Esse complexo, com configuração $3d^6$ (spin baixo), é bastante inerte. Repetindo o experimento com Cr(II), Taube e Myers observaram a formação instantânea do complexo $[Cr^{III}(H_2O)_5Cl]^{2+}$ após a mistura dos reagentes, comprovando o esquema:

$$<[(H_2O)_5Cr\text{-}\mathbf{Cl}^*\text{-}Co(NH_3)_5]^{4+}>$$

$$\begin{array}{c}
\text{rápido} \\
[Cr^{II}(H_2O)_6]^{2+} + [{}^*ClCo^{III}(NH_3)_5]^{2+} \longrightarrow [Cr^{III}(H_2O)_5\mathbf{Cl}^*]^{2+} + [Co(NH_3)_5]^{2+} \\
\text{lábil } (d^4 \text{ s.a.}) \quad \text{inerte } (d^6 \text{ s.b.}) \quad\quad \text{inerte } (d^3) \quad\quad \text{lábil } (d^7 \text{ s.a.})
\end{array}$$

$$\text{lento} \quad +Cl^-$$

$$[Cr^{III}(H_2O)_6]^{3+}$$
$$\text{inerte } (d^3)$$

Esse experimento mostrou claramente que a única via de formação desse produto de reação redox seria por meio de um intermediário binuclear, com o ligante cloreto atuando como ponte para a passagem do elétron. Com a inércia do Cr(III) o ligante Cl$^-$ permaneceria ligado no produto observado. Por outro lado, pelo mesmo motivo, esse produto não poderia ter sido formado instantaneamente, por via paralela.

O mecanismo proposto por Taube ficou conhecido como de esfera interna (*inner sphere*) ou de ponte. Seu requisito principal é:

i) ter uma força eletromotriz favorável ($\Delta E^o > 0$),

ii) haver um ligante de condução capaz de atuar como ponte (ambidentado),

iii) formar o intermediário binuclear antes que ocorra a passagem do elétron.

Portanto, um dos reagentes (no caso Cr^{2+}) deve ser suficientemente lábil para sofrer substituição e formar o complexo de ponte, antes da passagem do elétron. Dependendo do caráter lábil ou inerte do produto, a ponte pode ou não ficar retida na esfera de coordenação deste.

Vários complexos com diferentes ligante de ponte foram estudados, confirmando esse padrão de comportamento (Tabela 8.8). Em alguns casos, como no derivado com tiocianato, SCN$^-$, foram observados dois produtos ligados pelo átomo de N ou S, evidenciando o ataque do Cr(II) em sítios distintos do alvo Co^{III} NCS, para a formação do complexo de ponte.

$$[Cr(NH_3)_5X]^{2+} + [Cr(H_2O)_6]^{2+} \rightarrow Cr^{III}\!-\!X + Co^{II} + NH_3 + \ldots$$

A demonstração do mecanismo de esfera interna, em 1953, alimentou a imaginação de uma eletrônica molecular no futuro, bem como de processos em escala nanométrica, nos quais a passagem de elétrons é mediada por uma molécula, fazendo o papel de ponte. Ela também estimulou e continua impulsionando a pesquisa da transferência eletrônica em sistemas químicos e biológicos, em direção à conversão de energia. Ao mesmo tempo, despertou curiosidade a respeito de como deve acontecer o processo alternativo, isto é, da transferência eletrônica sem o envolvimento da ponte condutora.

Tabela 8.8 – Constantes de velocidade de transferência de elétrons para complexos $[Cr(NH_3)_5X]^{2+}$ com $[Cr(H_2O)]^{2+}$	
X	$k/\text{mol}^{-1}\text{ L s}^{-1}$
F^-	$2{,}5 \times 10^5$
Cl^-	$6{,}0 \times 10^5$
Br^-	$1{,}4 \times 10^5$
I^-	$3{,}0 \times 10^6$
OH^-	$1{,}6 \times 10^6$
N_3^-	$3{,}0 \times 10^5$
NCS^-	$8{,}0 \times 10^4$ *via* N $1{,}9 \times 10^5$ *via* S

O mecanismo alternativo, que seria na realidade o mais simples, foi designado por Taube como de esfera externa, em contraponto com o mecanismo de esfera interna. Esse tipo de mecanismo deveria prevalecer entre entre complexos inertes, como $[Fe^{II}(CN)_6]^{4-}$ ($3d^6$ spin baixo) e $[Ir^{IV}Cl_6]^{2-}$ ($5d^5$), onde não é possível a formação de pontes, no intervalo de tempo de trabalho ou de medida.

O processo mais simples de transferência de elétrons por mecanismo de esfera externa é dado pelos pares redox envolvendo sistemas inertes, como

$$[^*Fe^{II}(CN)_6]^{4-} + [Fe^{III}(CN)_6]^{3-} \rightleftharpoons [^*Fe^{III}(CN)_6]^{3-} + [Fe^{II}(CN)_6]^{4-} \quad (k_{11})$$

ou

$$[^*Ir^{III}Cl_6]^{3-} + [Ir^{IV}Cl_6]^{2-} \rightleftharpoons [^*Ir^{IV}Cl_6]^{2-} + [Ir^{III}Cl_6]^{3-} \quad (k_{22})$$

Nesses sistemas, as constantes de velocidade de transferência eletrônica já foram medidas, utilizando marcação isotópica ou RNM, e são iguais a

$$k_{11} = 2{.}2 \times 10^2 \text{ mol}^{-1} \text{ L s}^{-1} \quad \text{para o sistema Fe}^{\text{II/III}}$$
$$k_{22} = 2{.}3 \times 10^5 \text{ mol}^{-1} \text{ L s}^{-1} \text{ para o sistema Ir}^{\text{III/IV}}$$

Deve ser notado que a transferência de elétrons acontece espontaneamente e de forma dinâmica em ambos os sentidos do equilíbrio, mesmo não sendo perceptível visualmente, visto que não há mudança na composição química ($\Delta G = 0$), exceto pela troca isotópica. Por isso, as constantes k_{11} ou genericamente k_{ii} são denominadas constantes cinética de troca eletrônica. Esses valores podem ser comparados na Tabela 8.9, para uma grande variedade de compostos.

O fato surpreendente é que as constantes de troca eletrônica variam em uma faixa muito ampla de velocidades, com valores que se aproximam do limite difusional de $10^9 \ mol^{-1} \ L \ s^{-1}$, e chegam a grandezas tão baixas quanto $10^{-5} \ mol^{-1} \ L \ s^{-1}$. São, portanto, pelo menos 14 ordens de grandeza de variação nas constantes de velocidade, para um processo de transferência de elétrons aparentemente tão simples!

De fato, o equacionamento do mecanismo de esfera externa não é tão óbvio como se pode imaginar, pensando na passagem direta do elétron entre os dois corpos no processo de colisão. Se assim fosse, como o elétron se move mais rapidamente do que os núcleos, a transferência seria comparável a uma transição vertical (Figura 8.12), regida pelo Princípio de Franck Condon, nas curvas de potencial.

Com as coordenadas atômicas congeladas, os produtos estariam sendo formados em estados energéticos mais

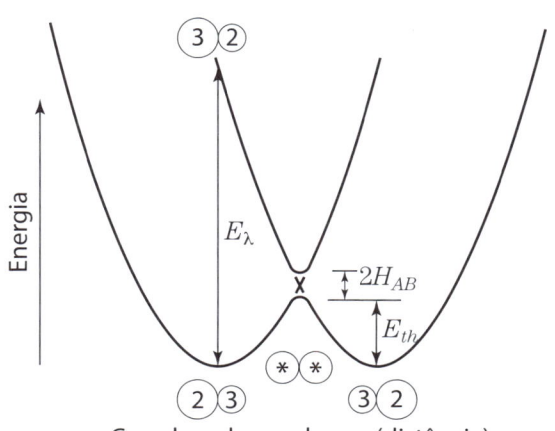

Coordenadas nucleares (distância)

Figura 8.12
Curvas de potencial para um processo de transferência de elétrons, mostrando o ponto de cruzamento que comunica reagentes e produtos, a energia de ativação, e a energia de excitação óptica (vertical).

Tabela 8.9 – Constantes típicas de velocidade de troca eletrônica e parâmetros termodinâmicos para pares redox

Par redox	$k_{11}/mol^{-1}\,Ls^{-1}$	$\Delta H^{\ddagger}/kJ\,mol^{-1}$	$\Delta S^{\ddagger}/Jmol^{-1}\,K^{-1}$	E^0/V
$[Ru(bipy)_3]^{3+/2+}$	$4,2 \times 10^8$	32,2	−27,6	1,26
Benzofenona$^{0/1-}$	$1,1 \times 10^8$	23,8	−10,9	
TCNE$^{0/1-}$	$1,3 \times 10^8$	24,7	15,1	
$[Ru_3O(OAc)_6(py)_3]^{+/0}$	$1,1 \times 10^8$	18	−29	0,15
$[Cr(C_6H_6)_2]^{3+/2+}$	$6,0 \times 10^7$	14,2	−47,7	
$[Fe(phen)_3]^{3+/2+}$	$1,3 \times 10^7$	1,6	−102	1,11
$[Fe(C_5H_5)_2]^{+/0}$	$1,3 \times 10^7$	18,4	−54	0,435
$[Fe(bipy)_3]^{3+/2+}$	$3,7 \times 10^6$	8,8	−92	1,07
$[Ru(NH_3)_4(bipy)]^{3+/2+}$	$7,7 \times 10^5$	13	−88	0,52
$[Ru(NH_3)_5py]^{3+/2+}$	$4,7 \times 10^5$	12	−92	0,30
$[IrCl_6]^{2-/3-}$	$2,3 \times 10^5$			0,89
$[Ru(en)_3]^{3+/2+}$	$8,3 \times 10^4$	25	−71	0,15
$[Fe(edta)]^{1-/2-}$	$3,0 \times 10^4$	16,7	−105	0,12
$[Ru(CN)_6]^{3-/4-}$	$8,3 \times 10^3$	40	−36	0,92
$[Cr(edta)]^{1-/2-}$	$3,0 \times 10^3$	20,9	−33	
$[Fe^{III/II}(citocromo-C)$	$1,2 \times 10^3$	29,3	−71	0,26
$[Ru(NH_3)_6]^{3+/2+}$	$8,2 \times 10^2$	40	−46	0,051
$[MnO_4]^{2-/1-}$	$7,1 \times 10^2$	41,8	−38	0,56
$[Fe(CN)_6]^{3-/4-}$	$2,2 \times 10^2$	23,0	−117	0,42
$[Ru(H_2O)_6]^{3+/2+}$	20	46	−66	0,22
$[Co(phen)_3]^{3+/2+}$	12	21	−156	0,36
$[Co(sepulcrato)]^{3+/2+}$	5,1	41,8	−95,7	−0,32
$[Co(H_2O)_6]^{3+/2+}$	5	44	−92	1,84
$[Co(bipy)_3]^{3+/2}$	5,7	31	−127	0,31
$[Fe(H_2O)_6]^{3+/2+}$	1,1	46,4	−88	0,74
$[V(H_2O)_6]^{3+/2+}$	$1,0 \times 10^{-2}$	55	−105	−0,26
$[Co(edta)]^{1-/2-}$	$1,4 \times 10^{-4}$	83	−88	0,37
$[Cr(H_2O)_6]^{3+/2+}$	$2,0 \times 10^{-5}$	88	−33	−0,41
$[Co(en)_3]^{3+/2+}$	$7,7 \times 10^{-5}$	56,4	−134	−0,18

Figura 8.13
Rudolph A. Marcus nasceu em 1923, em Montreal, Canadá, doutorando-se em 1946 pela Universidade de McGill. Dedicou toda a sua carreira científica ao estudo dos aspectos teóricos da cinética química. Em 1964, como professor da Universidade de Illinois, publicou seus estudos fundamentais sobre transferência de elétrons. Tornou-se professor da Caltech em 1978, e, em 1992, recebeu o Prêmio Nobel de Química por seus trabalhos nesse campo.

elevados, por uma grandeza igual a E_λ (vide Figura 8.12). Para sistemas como $[Fe^{II}(CN)_6]^{4-}$ e $[Fe^{III}(CN)_6]^{3-}$ em equilíbrio adiabático ($\Delta G = 0$), isso implica um aumento considerável de energia, o que equivale a violar o mais básico dos princípios da física: o da conservação da energia. Assim, a transferência de elétrons não pode acontecer entre dois corpos colidindo se as coordenadas ou geometrias moleculares estiverem congeladas.

Em 1964, Rudolph Marcus (Figura 8.13) mostrou que o caminho para a transferência adiabática de elétrons se dá por meio do ponto de cruzamento das curvas de potencial, conforme indicado na Figura 8.11. Nesse ponto, reagentes e produtos compartilham das mesmas coordenadas, porém para ser acessado é necessário promover uma reorganização nas esferas de coordenação dos reagentes e produtos. A energia necessária para atingir o ponto de cruzamento é chamada de energia de reorganização. Nesse ponto, é necessário que haja algum grau de acoplamento eletrônico, que expressamos como H_{AB}, capaz de promover a comunicação entre eles, no estado de transição. Quanto maior for o valor de H_{AB} maior será a comunicação eletrônica no complexo ativado. Isso assegura a condição de adiabaticidade, proporcionando uma probabilidade de transferência igual a 1 (ou 100%). Teoricamente, algo em torno de 2 kJ mol^{-1} já seria suficiente. Porém, se H_{AB} for próximo de zero, a comunicação eletrônica será muito baixa, reduzindo a probabilidade de transferência de elétrons. Nesse caso a transferência de elétrons só poderá acontecer fora do regime adiabático, mediante aplicação de uma fonte externa de energia, por exemplo, luz, induzindo a excitação óptica.

O ponto de cruzamento nas curvas de potencial pode ser atingido por meio da partição da energia térmica entre os diversos níveis vibracionais existentes, seguindo a distribuição estatística de Bolzman expressa em termos de kT. As moléculas com energia suficiente para atingir o ponto de cruzamento irão reagir, transferindo elétrons, retornando a energia para o sistema, de forma conservativa ou adiabática.

Esse raciocínio permite entender as variações observadas nas constantes de autotroca dos sistemas relacionados na Tabela 8.9. Em sistemas em que a deslocalização eletrônica é grande, como nos compostos orgânicos aromáticos e nos complexos dessa natureza, as configurações espaciais das formas reduzida e oxidada são muito parecidas, aproximando as curvas de potencial mostradas na Figura 8.11. Dessa forma, a energia de reorganização é diminuída, aumentando a velocidade de transferência de elétrons para valores da ordem de 10^8 mol^{-1} L s^{-1}, como no $[Ru(bipy)_3]^{3+/2+}$ e benzoquinona$^{0/1-}$.

Quando a densidade eletrônica sobre os sítios redox está concentrada sobre o íon metálico, como no caso do $[Ru(H_2O)_6]^{3+/2+}$ ($4d^5/4d^6$ s.b.), a energia de reorganização tende a crescer por causa da maior sensibilidade às mudanças locais nos raios iônicos de cada espécie, e não nas dimensões globais dos complexos, que na realidade variam pouco. Nesse exemplo, a constante de velocidade de troca eletrônica cai para 20 mol^{-1}L s^{-1}, ou seja, sete ordens de grandeza menor em comparação com o $[Ru(bipy)_3]^{3+/2+}$.

Nos casos em que uma das formas está sujeita à distorção Jahn–Teller, a diferença de geometrias acaba se re-

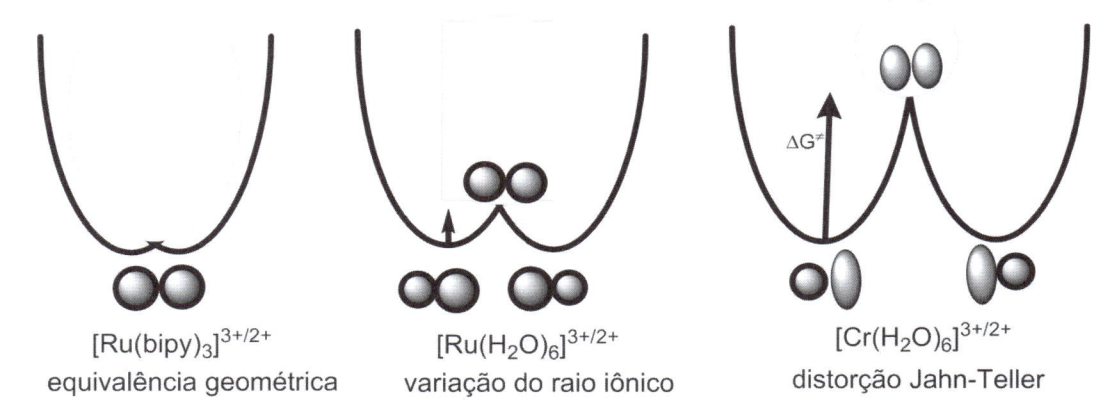

$[Ru(bipy)_3]^{3+/2+}$
equivalência geométrica

$[Ru(H_2O)_6]^{3+/2+}$
variação do raio iônico

$[Cr(H_2O)_6]^{3+/2+}$
distorção Jahn-Teller

Figura 8.14
Variação na energia de reorganização para três pares redox, o primeiro com geometrias semelhantes, o do meio com variação no raio iônico, e o terceiro, sujeito à distorção Jahn-Teller.

fletindo drasticamente nas energias de reorganização, pois será necessário mais energia para tornar as duas espécies idênticas no ponto de cruzamento de potencial. Isso explica o baixo valor da constante de troca eletrônica para o par redox $[Cr(H_2O)_6]^{3+/2+}$, $k_{11} = 2,0 \times 10^{-5}$ mol^{-1}L s^{-1}.

Uma ilustração didática, comparando os três exemplos discutidos, é mostrada na Figura 8.14. É importante notar que a energia de reorganização envolve tanto a esfera interna de coordenação quanto a esfera externa. Esta última é bastante influenciada pelos efeitos de solvatação, os quais respondem pela contribuição entrópica nos parâmetros de ativação mostrados na Tabela 8.9.

O equacionamento desse modelo, baseado na partição de energia e na reorganização das coordenadas ou distâncias atômicas até o ponto de cruzamento, foi feito em 1964 por R. Marcus, e mais tarde reproduzido em linguagem didática e mais acessível por N. Hush e N. Sutin, incorporando ainda a visão quântica ao modelo, que era, até então, tipicamente clássico.

O tratamento desenvolvido por Marcus para uma reação cruzada, do tipo

$$[Ir^{IV}Cl_6]^{2-} + [Fe^{II}(CN)_6]^{4-} \rightleftharpoons [Ir^{III}Cl_6]^{3-} + [Fe^{III}(CN)_6]^{3-}$$
$$(k_{12}, k_{21})$$

conduziu a uma expressão bastante simples,

$$k_{12} = (k_{11} \cdot k_{22} \cdot K_{12} \cdot f)^{1/2}$$

onde k_{11} e k_{22} são as constantes de velocidade das reações de autotroca eletrônica dos pares $[Fe^{III}(CN)_6]^{3-}/[Fe^{II}(CN)_6]^{4-}$ e $[Ir^{IV}Cl_6]^{2-}/[Ir^{III}Cl_6]^{3-}$, e K_{12} é a constante de equilíbrio da reação, dada por $K_{12} = k_{12}/k_{21}$. A constante de equilíbrio pode ser calculada a partir dar relação termodinâmica

$$K_{12} = e^{(n \cdot F \cdot \Delta E/RT)} = 10^{n\Delta E/0,0591}$$

onde ΔE corresponde à diferença entre os potenciais redox dos dois pares envolvidos.

O termo f na Teoria de Marcus é muito próximo de 1, exceto quando ΔE (ou K_{12}) se torna muito elevado (> 1 V). Nesse caso, pode-se usar a equação

$$\log f = (\log K_{12})^2 / 4\log(k_{11} \cdot k_{22}/Z^2)$$

onde Z = fator de colisão bimolecular = 10^{11} mol^{-1}L s^{-1}.

No caso em particular

$$\Delta E = (0,89 - 0,42) = 0,47 \text{ V, e } k = 8,9 \times 10^7$$

$$\log f = (\log 8,9 \times 10^7)^2/4\log\{(2,2 \times 10^2)(2,3 \times 10^5)/10^{22}\} = -1,1 \text{ ou } f = 0,08$$

e, portanto,

$$k_{12} = \{(2,2 \times 10^2)(2,3 \times 10^3)(8,9 \times 10^7)\ 0,08\}^{1/2} = = 1,9 \times 10^7 \text{ mol}^{-1} \text{ L s}^{-1}$$

Assim, com base nos valores das constantes de autotroca e dos potenciais redox, é possível prever as velocidades das reações de transferência de elétrons de esfera externa com razoável confiança, a partir da Teoria de Marcus.

Quando os sistemas apresentam uma diferença de potencial muito elevado, a inclusão do termo f na equação de Marcus faz com que as constantes de velocidade tenham um comportamento inusitado. Elas crescem com o aumento de ΔE ou ΔG_r até um certo ponto, a partir do qual passam a decrescer sistematicamente. A forma mais simples de visualizar esse comportamento é por meio das curvas de potencial, na abordagem de Hush, mostradas na Figura 8.15.

A Teoria de Marcus foi ampliada por Sutin e Hush, para acomodar as considerações de natureza quântica, necessá-

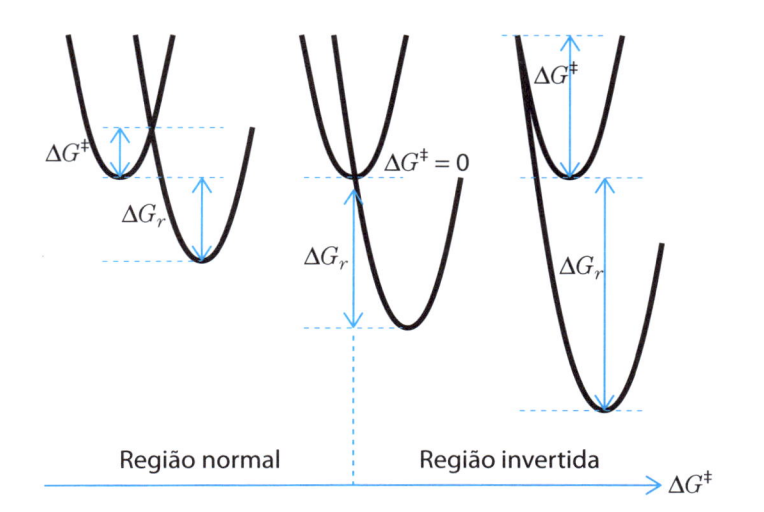

Figura 8.15
Variação da energia livre de ativação ($\Delta G^{\dagger}$) em função do aumento da energia livre da reação, ΔG_r (ou ΔE^{o}).

rias para explicar a transferência de elétrons em sistemas não adiabáticos, como é o caso de muitos processos biológicos. Sob o ponto de vista quântico, elétrons ou funções de onda contidos em dois sistemas separados por uma barreira de potencial podem tunelar através dela, mesmo sem ter a energia necessária para fazer a transposição clássica. Em nosso caso, a barreira de potencial é representada pela energia que separa as duas curvas de potencial no ponto de cruzamento. Quando as funções de onda eletrônicas coexistem ou se superpõem além da barreira de energia que separa cada curva, o elétron pode tunelar e ser transferido sem respeitar os requisitos de conservação de energia no regime adiabático. Isso permite explicar a transferência de elétrons entre centros remotos, fora do regime adiabático. A eficiência de transporte nesses casos é menor que o ideal (adiabático), pois o tunelamento quântico é incorporado no coeficiente de transmissão κ na Teoria do Estado de Transição, e é sempre menor que 1.

O tunelamento quântico pode acontecer no ponto de cruzamento das curvas de potencial, quando não existe um acoplamento eletrônico H_{AB} significativo, como mostrado no caso a) da Figura 8.16. Nesse caso, porém, há envolvimento da partição térmica, ou seja, a transferência torna-se dependente da temperatura.

O tunelamento pode também se processar em algum ponto antes do cruzamento das curvas de potencial, como mostrado no caso b), sendo ligeiramente dependente da

Figura 8.16
Ilustração do tunelamento
eletrônico em sistemas não
adiabáticos, a) dependente
da temperatura, b)
fracamente dependente
da temperatura e
c) independente da
temperatura.

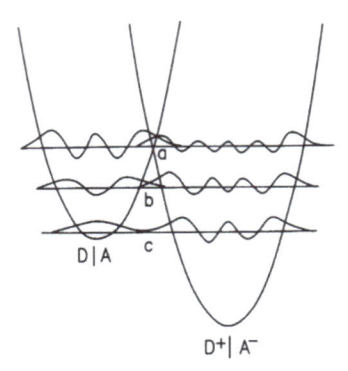

temperatura. Porém, se o tunelamento ocorrer com a molécula no estado vibracional de menor energia, não haverá dependência de temperatura, como indicado no caso c), e a transferência será totalmente governada pela mecânica quântica.

Mecanismos mistos de esfera externa e interna

Em muitos casos a transferência de elétrons pode ocorrer pelos dois mecanismos, de forma paralela, principalmente quando a velocidade de substituição é da mesma ordem que a velocidade de transferência de elétrons via esfera externa. Um caso típico pode ser ilustrado pelo sistema

esfera interna

$$[Co(NH_3)_5X]^{2+} + [Co(CN)_5]^{3-} \rightarrow [Co(CN)_5X]^{3-} + [Co(NH_3)_n]^{2+} + (5\text{-}n)NH_3$$

inerte ($3d^6$ sb)   lábil ($3d^7$ sb)   inerte ($3d^6$ sb)   lábil ($3d^7$ sa)

K $\updownarrow$ + CN⁻

esfera externa

$$[Co(NH_3)_5X]^{2+} + [Co(CN)_6]^{3-} \rightarrow [Co(CN)_6]^{3-} + [Co(NH_3)_n]^{2+} + (5\text{-}n)NH_3$$

Nesse caso, o complexo de $[Co^{II}(CN)_5]^{3-}$ ($3d^7$ spin baixo) que tem um sítio axial lábil coexiste em equilíbrio com a forma hexacoordenada, $[Co^{II}(CN)_6]^{4-}$, quando a concentração de íons CN⁻ é elevada. A primeira forma pode reagir com complexos que apresentam ligante de ponte (X), seguindo o mecanismo de esfera interna. A segunda forma, não apresentando sítios de coordenação vagos, só pode reagir pelo mecanismo de esfera externa. Os dois mecanismos são facilmente diferenciados pela dependência da constante de velocidade com a concentração do cianeto,

$$k_{observado} = k_{is} + k_{os}K[CN^-]$$

como mostrado na Tabela 8.10, onde k_{is} é a constante de velocidade de esfera interna (*inner sphere*) e k_{os} é a constante de velocidade de esfera externa (*outer sphere*).

Tabela 8.10 – Constantes de velocidade de esfera interna e esfera externa para o sistema $[Co(NH_3)_5X]^{2+} + [Co(CN)_5]^{3-} + CN^-$		
X	**k (esfera interna)/ mol^{-1} L s^{-1}**	**$k \cdot K$ (esfera externa)/ mol^{-2} L^2 s^{-1}**
F$^-$	$1,8 \times 10^3$	$1,7 \times 10^4$
Cl$^-$	5×10^7	-
NCS$^-$	$1,1 \times 10^6$	-
N$_3^-$	$1,6 \times 10^6$	-
OH$^-$	$9,3 \times 10^4$	-
CN$^-$	$2,9 \times 10^2$	$4,5 \times 10^3$

Transferência de elétrons fotoinduzida

A excitação óptica pode levar o sistema a um estado excitado, que além de ser susceptível à substituição de ligantes também pode participar de processos de transferência de elétrons ou de energia. Nesse sentido, é interessante considerar o seguinte diagrama (Figura 8.17).

No estado fundamental, a espécie A pode ser oxidada ou reduzida de acordo com os potenciais $E^o(A^+/A)$ e $E^o(A/A^-)$ conforme indicado no diagrama. A excitação vertical, E^{0-0}, gera o estado excitado A^* que pode sofrer oxidação ou redução, de acordo com os potenciais $E^o(A^+/A^*)$ ou $E^o(A^*/A^-)$, respectivamente. Equacionando as energias de cada ciclo triangular, teremos

$$E^o(A^+/A^*) = E^o(A^+/A) - E^{0-0} \quad e$$
$$E^o(A^*/A^-) = E^o(A/A^-) + E^{0-0}.$$

Figura 8.17
Diagrama de energia para
transferência de elétrons
no estado excitado.

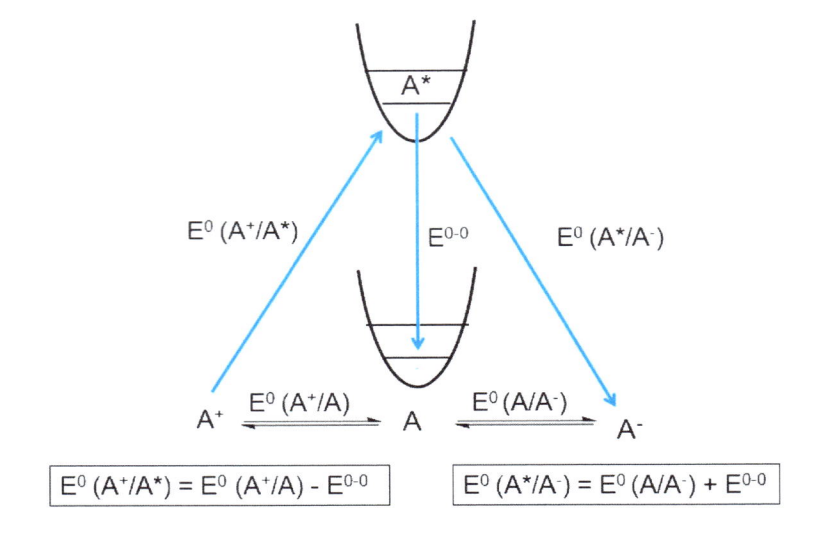

$$E^0 (A^+/A^*) = E^0 (A^+/A) - E^{0-0}$$ $$E^0 (A^*/A^-) = E^0 (A/A^-) + E^{0-0}$$

Portanto conclui-se que a molécula no estado excitado A^* é um oxidante mais forte que no estado fundamental por um valor igual a E^{0-0}. Da mesma maneira, o estado excitado A^* também é um redutor mais forte que o estado fundamental, por um valor igual a E^{0-0}. Isso explica porque uma molécula no estado excitado tem uma reatividade redox mais pronunciada que no estado fundamental.

Atualmente, os complexos de rutênio com ligantes polipiridínicos vêm sendo empregados como sensibilizadores em células fotoeletroquímicas, adsorvidos quimicamente sobre a superfície do TiO_2. Por meio da fotoexcitação na banda de transferência de carga $Ru^{II} \rightarrow$ bipy, o complexo passa para o estado excitado Ru^{III}-bipy$^-$, que irá transferir um elétron para a banda de condução (vazia) do TiO_2 microcristalino, gerando fotocorrente. O complexo de Ru^{III}-bipy gerado após a fotoinjeção é regenerado por uma solução de I_3^- que está em contato com o outro eletrodo, fechando o circuito de conversão de energia (consultar volume 6 desta coleção).

Muitas vezes, a fotoexcitação pode levar a um processo de transferência eletrônica fotoinduzida, como observado em complexo polinucleares, a exemplo do $[Ru^{II}(bpz)_3 Ru^{II}(bipy)_2 Cl]^{3+}$ mostrado na Figura 8.18.

A excitação na banda de transferência de carga do complexo de Ru^{II}-bipirazina (bpz) em 440 nm leva ao seu rápido descoramento (330 ns) com formação da espécie

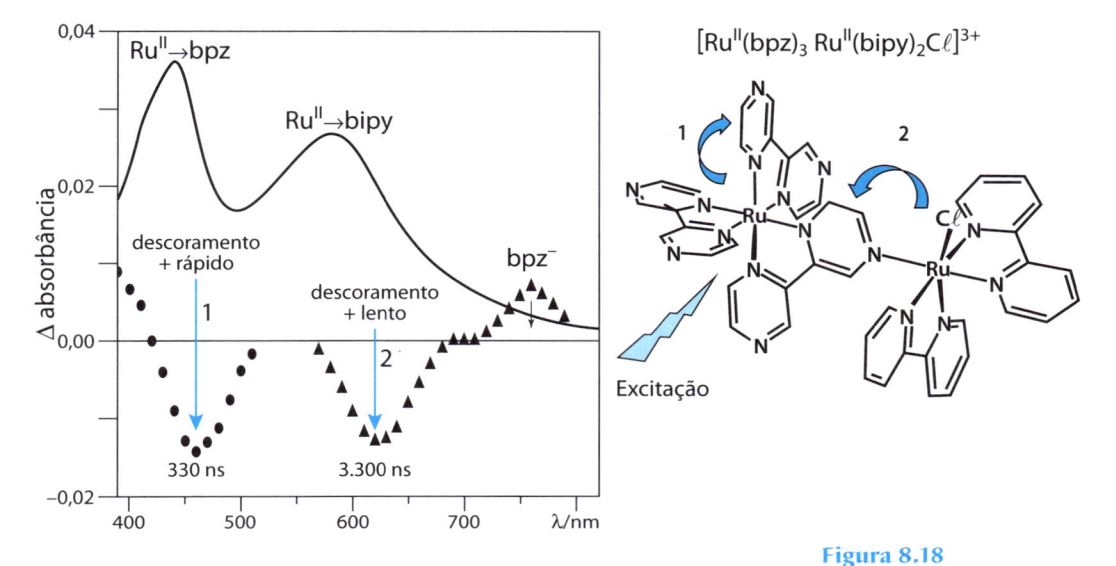

Figura 8.18
Fotoexcitação do complexo binuclear [Ru^{II}(bpz)$_3$-Ru^{II}(bipy)$_2$Cl]$^{3+}$ na banda de transferência de carga Ru^{II}-bpz em 440 nm, monitorada pelas mudanças no espectro eletrônico após 330 ns e 3.300 ns.

excitada <Ru^{III}-(bpz$^-$)>‡, seguido do desaparecimento um pouco mais lento ($k = 3.3 \times 10^5$ s^{-1}) da banda do complexo Ru^{II}-bipiridina (bipy) devido à transferência elétrons no estado excitado, formando Ru^{III}-(bipy) de um lado e Ru^{II}-(bpz$^-$) do outro. O aparecimento da banda em 760 nm é devido à espécie radical (Ru^{II}-bpz$^-$) que permanece, após ter sido gerada como transiente. Essa banda decairá posteriormente, com a recombinação (Rubpz$^-$) → Ru^{III}(bipy), ($k = 1,3 \times 10^6$ s^{-1}) regenerando o complexo de partida. Esse exemplo mostra que uma reação de transferência de elétrons fotoinduzida pode levar a espécies transientes com tempos de vida suficientemente longos para serem monitorados.

Nos complexos de valência mista, como o ilustrado no esquema

$$\left[(NH_2)_5Ru^{II}-N\bigcirc\!\!-\!\!\bigcirc N-Ru^{III}(NH_3)_5\right]^{5+} \longrightarrow \left[(NH_2)_5Ru^{III}-N\bigcirc\!\!-\!\!\bigcirc N-Ru^{II}(NH_3)_5\right]^{5+}$$

a fotoexcitação também leva a um processo de transferência de elétrons entre dois sítios. Esses complexos podem ser simétricos ou não, e têm como característica o aparecimento de uma nova banda eletrônica, geralmente na região do visível ou infravermelho próximo (400 – 1.600 nm). Um exemplo típico já foi ilustrado na Figura 5.10 para o complexo de Creutz–Taube. Essa banda reflete uma transição eletrônica entre dois estados redox, denominada intervalência. Ela confere a cor característica ao pigmento Azul da Prússia, $Fe^{III}_4[Fe^{II}(CN)_6]_3$.

Os complexos simétricos, principalmente o de Creutz–Taube, $[(NH_3)_5Ru\text{-pirazina-}Ru(NH_3)_5]^{5+}$, despertaram muita curiosidade em décadas passadas para saber se apresentavam valência localizada, do tipo Ru(II)-Ru(III) ou deslocalizada, Ru(2½)-Ru(2½).

Nesses complexos, a existência de uma banda eletrônica caracteriza os estados redox envolvidos no fenômeno da intervalência como estados espectroscópicos, gerados a partir da excitação vertical (E_λ) em um diagrama de curvas de potencial semelhante ao da Figura 8.11. Nessa Figura, feita a devida adaptação para um complexo de valência mista, a seta E_λ ou $E_{\text{óptico}}$ corresponde à energia da transição intervalência, medida experimentalmente no espectro eletrônico. Também está mostrada a energia de ativação térmica, E_{th} ou $\Delta G^{\ddagger}$, para chegar ao ponto de cruzamento. É interessante notar que, para sistemas simétricos, $E_{\text{óptico}} = 4\,E_{th}$. Assim, com base nos espectros eletrônicos intervalência é possível avaliar a energia de ativação térmica, e, dessa forma, calcular a velocidade de transferência de elétrons no estado fundamental.

Outro fato curioso é que quando as funções de onda dos complexos se misturam, o valor da integral de ressonância H_{AB} cresce, provocando um desdobramento das curvas de potencial no ponto de cruzamento como mostrado na Figura 8.19. Isso reflete a formação de um novo orbital molecular entre os sítios A e B que interagem. À medida que a deslocalização eletrônica entre A e B cresce, H_{AB} aumenta,

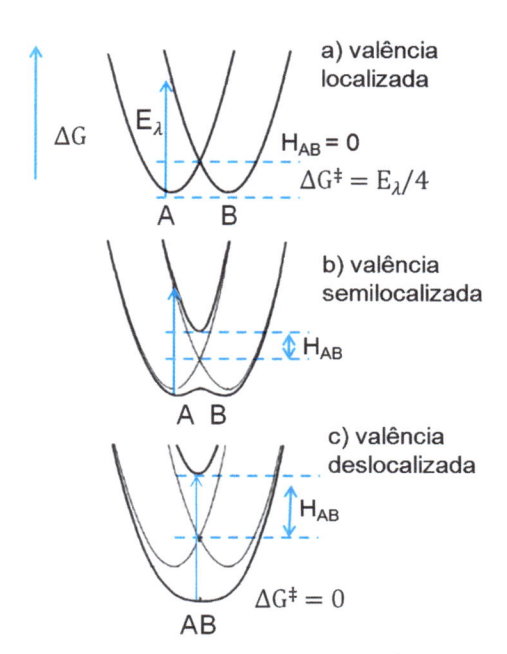

Figura 8.19
Curvas de potencial para sistemas de valência mista a) localizados, b) semilocalizados e c) deslocalizados.

e a energia de ativação para a transferência térmica $\Delta G^{\ddagger}$ diminui. Quando H_{AB} é suficientemente alto, $\Delta G^{\ddagger}$ tende a zero (Figura 8.17c), e a valência se torna completamente deslocalizada no sistema. Nessa situação, a transição inter-valência passa a ser descrita como uma transição entre or-bitais moleculares no sistema AB.

Transferência de energia

Sistemas fotoexcitados podem transferir energia entre dois sítios, de modo semelhante ao que ocorre com a transfe-rência de elétrons, porém envolvendo dois estados eletrô-nicos localizados em A e B (Figura 8.20). Da mesma forma que na transferência eletrônica, é importante que exista comunicação entre A e B ao nível dos estados excitados, como representado no diagrama.

O acoplamento entre os estados permite que a exci-tação de A se propague até B por meio de um mecanismo coulômbico, conhecido como Föster, ou um mecanismo de troca, conhecido como Dexter. Sua diferenciação está mos-trada no diagrama.

No mecanismo de Föster, o decaimento do estado excitado de A^* se acopla à excitação de B. Por isso, deve haver alguma superposição entre o espectro de emissão de A e o espectro de absorção de B. Nesse mecanismo, A^* é o emissor e B é o absorvedor, e o processo pode acontecer mesmo a longas distâncias, sendo regulado pelos requisitos espectroscópicos envolvidos.

No mecanismo de Dexter, a transferência de energia envolve dois processos concomitantes de transferência de elétrons, do nível excitado de A até B, e do estado fundamental de B até A, como mostrado no diagrama. Esse mecanismo segue os mesmos princípios envolvidos na transferência de elétrons, e pode ser discutido com base na Teoria de Marcus/Hush/Sutin descrita neste capítulo. Por envolver interações, como as descritas pela integral H_{AB} no ponto de cruzamento das curvas de potencial, o mecanismo de Dexter só é efetivo quando os sítios A e B estão situados a curtas distâncias.

Figura 8.20
Ilustração dos mecanismos de transferência de energia dos tipos Föster e Dexter.

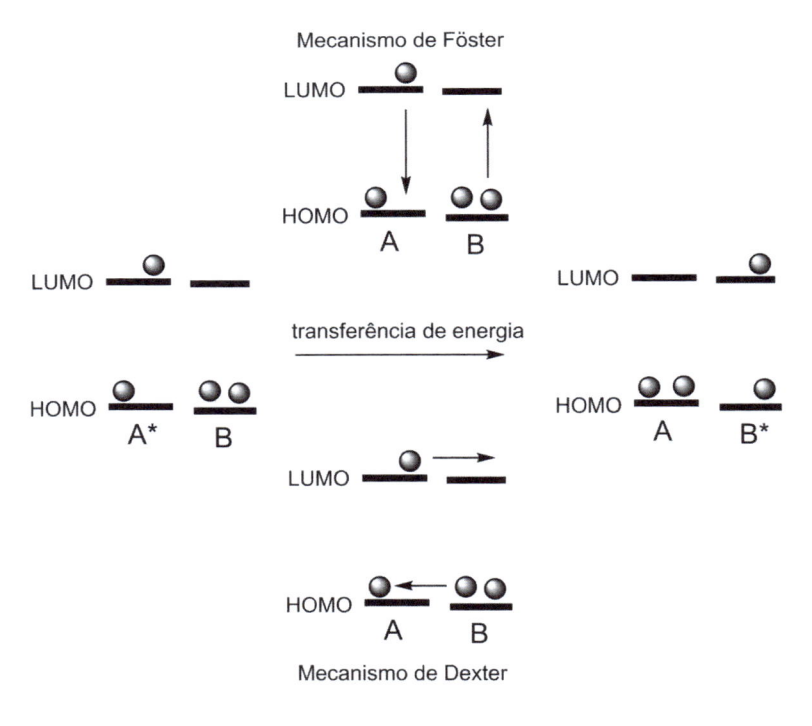

CAPÍTULO 9

COMPOSTOS ORGANOMETÁLICOS E CLUSTERS

A ligação metal–carbono confere características especiais a uma classe de compostos conhecida como organometálicos. O carbono, que é o constituinte principal dos compostos orgânicos, tem uma tendência marcante de formar ligações covalentes com a maioria dos elementos, incluindo os metais de transição. Existem compostos com ligantes alquílicos, saturados, coordenados diretamente ao íon metálico por meio de ligação σ. Esses compostos podem exibir comportamento distinto, revelando uma alta reatividade, quando formados com metais fortemente positivos, como os metais alcalinos, alcalino-terrosos e alumínio, sendo de especial interesse na Química Orgânica Sintética, a exemplo dos compostos de Grignard, [R—Mg—X]. Entretanto, os compostos organometálicos mais interessantes são formados pelos ligantes insaturados como CO, olefinas e aromáticos com os elementos de transição, principalmente por causa de sua participação em processos de catálise industrial.

Compostos carbonil-metálicos

O monóxido de carbono é uma molécula biatômica, semelhante ao N_2, que se apresenta no estado gasoso, com ponto de ebulição de 82 K e ponto de fusão de 68 K. Sua distância de ligação igual a 0,1128 nm é consistente com uma ligação tripla. A energia de dissociação 1.072 kJ mol^{-1} torna a ligação no CO a mais forte conhecida entre os compostos químicos, e isso justifica sua pequena reatividade química fora do contexto organometálico.

A inércia química do CO é quebrada pela presença dos elementos metálicos, com os quais interage de uma maneira inusitada, formando uma classe numerosa de compostos, dotada de estruturas e propriedades bem definidas e interessantes. São os compostos carbonil-metálicos ou metalocarbonilos. Trabalhos importantes que levaram à caracterização estrutural dos metalocarbonilos foram conduzidos pelo Professor Hans Stammreich (1902-1969) na Universidade de São Paulo, no início da década de 1960, utilizando espectroscopia Raman.

Nesses compostos, o CO atua tanto por meio do par eletrônico (σ_{sp}) sobre o carbono, que é compartilhado com um orbital σ_d vazio do metal, por exemplo, $d_x{}^2 - y^2$, como do compartilhamento no sentido inverso, através dos orbitais antiligantes, π^* (vazios), que interagem com os orbitais π_d preenchidos, do metal (por exemplo, d_{xy}), como indicado na Figura 9.1.

O compartilhamento eletrônico no sentido inverso, em que o metal atua formalmente como o fornecedor de elé-

Figura 9.1
Esquema da ligação metal-CO, mostrando as ligações σ e π (retrodoadora), em separado.

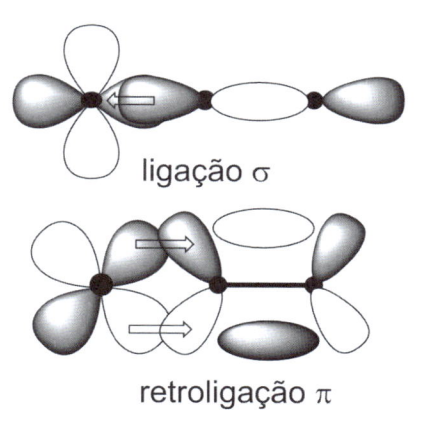

ligação σ

retroligação π

trons para o orbital π^* vazio do ligante, é conhecido como retrodoação-π. Isso pode acontecer tanto no plano do orbital d_{xy} representado na figura como no plano perpendicular, envolvendo os outros orbitais π_d (cheios) e π^*_L (vazios) existentes.

A superposição dos dois tipos de ligação ilustrados no esquema justifica o fato de a ligação metal–CO ser bastante forte, bem como a grande estabilidade apresentada pelos compostos carbonil-metálicos. A retrodoação é um diferencial importante na química desses compostos, pois ao mesmo tempo que estabiliza a interação metal–CO, provoca um aumento na densidade eletrônica do orbital π^* da molécula de CO. Em razão de sua natureza antiligante, isso acaba enfraquecendo a ligação CO, promovendo sua ativação. Assim, a coordenação de um íon metálico retrodoador proporciona uma rota eficaz de ativação do CO, e esse é um ponto importante explorado no desenvolvimento dos processos catalíticos.

A melhor evidência física que comprova esse modelo é fornecida pelos espectros vibracionais dos compostos. A molécula de CO apresenta uma frequência vibracional de estiramento, CO, igual a 2.143 cm^{-1}, valor que pode ser considerado bastante elevado para uma molécula biatômica.

A frequência vibracional, nesse caso, pode ser expressa pela equação

$$\bar{v} = (1/2\pi c)\sqrt{(k/\mu)}$$

onde k = constante de força da ligação, c = velocidade da luz e μ é a massa reduzida $(1/m_C + 1/m_O)$. Um valor elevado da frequência de estiramento implica uma alta constante de força, e, portanto, uma ligação química bastante forte.

Nos compostos carbonil-metálicos, as frequências observadas são sempre menores que na molécula livre, como, por exemplo,

$$\bar{v}_{CO}\,[Ni(CO)_4] = 2.060 \text{ cm}^{-1}$$

$$\bar{v}_{CO}\,[Co(CO)_4]^- = 1.890 \text{ cm}^{-1}$$

$$\bar{v}_{CO}\,[Fe(CO)_4]^{2-} = 1.790 \text{ cm}^{-1}$$

Esses valores de frequência indicam uma intensificação da retrodoação ao longo da série isoeletrônica $3d^8$, $[Ni(CO)_4]$ $[Co(CO)_4]^-$ e $[Fe(CO)_4]^{2-}$, com enfraquecimento da ligação CO, à medida que aumenta a carga eletrônica global.

Regra do número atômico efetivo e dos 18 elétrons

Enquanto os elementos representativos seguem de perto a regra do octeto, nos compostos organometálicos os elementos metálicos têm sua camada de valência expandida para 18 elétrons, com a incorporação dos orbitais d. Assim, em vez do octeto = $n(s^2p^6)$, na química organometálica se aplica a regra dos 18 elétrons = $(n-1)d^{10}n(s^2p^6)$.

Essa regra foi introduzida pelo químico americano Irving Langmuir em 1921, logo no início da era quântica, sinalizando a necessidade da ampliação do octeto de Lewis. Mais tarde, ela foi reapresentada pelo químico britânico Nevil Sidgwick, a partir da observação de que a estrutura eletrônica de um elemento metálico com 18 elétrons na camada de valência é equivalente à de um gás nobre. Assim, partindo do número atômico do elemento, basta calcular o número de elétrons necessários para se chegar ao número atômico efetivo (NAE) do gás nobre correspondente. Essa regra ficou conhecida como regra do número atômico efetivo, ou regra de Sidgwick, e ganhou popularidade por não exigir conhecimento prévio da configuração eletrônica do elemento metálico.

Na aplicação dessas regras, cada ligante contribui com um par de elétrons para a camada de valência do elemento metálico central. Por exemplo, qual seria a composição do composto formado entre o Cr^0 e o CO? Pela regra do NAE, considerando que o NA do Cr é 24, e que o NA do gás nobre correspondente no período, Kr, é 36, fica claro que faltam 12 elétrons para completar a camada de valência ($36 - 24 = 12$). Isso equivale a seis pares eletrônicos, ou 6 CO. Portanto, o composto previsto é o $[Cr(CO)_6]$.

Seguindo a regra dos 18 elétrons de Langmuir, temos de considerar a camada de valência do elemento metálico,

$$Cr(24) = 3d^5\ 4s^1 = 6\ \text{elétrons.}$$

Assim, existe espaço para $18 - 6 = 12$ elétrons até o preenchimento total, o que pode ser fornecido por seis pares eletrônicos provenientes de CO, como deduzido utilizando o NAE.

Da mesma forma, o Mo e o W formam compostos $[Mo(CO)_6]$ e $[W(CO)6]$ onde

$$NA(Mo) = 42 \text{ e } NAE(Xe) = 54 \therefore nCO = 2n = 54 - 42 = \\ = 12, \Rightarrow n = 6$$

$$NA(W) = 74 \text{ e } NAE(Rn) = 86 \therefore nCO = 2n = 86 - 64 = 12, \\ \Rightarrow n = 6$$

Os compostos $[Cr(CO)_6]$, $[Mo(CO)_6]$ e $[W(CO)_6]$ formam cristais incolores, estáveis ao ar, e apresentam simetria O_h. Ao contrário do previsto pela teoria de repulsão dos pares e eletrônicos da camada de valência, TRPEV, os 18 elétrons não têm a mesma função na determinação da geometria do composto. Os orbitais d_{z^2}, $d_{x^2 - y^2}$, s, p_x, p_y e p_z têm simetria σ e apontam naturalmente para os eixos do octaedro, servindo de base para a hibridização d^2sp^3 na Teoria da Valência. Os orbitais d_{xz}, d_{xy} e d_{yz} têm simetria μ e participam da ligação com retrodoação metal-ligante. A ligação com retrodoação-π se superpõe à ligação σ, como indicado na Figura 9.1, e, por isso, os orbitais d_π deixam de ser determinantes na geometria e estereoquímica dos compostos. Assim, o preenchimento dos orbitais de simetria σ (d^2sp^3) leva a uma geometria octaédrica para os compostos $[M(CO)_6]$.

Os elementos Fe ($NA = 26$), Ru ($NA = 44$) e Os ($NA = 76$) formam compostos do tipo $[M(CO)_5]$ em concordância com a regra de Sidgwick,

$$NA \text{ (Fe)} = 26 \text{ e } NAE \text{ (Kr)} = 36 \therefore 36 - 26 = 10 \Rightarrow 5 \text{ CO}$$

$$NA(Ru) = 44 \text{ e } NAE \ (Xe) = 54 \therefore 54 - 44 = 10 \Rightarrow 5 \ CO$$

$$NA(Os) = 76 \text{ e } NAE(Rn) = 86 \therefore 86 - 76 = 10 \Rightarrow 5 \ CO$$

Alternativamente, pela regra de Langmuir, Fe = $3d^6 4s^2$ $\Rightarrow$ 8 elétrons de valência. Portanto, $18 - 8 = 10$ ou cinco pares eletrônicos, ou 5 CO.

Esses compostos são líquidos muito reativos, e apresentam geometria bipirâmide trigonal, D_{3h} (hibiridização dsp^3).

O Ni(0) forma com CO o composto tetraédrico [Ni(CO)$_4$], que se apresenta como um líquido de ponto de ebulição igual a 43 °C. Esse composto é inflamável, extremamente reativo e um dos mais tóxicos conhecidos. Segundo a regra do NAE,

$$NA \ (Ni) = 28 \text{ e } NAE \ (Kr) = 36 \therefore 36 - 28 = 8 \Rightarrow 4 \ CO$$

Da mesma forma, de acordo com Langmuir,

$$Ni = 3d^8 4s^2 = 10 \text{ elétrons de valência}$$

e portanto $18 - 10 = 8$ ou quatro pares eletrônicos (4 CO).

As moléculas ou ligantes com número ímpar de elétrons têm um comportamento dúbio em relação ao número de elétrons que podem doar para completar a camada de valência. Por exemplo, na forma neutra, o NO é um radical, com número ímpar de elétrons, com um capacidade doadora de três elétrons. Entretanto, na forma de NO^+ ou NO^- o ligante tem um número par de elétrons, e se enquadra no comportamento normal, de ligante clássico. Ligantes com número ímpar de elétrons, como NO e H, foram denominados não inocentes por C. K. Jörgensen, pois sua natureza não pode ser imediatamente reconhecida na formulação do composto.

Tomemos como exemplo o íon nitroprussiato, $[Fe(CN)_5NO]^{2-}$, bastante conhecido pela suas propriedades vasodilatadoras. De fato, ele é um medicamento estratégico em casos de enfarte, pela sua capacidade de liberar NO no organismo, provocando a dilatação dos vasos sanguíneos. Esse íon pode ser formulado como $Fe(II)$ e NO^+ ou $Fe(III)$ e $NO°$, e, em princípio, não se pode dizer qual possibilidade estaria correta sem o recurso de medidas experimentais, como os espectros vibracionais.

A molécula de NO tem uma frequência de estiramento igual a 1.876 cm^{-1}. Seu caráter paramagnético é devido a um elétron desemparelhado. Segundo a teoria dos orbitais moleculares, sua ordem de ligação corresponde a 2,5. Na presença de oxidantes fortes, é possível isolar o sal $[NO^+]ClO_4$, que é extremamente reativo e explosivo. A frequência de estiramento NO^+ medida para esse sal é 2.220 cm^{-1} e serve como referência para uma ligação tripla. No íon nitroprussiato, a frequência de estiramento NO é observada em 1939 cm^{-1}. Em resumo,

$$\bar{v}_{NO} = 1.876 \ cm^{-1}, \ \bar{v}_{NO}+ = 2.220 \ cm^{-1}$$
$$\bar{v}_{NO}[Fe(CN)_5NO]^{2-} = 1.939 \ cm^{-1} \ .$$

Portanto, no nitroprussiato, o caráter do ligante NO se situa entre a forma neutra e o NO^+, o que é coerente com o comportamento químico observado para esse complexo.

No complexo $[Mn(CN)_5NO]^{3-}$ a frequência NO é observada em 1.735 cm^{-1}, ao passo que no $[Cr(CN)_5NO]^{4-}$ ela cai para 1.515 cm^{-1}. Em ambos os casos, é possível afirmar que o caráter da ligação NO se aproxima do NO^-, onde a ordem de ligação converge para uma dupla.

É interessante notar que as espécies CO, NO^+ e CN^- são isoeletrônicas, e constituem os ligantes com a maior força de campo ligante conhecidos. O N_2 também faz parte desse grupo isoeletrônico, porém sua capacidade de ligação é bastante reduzida em relação aos demais, refletindo diferenças na natureza dos orbitais moleculares. Apesar de formar ligações metal–carbono, os complexos com cianeto apresentam um comportamento relativamente clássico, quando comparados com os compostos organometálicos típicos. Tem sido observado que os complexos com cianeto nem sempre obedecem à regra do número atômico efetivo, como no exemplo $[Cr(CN)_6]^{3-}$ (NAE = $24 - 3 + 6 \times 2 = 33$). O ligante NO, além de não inocente, também não pode ser considerado um representante típico da classe dos organometálicos, pelos mesmos motivos. Entretanto, em muitos casos, o comportamento organometálico é observado para os complexos com CN e NO^+. Esse caráter é bastante marcante para os alquil isocianetos, CN—R, que se aproximam bastante do CO.

Assim, além das considerações do uso do número atômico efetivo, é importante levar em conta a distribuição ou balanço das cargas no complexo, para diagnosticar os possíveis estados de oxidação das espécies envolvidas. Isso deve ser feito logo de início, em conjunto com o uso do NAE.

Ligantes simples, como o H, também podem revelar um comportamento não inocente, apresentando-se na forma de H^+, H^o ou H^-. Um caso típico é o do complexo $[Co(CN)_5H]^{3-}$, que pode ser formulado como Co(III) e H^-, Co(II) e H^o ou Co(I) e H^+. O diagnóstico, nesses casos, também pode ser feito recorrendo-se ao uso de medidas espectroscópicas, ou eventualmente com base no comportamento químico dos compostos. Essa tarefa nem sempre é simples, e, por isso, se usa o termo "estado de oxidação formal" para expressar uma situação possível, não definitiva, para a descrição do composto.

A regra do número atômico efetivo é particularmente útil na discussão dos compostos organometálicos formados pelos elementos com número atômico ímpar. Nesses casos, como os ligantes convencionais são doadores de pares eletrônicos, é impossível atingir a configuração do gás nobre, que é sempre par. Segue-se, portanto, que os compostos organometálicos formados pelos elementos com números atômicos ímpares devem ter características diferentes, em termos de estrutura e estabilidade, em relação aos compostos organometálicos clássicos, formados pelos elementos pares.

Por exemplo, a formulação mais próxima do NAE(Kr) = 36 para o composto carbonílico de manganês é [Mn(CO)$_5$], pois NA(Mn) = 25, e a adição de 5 CO conduz a um NAE = 35. Falta, portanto, um elétron para essa espécie adquirir estabilidade eletrônica. Na prática, isso acaba acontecendo de várias maneiras, por exemplo, compartilhando um elétron por meio da formação de dímero, capturando um átomo de hidrogênio, ou um elétron, como no esquema:

O produto da combinação do Co^0 (NA = 27) com CO com NAE mais próximo do Kr é o [Co(CO)$_4$], isto é 27 + 4 × 2 = 35. Essa espécie é radicalar, e dimeriza-se espontaneamente formando o Co$_2$(CO)$_8$, cuja estrutura é

A dimerização proporciona, por compartilhamento, o elétron necessário para atingir o NAE do gás nobre Kr.

Um aspecto importante na química dos compostos carbonil-metálicos é a tendência de formação de ligações metal–metal. Esse processo pode acontecer em vários níveis de extensão e complexidade, gerando trímeros, tetrâmeros, compostos polinucleares e até agregados com milhares de átomos, formando nanopartículas. De modo geral, para os sistemas de dimensões moleculares, com ligações metal–metal, o uso da denominação "***cluster* metálico**" já está consagrado. A designação alternativa, agregado ou aglomerado, não é conveniente por ter um significado muito genérico, e não é restrita aos compostos com ligação metal–metal.

Os *clusters* metálicos encerram, com frequência, um caráter organometálico bastante forte, marcado pela presença de ligantes carbonílicos e correlatos. A análise das ligações metal–metal pode ser uma tarefa bastante complexa e difícil, quase impossível de ser conduzida sem o auxílio da teoria e dos cálculos de orbitais moleculares. Tais ligações podem adotar um caráter múltiplo, e apresentar forte deslocalização sobre um conjunto de átomos. Apesar da complexidade, sua importância em processos catalíticos é muito grande.

Entre os *clusters* metalocarbonílicos mais simples estão os fórmula geral $M_3(CO)_{12}$, com estruturas triangulares simétricas para os derivados de Ru e Os.

Eles podem ser pensados como trímeros de $M(CO)_4$ com $8 + 4 \times 2 = 16$ elétrons na camada de valência, que adquirem estabilidade compartilhado elétrons com dois átomos vizinhos, formando duas ligações metal-metal.

No caso do Fe, essa estrutura acaba sofrendo uma alteração, devido à maior proximidade dos átomos metálicos, que favorece a ligação de duas moléculas de CO em geometria de ponte, como indicado no esquema:

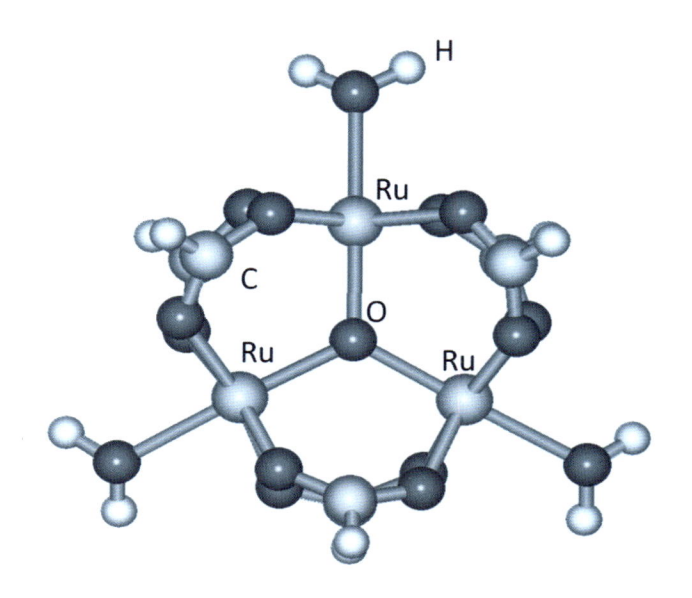

Nesse caso, a formação da ligação de ponte metal-carbonílica (M—CO—M) contabiliza apenas 1 elétron para cada metal, para manter o NAE de gás nobre.

A formação de *clusters* também pode ser induzida por ligantes de ponte, como é o caso do sistema $[Ru_3O(OAc)_6L_3]$ onde $L = H_2O$, MeOH, py (piridina) etc. ilustrado na Figura 9.2. Ao contrário dos *clusters* metalocarbonílicos, a estrutura desses *clusters* não é mantida pelo preenchimento do NAE de cada centro, e sim, pelas ligações de ponte com os seis acetatos, pela formação de ligações com o oxigênio central na unidade Ru_3O, além das ligações metal–metal deslocalizadas no triângulo Ru_3 e das interações com o ligante periférico L. A estrutura desse tipo de *cluster* é extraordinariamente estável, resistindo a mudanças sucessivas nos estados de oxidação, por meio de mecanismos sinergísticos proporcionados pela configuração eletrônica

Figura 9.2
Representação estrutural do *cluster* de $[Ru_3O(OAc)_6(H_2O)_3]$ mostrando o oxigênio no centro, ligado a três átomos de Ru, unidos por pontes de acetato. A estrutura é completada pela ligação da água, no sítio periférico.

deslocalizada. A remoção de elétrons intensifica a participação das ligações metal–metal, e da interação com o oxigênio central. Ao contrário, a introdução de elétrons até levar íon metálico ao estado de oxidação II acaba saturando os orbitais d_π (t_2g^6) e inibindo a formação de ligações-π metal–metal entre átomos vizinhos.

Compostos metal–olefinas

Assim como o CO, as olefinas também formam uma classe numerosa de compostos com elementos metálicos, coordenando-se tanto por meio de ligações σ com o carbono como por meio de ligações π. Este último caso é mais interessante, e confere novas propriedades aos compostos, que passam a ser diferenciados pela notação π. Sob o ponto de vista histórico, o primeiro composto-π metal–olefina foi descrito por Zeise em 1830, envolvendo a coordenação do etileno com um complexo de platina, do tipo

O número de átomos de carbono ligados ao centro metálico é denominado hapto (palavra que significa ligar, em grego) e é representado pela letra grega η. Assim, no complexo de Zeise, $\eta = 2$.

Complexos com várias ligações metal–olefina também são bastante frequentes, como exemplificado pelo η^4-buta dienotetracarbonilferro(O).

Em todos os casos, na formação da ligação-π metal-olefina, a dupla ligação situa-se perpendicularmente em relação ao eixo de ligação com o centro metálico. A definição de uma ligação σ ou π indica um comportamento simétrico ou antissimétrico, respectivamente, dos orbitais com respeito ao eixo de ligação. Assim, a ligação-σ metal–olefina é formada pela interação dos orbitais originalmente de simetria π da olefina, orientados perpendicularmente em relação ao eixo de união com o centro metálico, mantendo a paridade (g ou u) com respeito a esse eixo. Em outras palavras, o orbital π cheio da olefina passa a atuar como orbital σ-doador em relação ao centro metálico, interagindo com um orbital $d\sigma$ vazio metal. Por outro lado, o centro metálico pode interagir com os orbitais π^* vazios, antiligantes, da olefina, retrodoando os elétrons localizados em um orbital d_π cheio, como ilustrado na Figura 9.3. Neste aspecto, a situação é muito parecida com a dos metalocarbonilos.

Por meio da interação metal-π retrodoadora, a dupla ligação na olefina fica energeticamente fragilizada pelo aumento da população em um orbital antiligante, facilitando o ataque de outras espécies. Esse é um aspecto muito importante que será explorado no próximo capítulo sobre catálise.

Olefinas cíclicas e aromáticas também formam complexos-π bastante estáveis com elementos metálicos. Uma classe em especial é formada pelo ciclopentadieno, que se coordena na forma aniônica, após a perda de um próton, gerando um anel com cinco átomos de carbono, porém com seis elétrons deslocalizados nos orbitais π. A presença dos seis elétrons deslocalizados confere um caráter aromático para o anel de ciclopentadieno.

A descoberta do composto de ferro com o ligante ciclopentadieno foi feita acidentalmente em 1951, por Kealy

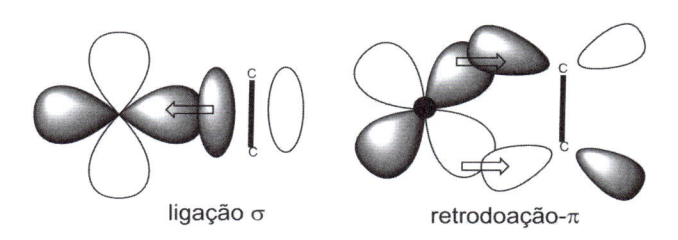

ligação σ retrodoação-π

Figura 9.3
Interação metal–olefina, mostrando a formação da ligação-σ perpendicular à dupla ligação C—C e a ligação retrodoadora, envolvendo o orbital π^* antiligante da olefina.

e Pauson, na tentativa frustrada de síntese do fulvaleno a partir da reação do C_5H_5MgCl com $FeCl_3$.

O composto obtido apresentou a composição $[Fe(C_5H_5)_2]$ e ficou conhecido como ferroceno. Forma cristais de coloração laranja, extraordinariamente estáveis, com ponto fusão de 174 °C, e podem ser aquecidos acima de 500 °C, sem decomposição.

Sua estrutura é perfeitamente simétrica, apresentando anéis pentagonais antieclipsados, e coerente com a formação de três ligações-π com os orbitais dσ íon de ferro(II) por meio do ânion ciclopentadienilo superior, $C_5H_5^-$ — e outras três ligações com o mesmo ligante, no plano inferior. As ligações de natureza σ envolvem os orbitais s e d_z^2 do íon metálico, que estão devidamente orientados para interagir com os orbitais p do ciclopentadienilos nos dois planos aromáticos. As interações de natureza π envolvem uma combinação dos orbitais d_π cheios do íon metálico central com uma combinação dos orbitais antiligantes do ciclopentadienilo, de mesma simetria. Na realidade, a ligação no complexo de ferroceno é mais bem descrita como deslocalizada, envolvendo todos os orbitais π do íon ciclopentadienilo, na interação com os orbitais do elemento metálico.

O ferroceno é apenas um exemplo dessa classe de complexos. Outra série correlata é formada pelos benzenocenos, $[M(\eta^6$—$C_6H_6)]$. Ambas pertencem a uma extensa série de composto denominados metalocenos, ou complexos sanduíche, que foi bastante trabalhada por G. Wilkinson (Prêmio Nobel de Química de 1973).

Teoria isolobal de Hoffmann

Os compostos organometálicos apresentam semelhanças com os compostos orgânicos, e uma forma de explorar as analogias é por meio de uma abordagem proposta por Hoffmann, em 1982, conhecida como Teoria Isolobal.

Nessa abordagem, os orbitais moleculares dos complexos são agrupados em blocos, começando com os orbitais cheios com caráter σ dos ligantes, depois colocando os orbitais com caráter d_π cheios, do metal, e finalmente completando com os orbitais d_σ, s e p vazios ou incompletos do metal, (d^2sp^3) como indicado na Figura 9.4.

Para um complexo ML_6, d^6 de campo forte, a presença dos seis ligantes, com a esfera de coordenação do octaedro já completa, simula uma configuração eletrônica saturada, semelhante ao observado para o CH_4. Pode-se dizer que existe uma analogia isolobal entre os dois sistemas:

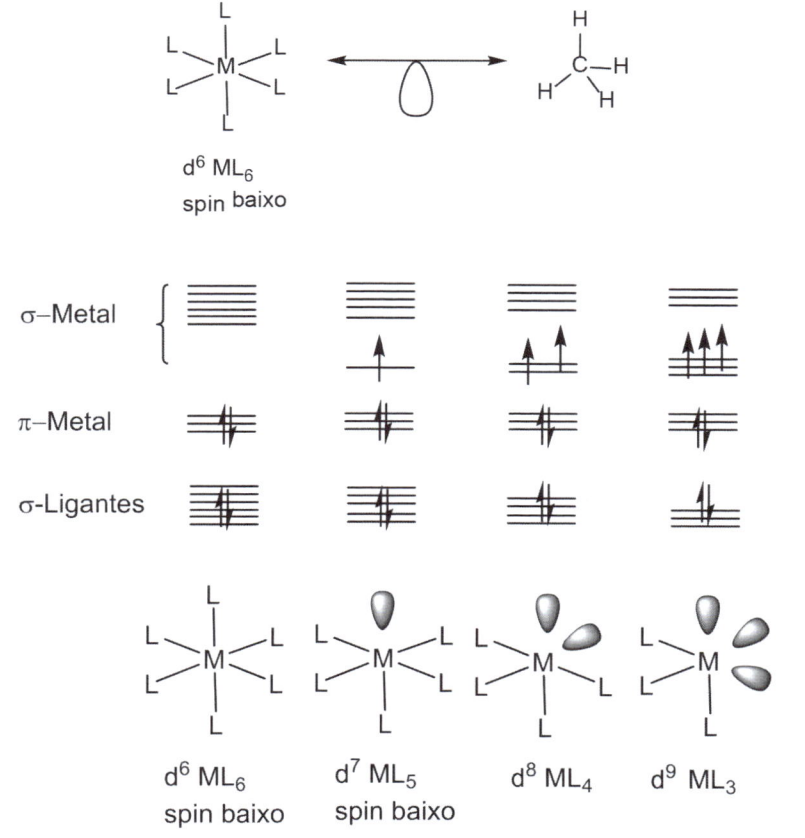

Figura 9.4
Representação simplificada dos orbitais moleculares para o complexo octaédrico ML_6 e seus fragmentos, de configuração $d^6 - d^9$.

No caso de um complexo ML_5, de configuração d^7, de baixo spin, o elétron adicional irá ocupar o orbital σ destacado da mistura d^2sp^3, como mostrado na Figura 9.5b. Isso confere um caráter de radical livre, gerando uma analogia isolobal em relação ao grupo CH_3.

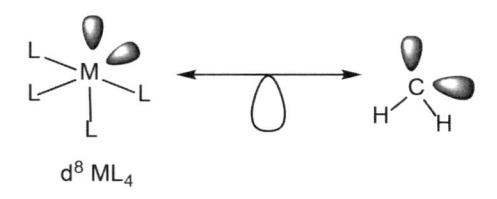

$d^7\ ML_5$
spin baixo

Assim, da mesma forma como os radicais CH_3 dimerizam, formando C_2H_6, os complexos ML_5, d^7, spin baixo também sofrem dimerização, formando $L_5M{-}ML_5$, como no exemplo:

$$2CH_3 \rightarrow H_3C{-}CH_3$$

$$2[Co(CN)_5]^{3-} \rightarrow [(CN)_5Co{-}Co(CN)_5]^{6-}$$

Por outro lado, ambos reagem de forma semelhante com o H_2:

$$2CH_3 + H_2 \rightarrow 2CH_4$$

$$2[Co(CN)_5]^{3-} + H_2 \rightarrow 2[HCo(CN)_5]^{3-}$$

Os complexos ou fragmentos ML_4, de configuração d^8, apresentam dois elétrons desemparelhados em orbitais σ e têm um comportamento isolobal em relação ao radical CH_2.

$d^8\ ML_4$

Dessa forma, eles trimerizam para dar origem aos composto cíclicos correspondentes.

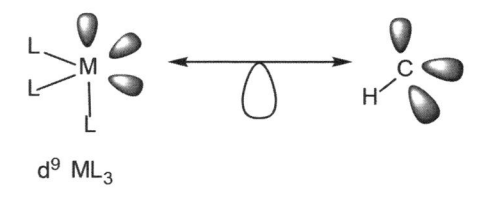

$$3CH_2 \longrightarrow$$

$$3[M(CO)_4] \longrightarrow \qquad M = Ru, Os$$

Finalmente, os complexos ou fragmentos do tipo ML_3 de configuração d^9 apresentam três elétrons desemparelhados em orbitais σ provenientes do conjunto d^2sp^3 e adquirem comportamento isolobal em relação ao grupo CH.

$$d^9\ ML_3$$

Dessa forma, esses radicais podem dar origem aos tetrâmeros correspondentes:

$$4CH \longrightarrow$$

$$4Co(CO)_3 \longrightarrow$$

CAPÍTULO 10

CATÁLISE POR COMPOSTOS DE COORDENAÇÃO

A **catálise** é um dos nichos mais importantes de aplicação dos compostos de coordenação. A colocação desse assunto no último capítulo do livro permite uma abordagem mais concisa dos processos catalíticos e catalisadores, incorporando os conceitos prévios de estrutura, afinidade, equilíbrios, potenciais redox, características organometálicas e dos mecanismos de substituição e transferência de elétrons nos compostos.

Quando o assunto é catálise, podem ser encontradas duas formas de apresentação. Na visão tipicamente orgânica, o foco recai sobre os substratos, nos quais o complexo metálico faz um papel coadjuvante, modificando a reatividade da espécie coordenada e auxiliando nos processos responsáveis pelas transformações químicas. A outra visão é do lado inorgânico, na qual o catalisador faz a logística do processo e o substrato passa a ser visto como um ligante, que responde à influência do metal. Neste livro, a segunda abordagem está sendo focalizada. Porém, antes de discutir os processos catalíticos, é importante discutir como os íons metálicos modificam a reatividade ou as características químicas do ligante.

Influência do metal na reatividade do ligante

Os metais como ácidos de Lewis

Uma visão clássica que persistiu durante muito tempo na Química de Coordenação foi o comportamento dos ligantes como bases de Lewis e dos íons metálicos como ácidos de Lewis. Os íons metálicos, com suas cargas positivas, polarizam as ligações coordenativas, induzindo um deslocamento de carga ou de densidade eletrônica em sua direção. Dessa forma os ligantes coordenados têm sua acidez aumentada pelo efeito indutivo exercido pelo metal.

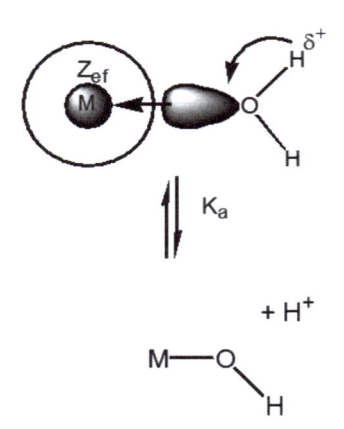

O exemplo mais simples e importante que ilustra o aumento do caráter ácido provocado pelo íon metálico é dado pelo comportamento dos aqua-complexos, como ilustrado no esquema.

Observa-se que, quanto mais intenso for o efeito da polarização eletrônica exercido pelo íon metálico, maior será a acidez da molécula de água coordenada (menor pKa).

Esse efeito, normalmente, é expresso pelo potencial iônico do cátion metálico, dado pela relação entre a carga iônica e o raio da primeira esfera de hidratação. Geralmente, esse raio é expresso pela soma do raio do metal e o raio do oxigênio (0,085 nm), e, nesse caso, corresponde ao raio efetivo da primeira esfera de coordenação do íon metálico. Entretanto, como o efeito da carga é espacial, pode ser mais conveniente usar como parâmetro a razão entre a carga do cátion e o raio volumétrico, ou $Z/(r_{\text{hidratação}})^3$. Esse parâmetro reflete melhor a distribuição espacial da carga que atua sobre todas as moléculas de água coordenadas, e é o que vamos usar neste capítulo.

Colocando em gráfico os valores conhecidos de pKa dos aqua-complexos, em função de Z/r_{hid}^3, como mostrado na Figura 10.1, despontam três tendências bem definidas de variação da acidez. Em todos os casos, o pKa da água coordenada diminui com o aumento da relação Z/r_{hid}^3.

O primeiro grupo é formado pelos cátions de elementos mais leves, da série representativa, como os metais alcalinos e alcalino-terrosos, incluindo o alumínio, com camada eletrônica completa (s^2p^6). Nesse grupo, os efeitos das regiões nodais por meio da blindagem eletrônica são mais severos, e a carga nuclear efetiva do núcleo metálico atuando sobre o ligante (H_2O) é atenuada. Isso justifica um coeficiente angular menos acentuado que nos outros grupos.

No outro extremo, temos o terceiro grupo, formado pelos cátions de elementos pesados como Hg^{2+}, Pb^{2+} e Bi^{3+},

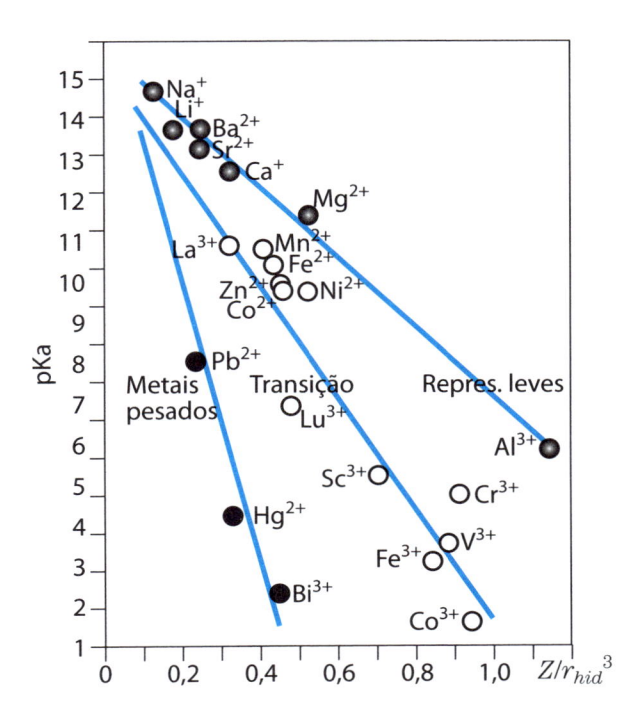

Figura 10.1
Variação da acidez dos aqua-complexos em função da relação Z/r_{hid}^3.

os quais têm uma natureza tipicamente mole. Nesses casos, a formação de ligações com maior caráter covalente com a água é feita por meio dos orbitais s ou p, os quais têm maior número de regiões nodais, e, portanto, transmitem melhor a ação da carga efetiva no núcleo metálico. Por isso, a acidez da água coordenada é na realidade determinada pelo efeito da covalência, que expõe o ligante, indiretamente, a uma maior carga nuclear efetiva, Z_{ef}. Dessa forma, a acidez tende a crescer mais acentuadamente com a relação Z_{ef}/r_{hid}^3 quanto se trata do grupo de metais pesados.

O grupo intermediário é formado pelos elementos de transição, e a tendência observada na variação de pKa é um reflexo do caráter covalente proporcionado pela ligação, polarizando par eletrônico, porém sendo compensado em alguma extensão pelo maior efeito de blindagem sobre o orbital d.

Uma consequência interessante do aumento da acidez dos aqua-complexos é a formação de uma malha de processos hidrolíticos (Figura 10.2), que dá origem a uma rota sintética muito importante na área de materiais inorgânicos, conhecida como sol–gel.

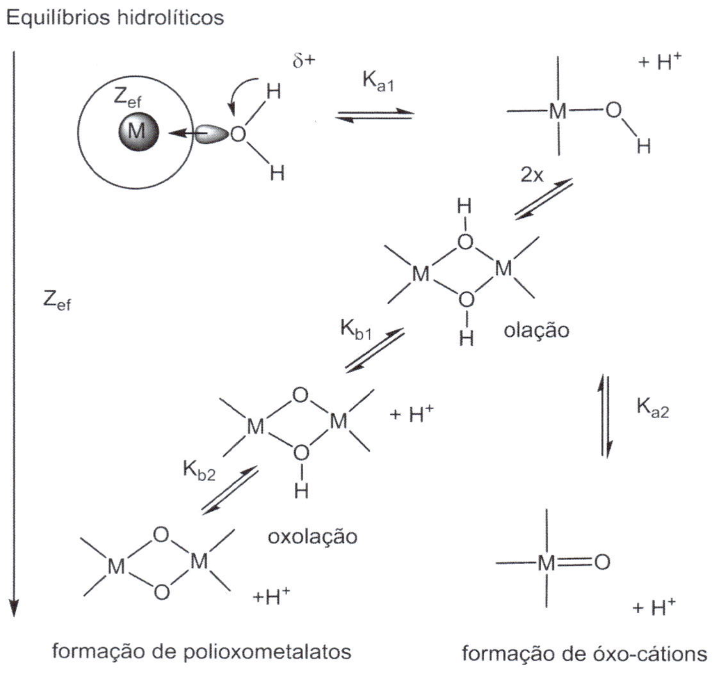

Figura 10.2
Processos hidrolíticos associados aos aqua--complexos, hidróxidos e óxidos em função do aumento da carga nuclear efetiva.

Equilíbrios hidrolíticos

formação de polioxometalatos   formação de óxo-cátions

A primeira etapa do processo é o estabelecimento do equilíbrio ácido-base, gerando hidroxocomplexos, M—OH. À medida que a carga nuclear efetiva aumenta, os equilíbrios podem seguir dois caminhos. Um deles é o da polinucleação, formando pontes M(OH)(HO)M (olação), M(O)(OH)M e M(O)(O)M (oxolação), evoluindo até a formação de agregados maiores, que podem ser sinterizados, gerando materiais com estrutura e propriedades controladas.

O outro caminho, especialmente quando a carga nuclear efetiva ou estado de oxidação for muito elevado, é ditado pelo caráter extremamente ácido da água coordenada, provocando a perda total dos prótons e a formação de oxo-ânions, sem formar a malha hidrolítica. Isso explica a formação de oxo-ânions como MnO_4^-, CrO_4^{2-} e até SO_4^{2-}, que apresentam números formais de oxidação $+7$ e $+6$, respectivamente. Muitos oxi-ânions, como o VO_3^-, podem formar polímeros de coordenação, espontaneamente, sob condições controladas.

Essas considerações são importantes pois explicam muitos fatos comumente observados no laboratório. A maioria dos precursores de óxidos metálicos com número de oxidação elevado, como Nb^V, V^V e Ti^{IV}, são haletos do tipo MCL_n e devem ser mantidos em fracos hermeticamente fechados, em condições absolutamente anidras. Esses materiais tornam-se fumegantes ao serem expostos ao ambiente, em virtude da evolução de HCl pelo simples contato com a umidade do ar. Atualmente, os alcóxidos $M(OR)_3$ estão sendo preferidos como precursores na síntese de óxidos metálicos. Apesar de apresentarem elevada sensibilidade à umidade, os alcóxidos não produzem gases tóxicos, e os álcoois formados como subprodutos podem ser facilmente eliminados durante a calcinação, sem deixar contaminantes, como acontece quando se usam haletos, no produto final.

Os metais como bases de Lewis

Metais como bases de Lewis foi uma proposta que, durante algum tempo, esteve no contrafluxo da Química de Coordenação clássica. De fato, causou alguma estranheza nos anos 1970, quando Taube demonstrou que os ligantes *N*-heterocíclicos, como a pirazina, têm suas basicidades aumentadas quando ligados ao íon de rutênio(II).

A pirazina (pz) é uma base fraca que apresenta um elevado caráter receptor de elétrons, em virtude da presença dos orbitais π^* de baixa energia. O pKa de seu ácido conjugado é da ordem de 1. Quando coordenado ao íon de rutênio(II), no complexo de $[Ru(pz)(NH_3)_5]^{2+}$, o pKa aumenta para 2,6, ao invés de diminuir, como seria esperado para os sistemas clássicos. Taube reconheceu que o íon Ru(II) é, na realidade, muito especial, pois sua configuração $4d^6$ spin baixo proporciona orbitais t_{2g} de simetria π cheios, aptos a interagirem com os orbitais π^* antiligantes da pirazina, transferindo densidade eletrônica para o anel. Esse mecanismo, na linguagem da Teoria da Valência, ficou conhecido como retrodoação ou doação reversa. O aumento da densidade eletrônica induzido pela retrodoação-π acaba refletindo diretamente no aumento da basicidade ou pKa do ligante.

Da mesma forma, a retrodoação-π passou a ser empregada na explicação das mudanças das propriedades de ligantes como CO e NO^+, conforme já foi comentado anteriormente.

No caso particular do NO^+ o efeito é realmente assombroso, pois esse íon só pode ser formado sob condições drásticas, geralmente envolvendo misturas de ácido sulfúrico com ácido nitroso, além de ser extremamente reativo. Porém, quando o NO^+ está coordenado ao íon pentacianidoferrato(II), no complexo nitroprussiato, $[Fe^{II}(CN)_5(NO^+)]^{2-}$, esse ligante se torna extraordinariamente estável, e mantém-se intacto até em meio neutro ou ligeiramente alcalino.

Assim, metais retrodoadores-π atuando como bases de Lewis podem aumentar o pKa dos ligantes coordenados e estabilizar espécies normalmente difíceis de serem trabalhadas quimicamente. Essa qualidade deu grande destaque aos metais do grupo da platina, em particular o rutênio, abrindo caminhos importantes na área de catálise.

Efeitos de vizinhança, organização e supramolecular

Sob o ponto de vista das reações químicas, o íon ou complexo metálico, além dos efeitos eletrônicos, também tem um papel de extrema importância, promovendo a aproximação de duas espécies (ligantes) por meio de sua coordenação, e intermediando a reação entre elas. Esse efeito pode se confundir com o próprio termo "coordenação", e talvez a abordagem como efeitos de organização ou supramoleculares possa expressar melhor a atuação dos centros metálicos no processo de catálise. De fato, na concepção de Jean Marie Lehn, a Química de Coordenação é essencialmente supramolecular, pois envolve a organização de moléculas em torno de um centro, sem a perda da identidade, possibilitando interações e transformações que se estendem além dos próprios domínios de cada molécula (ligante).

Por meio dos efeitos de aproximação é possível promover interações entre os ligantes que estão em sítios vizinhos, na esfera de coordenação do íon metálico central, como no esquema:

Um exemplo típico é a reação de condensação de um aminoácido, como a glicina, com um aldeído, catalisada por íons de Zn(II).

Como mostrado no esquema, por meio da coordenação dos dois ligantes ao íon de Zn(II), a proximidade dos grupos C=O e NH$_2$ vizinhos facilita a reação de condensação, gerando um grupo imina (C=N) coordenado. Esse tipo de mecanismo está envolvido em processos de transaminação nos sistemas biológicos.

Outro exemplo interessante do efeito de aproximação pode ser ilustrado pela reação de pseudoinserção do CO no composto organometálico ilustrado na Figura 10.3.

Nesse exemplo, embora o processo se confunda com a inserção do CO na ligação Mn—CH$_3$, formando Mn—C(O)CH$_3$, os experimentos de marcação isotópica revelaram que isso não acontece. Na realidade, o grupo CH$_3$ migra, por efeito de proximidade, para o grupo CO coordenado na vizinhança, e o sítio vago acaba sendo preenchido pela molécula de CO marcada isotopicamente, que foi introduzida no sistema.

O efeito de aproximação induzido pelo íon metálico pode atuar de forma concatenada para gerar uma estrutura mais organizada em relação à reação espontânea, sem esse

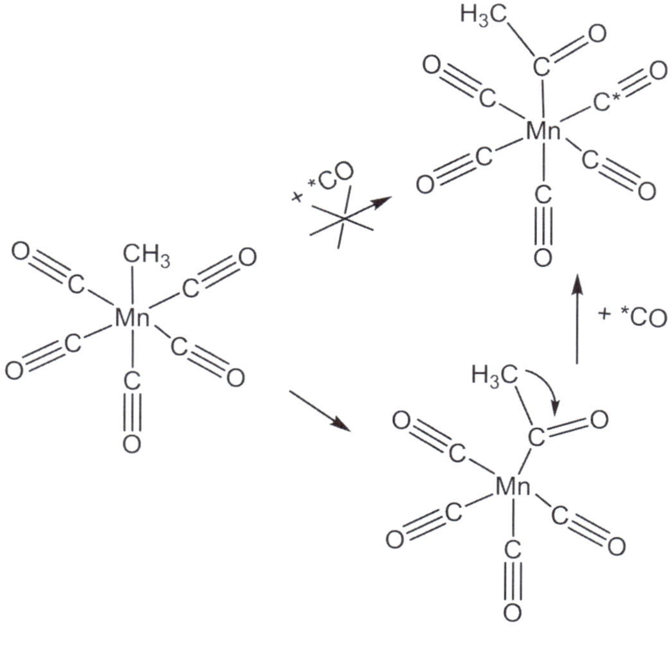

Figura 10.3
Processo de pseudoinserção do CO no complexo Mn(CO)$_5$CH$_3$: na realidade, a proximidade do grupo CH$_3$ com os ligantes CO em sua vizinhança facilita sua migração para formar um grupo acila coordenado, deixando, ao mesmo tempo, um sítio vago para ser ocupado por outra molécula de CO.

elemento. Muitas vezes, o íon metálico passa a atuar como um molde para a reação de estruturação do ligante em uma forma cíclica ou polimérica. Esse efeito é conhecido pela denominação em inglês, "template", e essa terminologia vem sendo mantida por força do uso e da tradição.

Na ausência do íon metálico, ligantes monoméricos capazes de formar polímeros reagem estatisticamente de acordo com as características químicas das diferentes espécies. Esses ligantes, representados genericamente por A, B,... tendem a reagir formando polímeros caóticos, apresentando uma variedade de tipos de cadeias e produtos, como no esquema:

Por meio do efeito *template*, a polimerização pode seguir o caminho desenhado pelo molde, para juntar os componentes (ligantes) e gerar um produto estruturalmente mais organizado, como é o caso dos compostos macrocíclicos.

Por exemplo, uma mistura de butanodiona e 1,3-diaminopropano, na presença de íons de Fe(II), leva a um composto macrocíclico avermelhado, com duas ligações α-diimínicas no plano. O ligante macrocíclico tetraimínico, conhecido pela sigla TIM, forma um complexo bastante estável com Fe(II), em configuração de spin baixo, deixando as posições axiais livres para coordenação de outros ligantes, como piridina ou cianeto.

Um composto macrocíclico muito importante é a ftalocianina, e sua síntese pode ser feita pelo aquecimento do 1,2-dicianobenzeno com o metal finamente dividido, em temperaturas da ordem de 200 °C. Esse processo pode ser explicado pelo efeito de coordenação e aproximação dos grupos reativos, como ilustrado no esquema:

As ftalocianinas resistem a temperaturas elevadas, e podem ser sublimadas, formando filmes moleculares atualmente utilizados na gravação, com laser, dos CDs e DVDs.

Etapas elementares em catálise

O catalisador é frequentemente citado como uma espécie que diminui a energia de ativação de uma reação, tornando-a mais rápida, sendo depois regenerada no processo. Na realidade esse conceito precisa ser refinado, pois o catalisador geralmente cria um novo caminho de reação que se processa com menor barreira energética, para gerar os produtos. Podemos ter vários catalisadores para um mesmo reagente, conduzindo, porém, a diferentes produtos, como mostrado na Figura 10.4.

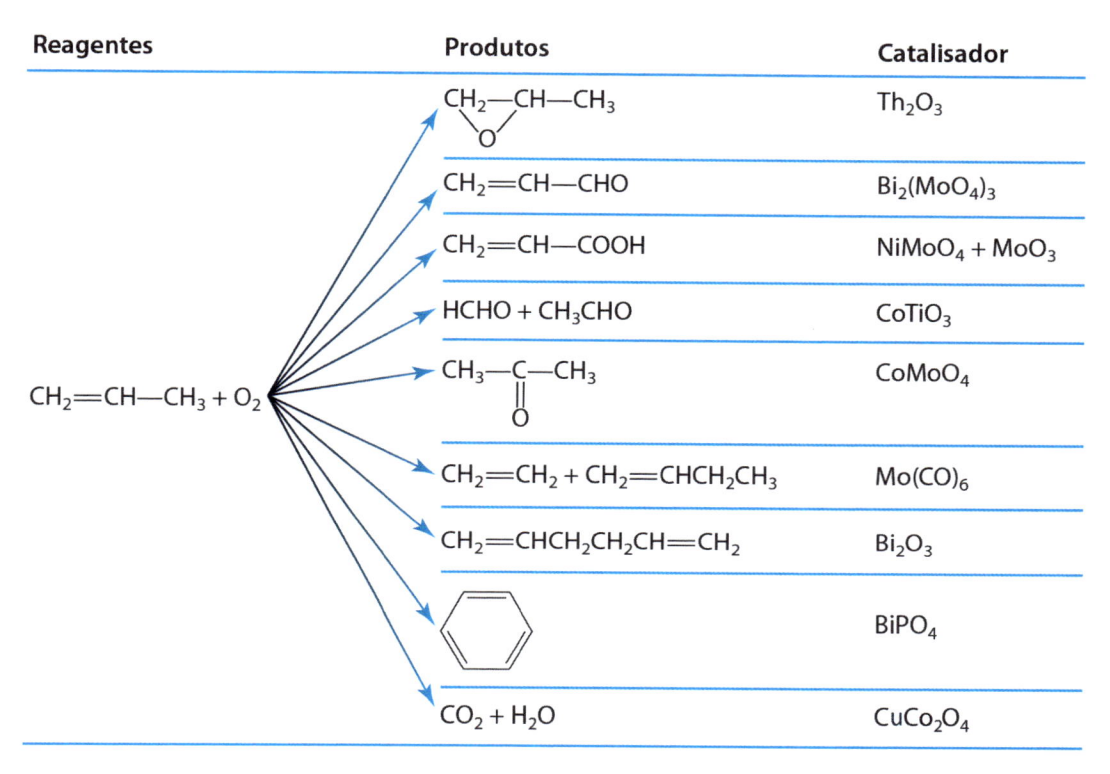

Figura 10.4
Produtos de oxidação do propileno com diferentes catalisadores.

O processo de catálise deve apresentar no mínimo três etapas:

1. Entrada do substrato na esfera de coordenação do catalisador por meio da a) substituição de ligantes ou b) adição oxidativa,

2. Ativação do ligante pelo centro metálico e indução da reação,

3. Saída do produto por meio da a) substituição de ligantes ou b) eliminação redutiva.

A entrada do substrato segue um processo normal de substituição, predominando o mecanismo associativo no caso de catalisadores planares. A adição oxidativa é um caso especial, observado com catalisadores que apresentam número de coordenação reduzido, tipicamente 2 ou 4. A adição dessa espécie ao catalisador ocorre com formação simultânea de duas ligações com os constituintes, em *cis*, levando a uma expansão no número de coordenação e aumento de duas unidades no estado de oxidação formal, como indicado no esquema:

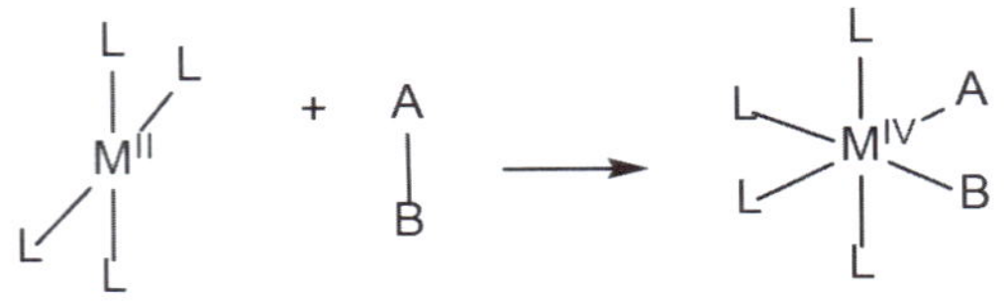

O exemplo mais conhecido é o do complexo de Vaska, $[Ir(PPh_3)_2(CO)Cl]$, representado na Figura 10.5.

Esse complexo planar, de configuração $5d^8$, apresenta-se desimpedido estericamente para receber a adição de uma molécula como o oxigênio ou hidrogênio. No caso do oxigênio, forma-se um peroxo-complexo coordenado frontalmente ao íon de irídio(III). Essa reação é reversível, e despertou muito interesse pela possibilidade de uso em transporte de oxigênio molecular e em purificação/reciclagem dos gases atmosféricos usados em ambientes fechados, como, por exemplo, nos submarinos. A reação com hidrogênio conduz à formação de hidretos, e poderia ser

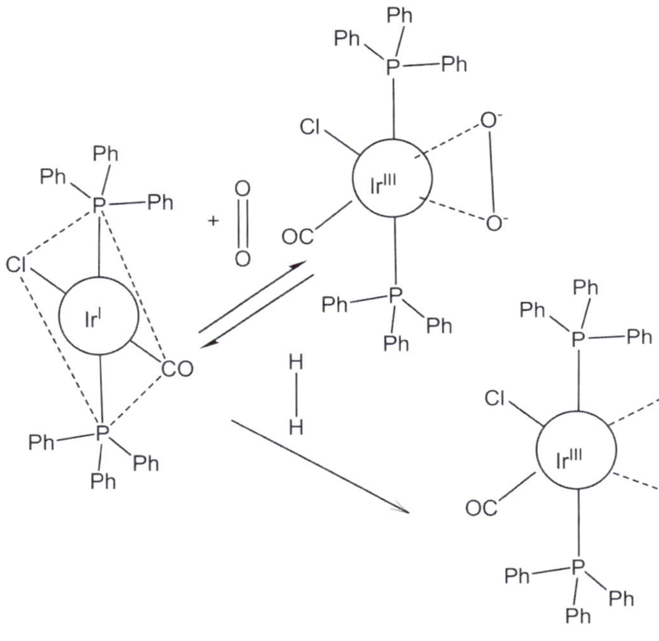

Figura 10.5
Ilustração do complexo de Vaska, $[Ir(PPh_3)_2(CO)C\ell]$, e dos processos de adição oxidativa com O_2 e H_2.

usado na armazenagem do hidrogênio se fosse reversível. Infelizmente não é o caso, mas o assunto tem sido intensamente pesquisado nos últimos anos. Vários complexos, principalmente de níquel, têm sido alvo de interesse, principalmente no desenvolvimento das células de combustível.

O processo de ativação envolve todos os aspectos já descritos, como as mudanças nas propriedades eletrônicas e ácido–base, efeitos de aproximação e organização no nível da esfera de coordenação.

A etapa de saída do produto pode ser descrita pelos mecanismos de substituição, ou de eliminação redutiva, no sentido oposto ao da adição oxidativa.

Processos catalíticos industriais

Alguns dos processos industriais mais importantes estão sendo apresentados sob a forma de esquemas catalíticos para facilitar o acompanhamento e compreensão dos mecanismos envolvidos.

a) Processo Wacker – síntese do acetaldeído

O Processo Wacker foi introduzido em 1964 para promover a oxidação do eteno e produzir acetaldeído, usado como matéria-prima para o ácido acético e seus derivados, incluindo o solvente acetato de etila. A produção mundial é superior a 3 milhões de toneladas por ano. Esse processo ainda é a rota sintética mais importante para produção de ácido acético, e está esquematizado na Figura 10.6.

O catalisador empregado é simplesmente o complexo tetracloridopaladato(II), $[PdCl_4]^{2-}$, de configuração $4d^8$ planar. O etileno coordena-se inicialmente formando ligações-π perpendiculares ao plano do complexo. O complexo resultante passa por uma etapa de aquação, seguida da perda de um próton facilitada pelo aumento da acidez induzido pela coordenação. O ligante hidróxido, por efeito de vizinhança, é transferido para o etileno, gerando um álcool coordenado pelo átomo de carbono. Esse tipo de ligação é bastante instável sob o ponto de vista redox, e leva a uma rápida redução do paládio(II), que é seguido da migração de prótons para gerar acetaldeído e Pd(0).

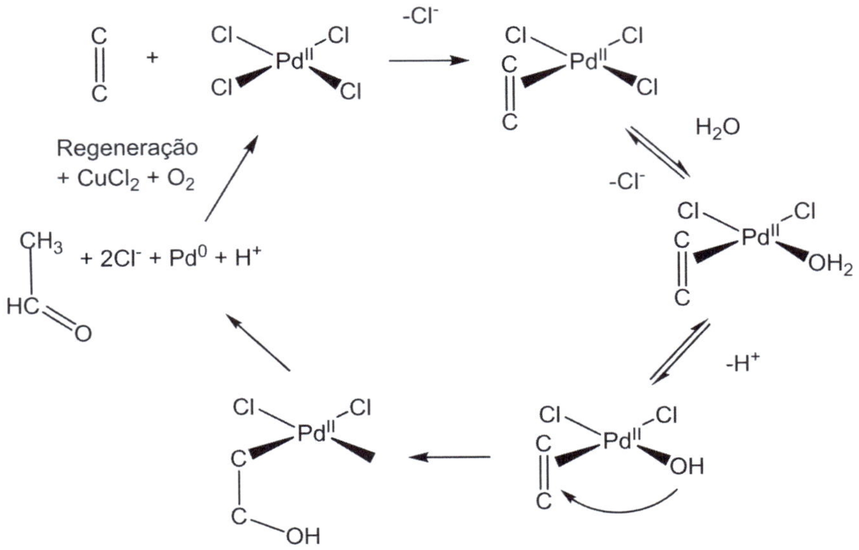

Figura 10.6
Esquema mecanístico do processo Wacker de síntese do acetaldeído a partir do etileno.

A primeira parte do processo é representada por

$$C_2H_4 + PdCl_2 + H_2O \rightarrow CH_3CHO + Pd^0 + 2HCl.$$

Na segunda etapa, o Pd(0) é regenerado pela oxidação com Cu(II), e na terceira os íons de Cu(I) formados anteriormente são oxidados pelo oxigênio molecular, regenerando o Cu(II). As reações envolvidas são:

$$Pd^0 + 2CuCl_2 \rightarrow PdCl_2 + 2CuCl$$
$$2CuCl + 2HCl + \tfrac{1}{2}O_2 \rightarrow 2CuCl_2 + H_2O.$$

b) Síntese do acetato de vinila

$$C_2H_4 + PdCl_2 + 2HOAc \rightarrow CH_2CHOC(O)CH_3 + Pd^0 + 2HCl$$

O acetato de vinila é um monômero importante na indústria de polímeros, e sua produção já ultrapassa 6 milhões de toneladas por ano, sendo os maiores fabricantes os Estados Unidos, a China, o Japão e Taiwan. O esquema catalítico empregado (Figura 10.7) é muito semelhante ao do processo a Wacker Chemie, utilizando inclusive o mesmo catalisador de paládio(II). Assim, as mesmas considerações se aplicam para esse esquema, incluindo as etapas de regeneração do catalisador.

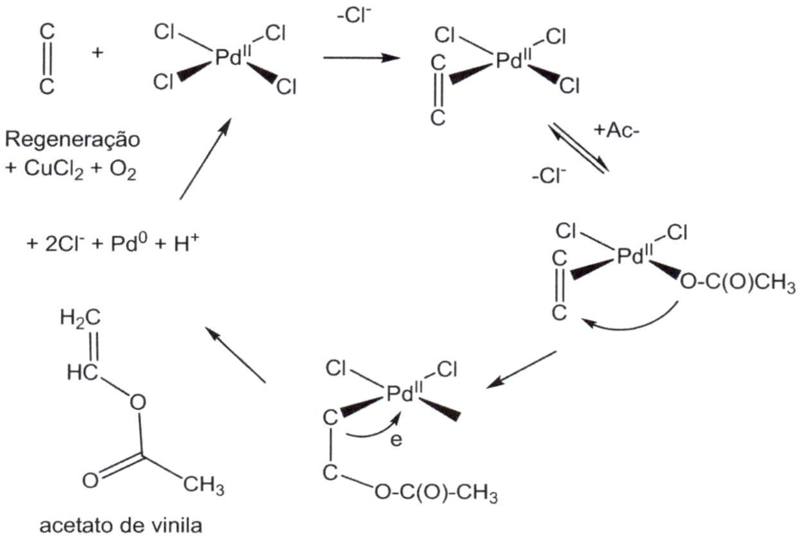

Figura 10.7
Esquema catalítico para
a síntese do acetato de
vinila.

acetato de vinila

c) Carbonilação do metanol – síntese do ácido acético

$$CH_3OH + CO \rightarrow CH_3COOH$$

Atualmente, o ácido acético é produzido por via sintética, em parte a partir do acetaldeído obtido pelo processo Wacker, mas, em sua maioria, por meio da carbonilação do metal. A produção mundial já ultrapassa 5 milhões de toneladas por ano, sendo mais da metade nos Estados Unidos, e o restante distribuído na Europa e Japão. Apenas 10% da produção tem origem biológica, a qual é destinada essencialmente para o consumo doméstico, principalmente como vinagre.

O esquema catalítico está ilustrado na Figura 10.8, e é praticamente autoexplicativo. O catalisador utilizado é o $[Rh^I(CO)_2I_2]^-$ ($4d^8$ planar). A reação se inicia com um processo de adição oxidativa do CH_3I, gerando um intermediário metil-paládio, que sofre uma sequência de transferências de grupo, por efeito de aproximação, com migração do metil para o CO e depois do I^-, até formar o iodeto de acila, que é eliminado, e o catalisador é regenerado. O iodeto de acila é submetido à hidrólise em outro reator, formando ácido acético e HI. Por sua vez, o HI é utilizado na síntese do CH_3I, fechando o ciclo catalítico.

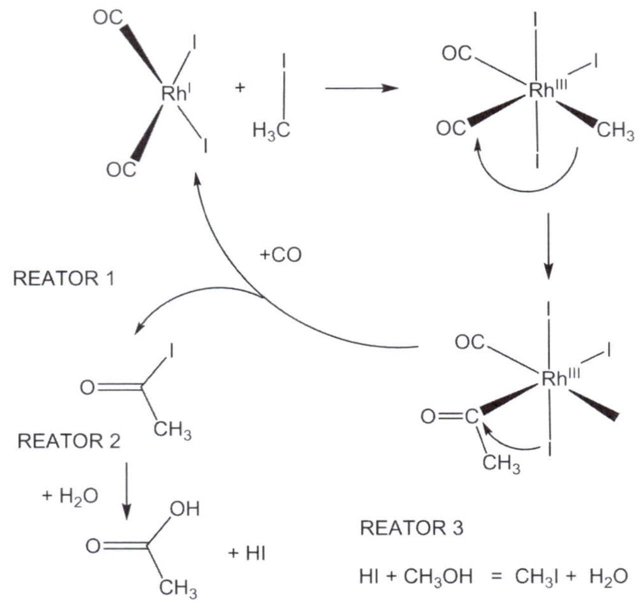

Figura 10.8
Esquema catalítico da
carbonilação do metal
usado na síntese do ácido
acético.

d) Hidrogenação catalítica – catalisador de Wilkinson

O catalisador desenvolvido por Wilkinson é um complexo de trifenilfosfina ródio(I), $[Rh(Cl)(PPh_3)_3]$ ($4d^8$, planar), obtido como um sólido cristalino vermelho-violeta, pela reação

$$RhCl_3(H_2O)_3 + 4\ PPh_3 \rightarrow RhCl(PPh_3)_3 + OPPh_3 + 2\ HCl + 2\ H_2O.$$

Esse catalisador foi introduzido em 1965 e foi o primeiro catalisador homogêneo de hidrogenação de olefinas empregado, de forma competitiva, na indústria.

O esquema mecanístico está ilustrado na Figura 10. 9.

É interessante notar que, partindo da olefina previamente coordenada ao complexo de ródio(I), a hidrogenação não é bem-sucedida, em virtude de sua alta estabilidade. Assim, é necessário que ocorra primeiro a adição oxidati-

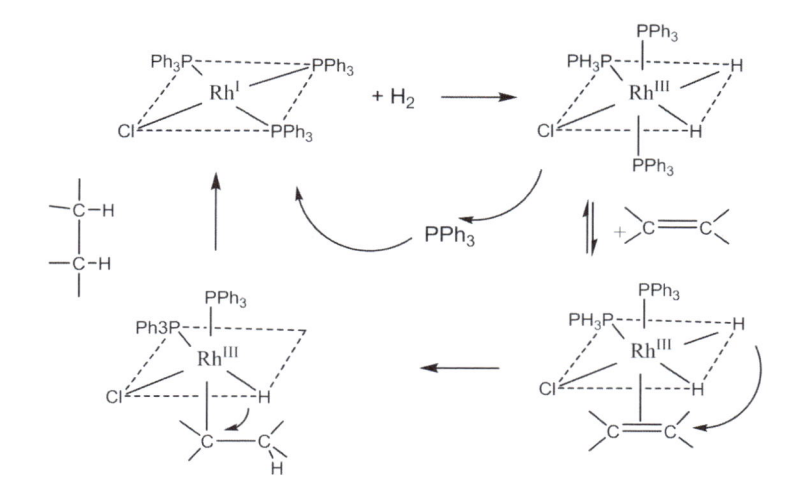

Figura 10.9
Esquema catalítico para hidrogenação de olefinas com o catalisador de Wilkinson.

va do hidrogênio no complexo, ante da entrada da olefina, como indicado no esquema. As etapas seguintes utilizam o efeito de aproximação dos ligantes, transferindo os hidrogênios para a olefina vizinha, até completar a reação.

A velocidade da catálise é acelerada pela presença de grupos polares na olefina, que favorecem sua aproximação e coordenação ao íon de paládio. A presença de substituintes volumosos nas proximidades da dupla ligação, ou sua localização no interior da cadeia carbônica, torna a catálise mais lenta. A hidrogenação com o catalisador de Wilkinson é estereoseletiva, como mostrada no exemplo:

$$C_3H_7-\!\!\!\equiv\!\!\!-CH_3 \xrightarrow[D_2]{[RhCl(PPh_3)_3]} \underset{C_3H_7\qquad CH_3}{\overset{D\qquad\quad D}{\diagup\diagdown}} + \text{hexano}$$

cis/trans > 20/1

Catalisadores catiônicos derivados do complexo de Wilkinson, envolvendo Rh(II) coordenado ao ligante bis-ciclooctadieno, estão mostrados no esquema:

Esses catalisadores desenvolvidos, respectivamente, por Schrock-Osborn e Crabtree, mostraram um aumento na eficiência de hidrogenação de olefinas de quase dez vezes em relação ao catalisador de Wilkinson. Aperfeiçoamentos importantes foram introduzidos em busca da enantioseletividade, como descrito a seguir.

e) Hidrogenação catalítica enantioseletiva

Catalisadores de hidrogenação enantioseletivos estão sendo aplicados na produção industrial da L-dopa, pelo processo Monsanto:

O catalisador empregado por Knowles em 1975 foi baseado no complexo catiônico de Schrock–Osborn, utilizando porém uma difosfina quiral (Dipamp) no lugar das duas fosfinas:

Várias difosfinas foram depois desenvolvidas para catálise assimétrica, como por exemplo:

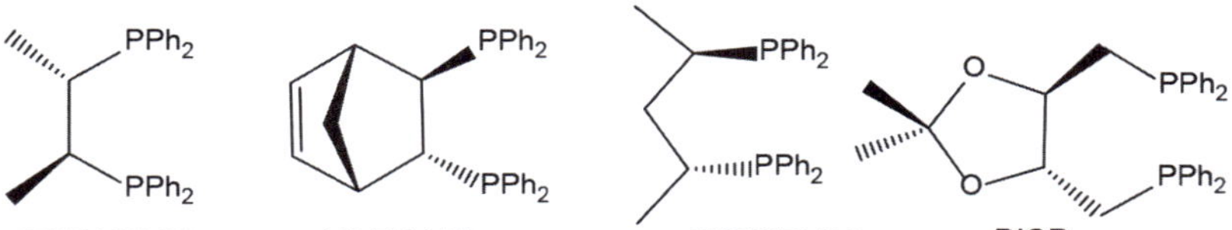

CHIRAPHOS NORPHOS SKEWPHOS DIOP

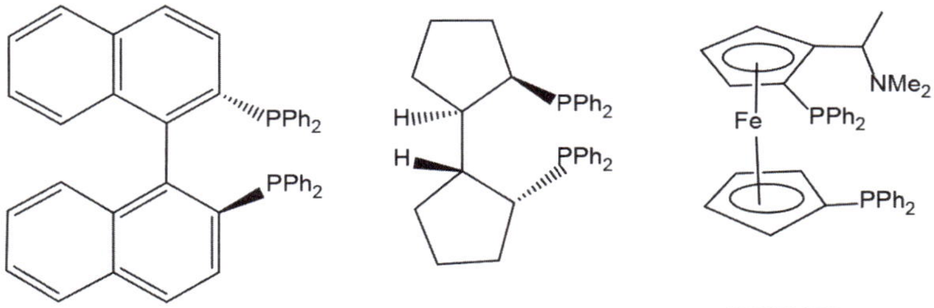

BINAP BICP JOSIPHOS

O mecanismo que explica o processo de hidrogenação assimétrica foi proposto em 1982 por Halpern, como ilustrado no esquema da Figura 10.10.

Nesse esquema, a coordenação da olefina é bidentada, gerando uma configuração assimétrica sob a influência do ligante bifosfina quiral, em posição oposta. A entrada do hidrogênio por adição oxidativa ocorre em posição favorável para a transferência, por efeito de vizinhança, à olefina,

Figura 10.10
Mecanismo de Halpern para hidrogenação assimétrica baseada em difosfinas quirais de ródio(I).

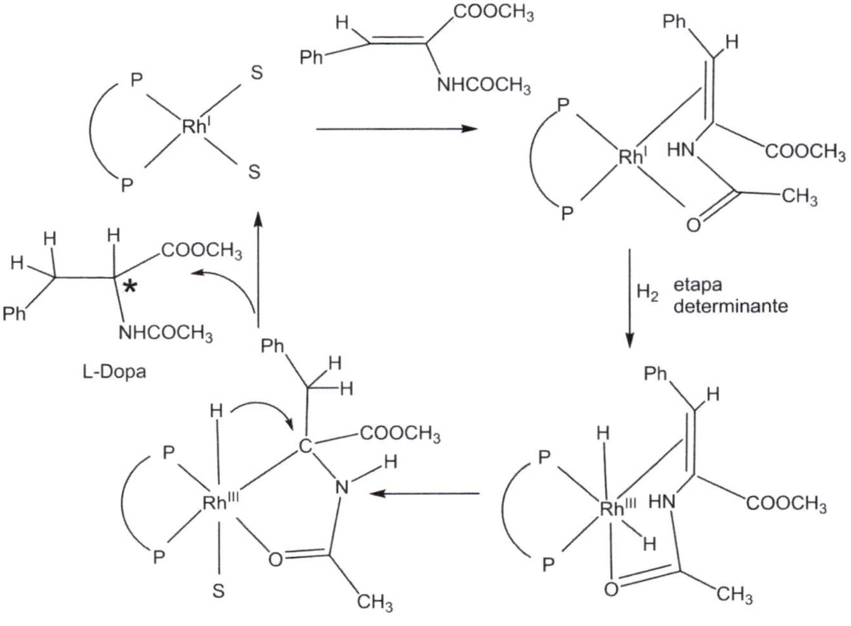

promovendo uma hidrogenação assimétrica. O impacto desses trabalhos no desenvolvimento da catálise assimétrica motivou a outorga do Prêmio Nobel de Química 2001 a Knowles, Sharpless e Noyori.

f) Processo oxo ou de hidroformilação de olefinas

A hidroformilação é um processo duplo, de carbonilação e hidrogenação sucessiva, que leva à formação de aldeídos a partir de alcenos (olefinas), CO e H_2, levando ao aumento de uma unidade de carbono na cadeia. Ela foi desenvolvida pela Ruhrchemie em 1930, na Alemanha, e aplicada industrialmente em 1945 na produção de álcoois de cadeias longas voltados para a fabricação de detergentes. Atualmente também se emprega na obtenção do n-butanol e do 2-etil--hexanol a partir do propeno. A cadeia de produtos derivados da hidroformilação excede 10 milhões de toneladas por ano.

O processo ocorre em solução, com o catalisador dissolvido no alceno ou em mistura com alcanos, em temperaturas de 100–200 °C e pressões que variam de 200 a 450 atm. Os catalisadores usados até o final da década de 1960 eram baseados em complexos carbonílicos de cobalto como $[CoH(CO)_3PR_3]$ e $[CoH(CO)_4]$. A partir da metade dos anos 1970, a Union Carbide e Celanese substituiram o cobalto pelo ródio, utilizando catalisadores do tipo $[RhH(CO)_3PR_3]$ e $[RhH(CO)_4]$, que, apesar do alto custo, proporcionaram maior seletividade e rendimento.

O esquema mecanístico, ilustrado na Figura 10.11 para o cobalto, mostra, de forma simplificada, o funcionamento do processo de hidroformilação.

O catalisador, nesse caso, é gerado no processo a partir da reação do cobalto na forma metálica ou de sais de carbonato, na presença de CO e H_2. Esse catalisador ainda é usado industrialmente apesar de ser pouco seletivo, por causa do baixo custo.

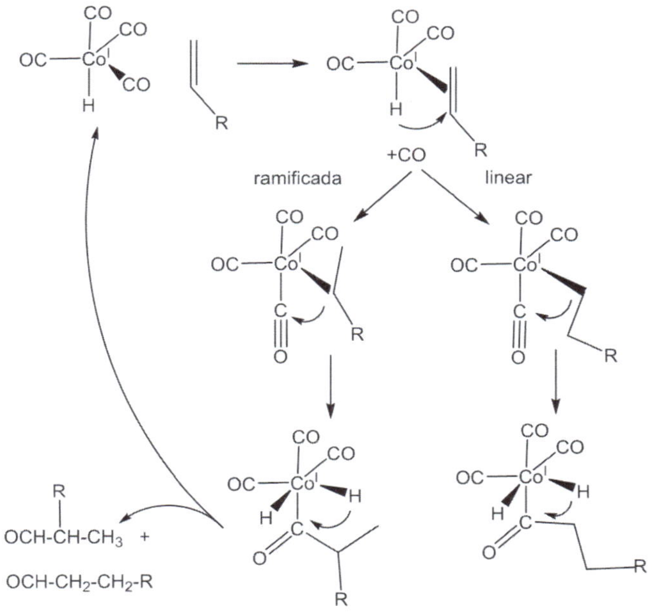

Figura 10.11
Esquema do processo de hidroformilação catalítica de alcenos.

A primeira etapa do processo, uma vez formado o catalisador, é a coordenação de uma olefina. Em razão do efeito de vizinhança, o íon hidreto pode migrar tanto para o carbono da ponta como para o carbono mais interno da cadeia, gerando dois isômeros. A seguir, ocorre a etapa de carbonilação, envolvendo a migração do radical hidrocarboneto para o ligante CO coordenado na vizinhança, formando um radical acila linear ou ramificado. Esse intermediário sofre adição oxidativa na presença de hidrogênio molecular, gerando hidretos que podem ser transferidos para o radical acila coordenado, formando o aldeído correspondente.

A introdução de fosfinas, ou a substituição do cobalto pelo ródio, tem permitido um aperfeiçoamento do processo, resultando em maior seletividade e produtividade.

g) Polimerização de olefinas

Pode-se dizer que a era dos polímeros que estamos vivenciando teve o seu despertar nos anos 1950, com os trabalhos de Ziegler e Natta, que mostraram a possibilidade de explorar economicamente o processo de polimerização, gerando um material bastante versátil, resistente e durável, que é o polietileno. A produção de polietileno e seus derivados já ultrapassa 70 milhões de toneladas por ano em todo o mundo. Atualmente, a maioria dos processos de produção de polietileno e poliolefinas ainda é baseada no processo de Ziegler e Natta, incluindo vários aperfeiçoamentos. Outra vertente, tão antiga quanto a de Ziegler e Natta, é baseada nos metalocenos.

O processo de Ziegler e Natta pode ser classificado como catálise heterogênea, e utiliza basicamente uma mistura de $TiCl_3$ e $A\ell(C_2H_5)_3$ em forma particulada ou suportada. A função do $A\ell(C_2H_5)_3$ é transferir grupos —C_2H_5 para o sítio de coordenação do Ti(III) na superfície, o qual atua como centro catalítico. Isso é importante para dar início do processo de polimerização, ilustrado na Figura 10.12.

Nesse esquema, a olefina se coordena ao complexo de Ti(III) e fica sob os efeitos da vizinhança do grupo —C_2H_5, que acaba migrando para o carbono da dupla ligação, for-

Figura 10.12
Esquema do processo de Ziegler-Natta de polimerização de olefinas.

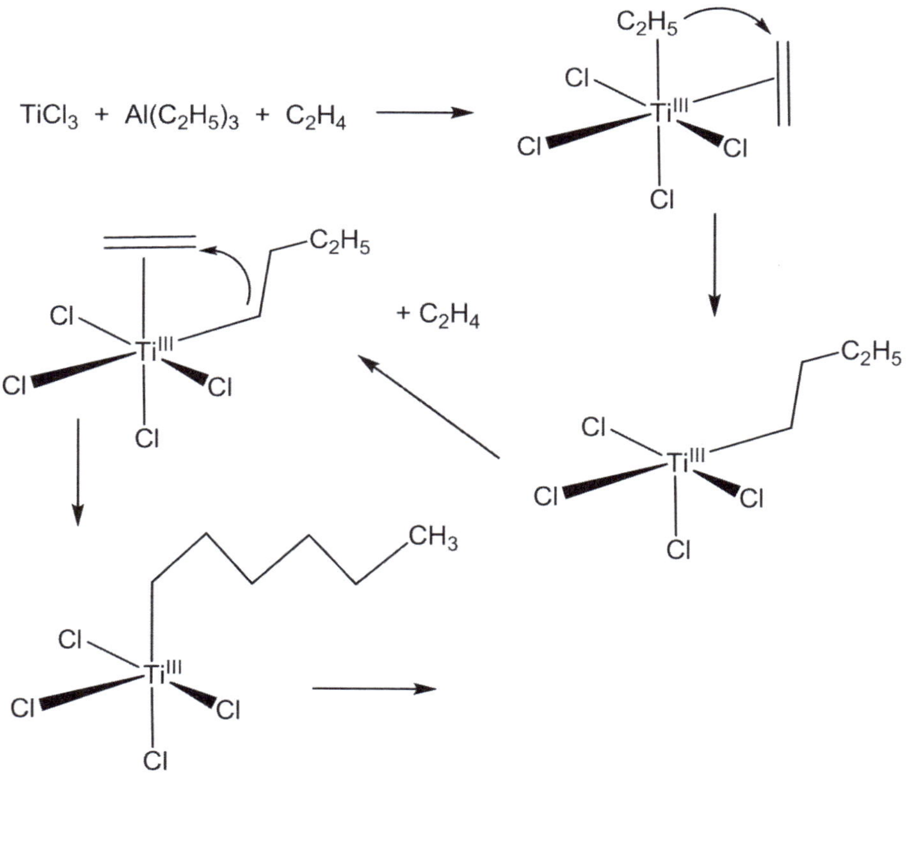

çando o radical orgânico a adotar uma configuração linear. O sítio vago é novamente preenchido pela olefina, e o processo se repete indefinidamente, para gerar a cadeia polimérica. O rendimento do processo é admirável, pois 1 g de titânio é suficiente para gerar 500 kg de polietileno.

No caso do ciclo propeno, a presença do grupo metila pode influenciar no processo, particularmente na organização das cadeias durante a polimerização, gerando diferentes tipos de polipropileno denominados isotáticos, sindiotáticos e atáticos. Os polímeros isotáticos apresentam uma orientação regular dos grupos metila, proporcionando alto grau de cristalidade e densidade. São as formas mais procuradas e utilizadas no comércio. A forma sindiodática apresenta alternância dos grupos metila no espaço, e dá origem a um plástico menos resistente e pouco denso. A forma atática é mais desordenada, e a menos desejada, em termos comparativos, considerando qualidades mecânicas e estabilidade.

O uso de catalisadores baseados em metalocenos vem crescendo nas últimas décadas, pois proporcionam melhor seletividade em relação ao tipo de polímero formado. O catalisador típico é constituído pelo complexo de bis(pentadienil)zircônio, $[Zr(cp)_2Cl_2]$ ou análogos, como ilustrado no esquema:

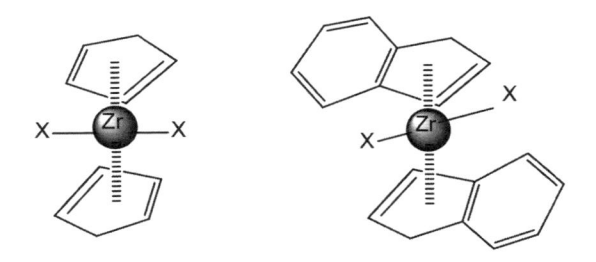

Da mesma forma como no uso do catalisador de Ziegler–Natta, é necessário o uso de um composto de $A\ell R_3$, como o $A\ell Me_3$, como ativador. Na realidade esse ativador funciona melhor na presença de um pouco de umidade, ao contrário do que se observa para o $TiCl_3$ no processo Ziegler–Natta. Tem sido demonstrado que a sua hidrólise produz compostos com ligações …$MeA\ell$—O—$A\ell Me$…, denominados metilaluminoxanos, MAO. A combinação do metaloceno de zircônio com MAO resulta na mistura catalí-

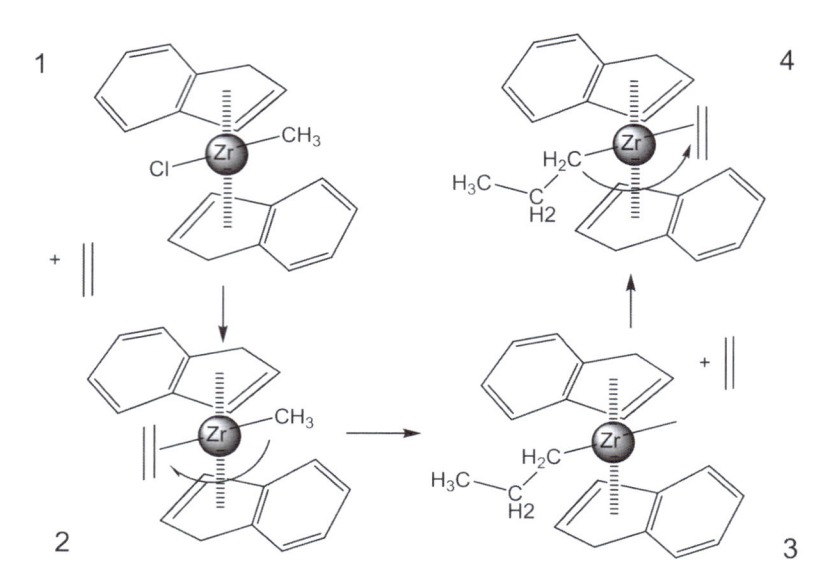

tica usada na polimerização de olefinas. A catálise por metalocenos é considerada homogênea, e oferece mais vantagens em termos de seletividade e qualidade dos produtos. O mecanismo de polimerização envolve a mesma sequência observada no processo Ziegler–Natta, como pode ser visto na Figura 10.13.

h) Reações de metátese (transposição)

Na petroquímica as reações de transposição de grupos ligados a olefinas são chamadas de metátese cruzada, e podem ser escritas da seguinte maneira:

Essas reações têm muita importância nos processos petroquímicos e envolvem catalisadores como os de rutênio, que podem ser preparados pela seguinte reação:

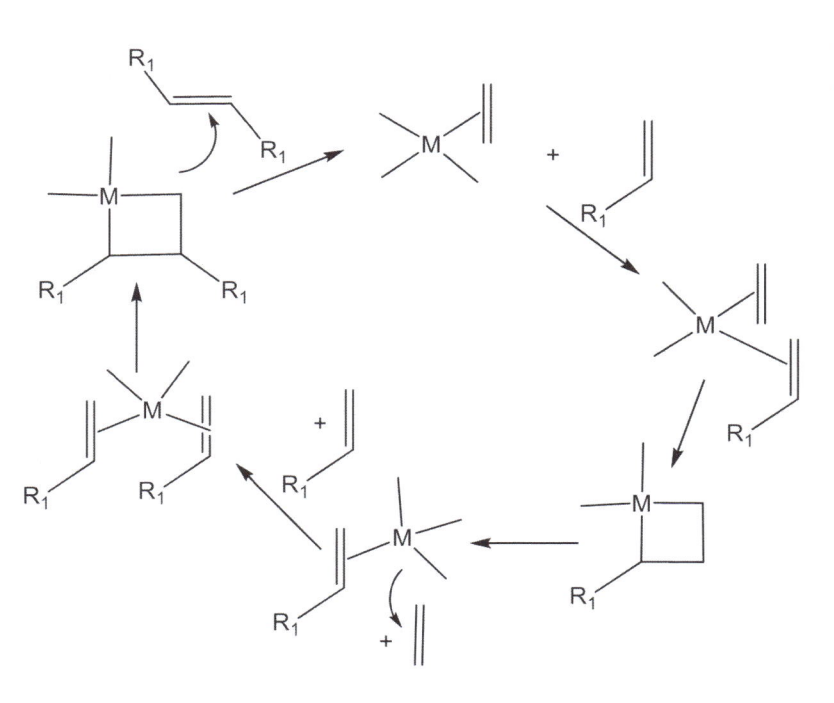

Cy = ciclo-hexil

O processo de metátese envolve a coordenação em paralelo de duas olefinas, permitindo o fechamento transitório do anel por efeito de vizinhança, seguido de rearranjo, etapa em que ocorre a transposição dos grupos substituintes, como indicado na Figura 10.14.

Os estudos de metátese de olefinas deram o Prêmio Nobel de Química a Chauvin, Grubbs e Schrock em 2005.

Figura 10.14
Metátese de olefinas.

i) Catálise de acoplamento cruzado (*cross coupling*) com paládio

Embora pareça simples, a substituição nas duplas ligações não é uma tarefa trivial, apesar de ter enorme importância na química orgânica sintética. Um exemplo típico é a reação

Essa reação foi desenvolvida por Heck. Outros estudos correlatos foram feitos por Negishi e Suzuki, e pela importância dos trabalhos, os três professores foram contemplados com o Prêmio Nobel de Química da 2010. O mecanismo envolvido é, de certa forma, semelhante aos já descritos anteriormente para os catalisadores de paládio, envolvendo uma etapa de ativação do catalisador por adição oxidativa do iodobenzeno, seguido pela coordenação da olefina, e migração do grupo fenila por efeito de vizinhança, finalizando com a abstração de um próton para a liberação do produto substituído, como mostrado na Figura 10.15.

As reações de acoplamento do tipo Suzuki utilizam composto de boro como grupos de saída, visando a formação de olefinas substituídas a partir dos correspondentes alcinos, como no esquema:

Acoplamento de Suzuki

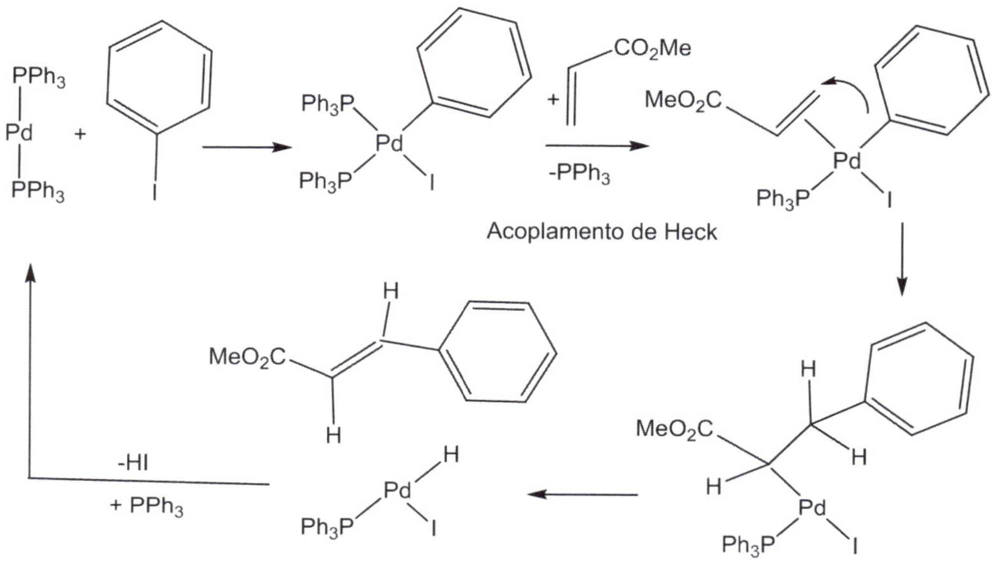

Acoplamento de Heck

Figura 10.15
Acoplamento de Heck com complexos de paládio.

j) Catálise: uma área sem fronteiras

Os exemplos descritos neste capítulo fornecem apenas uma pequena amostra das possibilidades de utilização dos complexos como catalisadores. O assunto se estende para os processos eletroquímicos, fotoquímicos e principalmente enzimáticos, e terá prosseguimento nos próximos volumes, sobre Química Bioinorgânica e Nanotecnologia.

CAPÍTULO 11
CONVERSA COM O LEITOR

Neste livro, apresentamos a Química de Coordenação em um contexto bastante amplo, sem pré-requisitos, explorando e desenvolvendo conceitos que permitiram avançar até as fronteiras do conhecimento. Por razões didáticas, vários aspectos operacionais foram colocados como Apêndice, para serem explorados em estágios mais avançados.

No Capítulo 1, começamos com o desenvolvimento histórico, comentando a lenta evolução dos conceitos até chegar à famosa Controvérsia Jörgensen–Werner.

No Capítulo 2, focalizamos a questão da isomeria, que foi tratada em conjunto com os conceitos de simetria e Teoria de Grupo, buscando melhorar a capacidade de percepção dos detalhes da geometria molecular ou estereoquímica dos complexos.

No Capítulo 3, abordamos os átomos polieletrônicos e a questão da repulsão intereletrônica, um aspecto diferencial, bastante marcante na química dos elementos de transição. O conhecimento sobre a repulsão intereletrônica é essencial para lidar com os sistemas de camada aberta, de configuração d^n, e fornece a base para construir o modelo vetorial do átomo, o ponto de partida para os estudos da espectroscopia. Aspectos considerados básicos, como a estrutura atômica, orbitais e configuração eletrônica dos elementos químicos, não foram reproduzidos, pois fazem parte do volume 1. Mesmo assim, eles aparecem de forma implícita, para tornar o livro autossuficiente, em termos conceituais.

No Capítulo 4, desenvolvemos a Teoria de Campo Ligante seguindo a linha original, baseada na Teoria de Grupo, fazendo uso das representações de simetria e das Tabelas de Caracteres. Foram exploradas as principais simetrias, com ênfase nas energias de estabilização de campo ligante e nos efeitos de distorção Jahn–Teller. A espectroscopia eletrônica foi incorporada neste capítulo, valorizando os conceitos mais básicos, como as regras de seleção, até chegar ao uso dos diagramas de Tanabe–Sugano e executar cálculos dos parâmetros de campo ligante. Aproveitando esse conhecimento, foram introduzidos conceitos importantes para lidar com o magnetismo dos complexos.

No Capítulo 5, introduzimos a Teoria dos Orbitais Moleculares no contexto moderno, com uma breve introdução sobre os métodos de cálculo. O intuito foi mostrar que é possível trabalhar com as geometrias dos complexos computacionalmente, tanto em termos da mecânica clássica como quântica, e que isso já faz parte da rotina do químico. Da mesma forma como no capítulo anterior, a espectroscopia foi novamente explorada, focalizando as transições que envolvem os orbitais moleculares e os processos de transferência de carga e intervalência.

No Capítulo 6, lidamos com a formação dos complexos sob o ponto de vista termodinâmico, dando ênfase aos aspectos da ligação química e do papel do solvente. Procuramos abordar as constantes de estabilidade, e os fatores energéticos associados foram abordados de forma conceitual, buscando racionalizar o uso dos complexos, nas mais diferentes aplicações. Exploramos ainda as relações dos potenciais redox com as constantes de estabilidade.

No Capítulo 7, nosso foco foi concentrado nos reagentes complexantes. Consideramos relevante apresentar os principais reagentes empregados na formação dos complexos, destacando os grupos funcionais e as formas peculiares como estas interagem com os íons metálicos.

Exemplos, cobrindo uma ampla variedade de sistemas, foram fornecidos em tabelas, com as respectivas constantes de estabilidade. As aplicações analíticas, principalmente as desenvolvidas por Feigl, foram tratadas com especial atenção neste capítulo.

O assunto que apresentamos no Capítulo 8 trata da cinética e mecanismos de reação envolvendo compostos de coordenação. Adotamos uma linguagem baseada na Teoria do Estado de Transição para explorar os aspectos energéticos e desenvolver os conceitos necessários para entender os mecanismos de reação. Discutimos, de forma integrada, os mecanismos de substituição e de transferência de elétrons, em compostos de coordenação, estendendo ainda para a exploração dos aspectos fotoquímicos e fotofísicos relevantes.

No Capítulo 9, introduzimos os compostos organometálicos, com uma visão estrutural baseada nos orbitais moleculares, chegando até a exploração do conceito isolobal e a formação dos *clusters* metálicos.

Finalmente, no Capítulo 10, abordamos o processo de catálise utilizando o conhecimento e a linguagem desenvolvida em termos mecanísticos e estruturais. Foram descritos os principais processos catalíticos usados nas indústrias, incluindo os mais recentes avanços descritos na literatura.

Questões provocativas

1. Na introdução histórica da Química de Coordenação, um destaque interessante foi a questão da Controvérsia Jörgensen–Werner. Pense a respeito dos pontos levantados e tire suas próprias conclusões. Aproveitando, faça uma reflexão sobre a criatividade, e como ela se manifesta, buscando a resposta na trajetória histórica dos cientistas conhecidos, como Werner, Pasteur, Feigl, Taube e Eigen.

2. Um exercício interessante é perceber os elementos de simetria para um complexo do tipo CuX_2Y_2, a) em configuração planar e b) em configuração tetraédrica, e, depois, deduzir os isômeros possíveis em cada caso.

Como desafio, verifique o que acontece quando quebramos a planaridade do complexo, deslocando dois ligantes para cima e dois para baixo, até chegar ao tetraedro. Qual seria o Grupo de Ponto associado a esse tipo de distorção? Essa pergunta é bastante oportuna, pois tem ocupado a mente de muitos pesquisadores que trabalham com as metaloproteínas de cobre.

3. Werner postulou uma geometria octaédrica para o complexo $[Co(NH_3)_4Cl_2]^+$ baseada na existência de apenas dois isômeros geométricos. O que ele esperava encontrar para as geométricas hexagonal planar e bipirâmide trigonal? Vamos supor que ele tivesse observado a existência de isômeros ópticos. Isso modificaria sua proposta?

4. Deduza os Grupos de Ponto para o complexo octaédrico $[Co(NH_3)_3Cl_3]$ em configuração facial e meridional.

5. Deduza o Grupo de Ponto para os complexos *cis* e *trans*-$[Co(en)_2Cl_2]^+$, e comente a respeito da existência ou não de isômeros ópticos (en = etileno diamina – considere o ligante em conformação planar).

6. Deduza o Grupo de Ponto para o complexo $[Co(en)_3]^{3+}$, considerando a etilenodiamina (en) em conformação planar, e verifique a existência ou não de isomeria óptica.

7. Quando se adquire um produto como o $CrCl_3 \cdot 5H_2O$ no mercado, é possível que ele tenha várias cores e propriedades, dependendo do fornecedor. Se tivesse que analisar as espécies existentes sob esse rótulo, o que você esperaria encontrar? Agora, vamos supor que a condutividade molar desse produto fosse 250 $S \cdot cm^2 \cdot mol^{-1}$. Qual seria sua conclusão?

8. Um caso real que deixou muita gente confusa foi a caracterização do complexo $[RuCl_2(dmso)_4]$, no qual dmso = $(CH_3)_2S = O$. Esse complexo é um importante

material de partida para a síntese de compostos de rutênio, contudo seu espectro de ressonância nuclear magnética mostra um número enorme de sinais, indicando a presença de isômeros. Quais seriam eles? Note que o ligante dmso pode ligar-se tanto pelo S como pelo O.

9. Neste livro, a atenção foi centrada nos elementos de transição, porém os conceitos apresentados permitem entender perfeitamente o que se passa com os elementos representados e os lantanídios. Discuta as diferenças esperadas quando se compara a química desses elementos.

10. Uma questão que incomoda a maioria dos cientistas é como explicar o significado e a importância das integrais J e K. Isso foi tentado neste livro, porém, certamente ainda há muito a ser feito. Que relação essas integrais tem com o Princípio de Pauli e com a Regra de Hund?

11. Um excelente exercício de compreensão do modelo vetorial do átomo é reproduzir, sem consulta, os termos espectroscópicos para uma configuração d^2. Tente fazer isso, e discuta o significado dos resultados.

12. Com base na Regra de Hund, você está apto a propor o estado fundamental para qualquer configuração eletrônica p^n, d^n e f^n. Procure a lógica desse procedimento e deduza o estado fundamental para cada configuração.

13. O parâmetro de Racah mais importante é o B. Esse parâmetro expressa a repulsão intereletrônica dentro de um íon, e é importante entender como ela varia ao longo de um período e de uma família de elementos. Esse parâmetro também varia com o estado de oxidação, e se relaciona com o grau de covalência em um complexo, formando a série nefelauxética. Pense a respeito disso tudo, e descubra a sua lógica.

14. Como exercício avançado, descubra como obter as representações de simetria dos orbitais d em um cam-

po de simetria D_{3h}, sem fazer uso das propriedades vetoriais constantes na Tabela de Caracteres. Depois, repita o procedimento para um orbital f (dica: Apêndice 2).

15. Resolva o produto direto das representações $E_g \cdot E_u$ no Grupo de Ponto D_{3d}.

16. Resolva os produtos diretos $E_g \cdot T_{2g}$ e $T_{2g} \cdot T_{2u}$ e $E_g \cdot E_g$ no Grupo de Ponto O_h.

17. Algumas configurações d^n admitem duas possibilidades de colocação dos elétrons, em função dos spins. Quais são elas? Que fator regula esse comportamento? Considere agora os íons $[\text{Fe}(\text{H}_2\text{O})_6]^{2+}$ e $[\text{Ru}(\text{H}_2\text{O})_6]^{2+}$, ambos com a configuração d^6. Como esse fator se aplica a eles?

18. Que se entende por energia de estabilização de campo ligante? Como essas energias variam ao longo da série de elementos 3^d?

19. O Teorema de Jahn-Teller estabelece que um sistema degenerado tende a perder espontaneamente sua degenerescência mediante um abaixamento da simetria. É interessante ver como isso se aplica às configurações eletrônicas, e um bom exemplo são os complexos de $\text{Mn}^{2+}(3d^5)$, $\text{Mn}^{3+}(3d^4)$ e $\text{Mn}^{4+}(3d^3)$. Veja o que acontece nesses casos.

20. O raio iônico tem influência marcante nas propriedades termodinâmicas, tanto sob o ponto de vista estrutural como energético, refletindo a contribuição da energia de estabilização de campo ligante. Qual é a lógica envolvida?

21. A configuração $3d^8$ é um bom caso para mostrar a importância dos efeitos de campo ligante. Considere os complexos de Ni(II) com os ligantes Br^-, NH_3 e CN^-, tipicamente de campo fraco, intermediário e forte, res-

pectivamente. Quais as geometrias esperadas em cada caso? Como seria o comportamento magnético? Repita o exercício para os complexos de Co(II).

22. Discuta a relevância das energias de estabilização de campo ligante e da inversão de spin em complexos 3^d tetraédricos.

23. Que são espinélios e como eles podem ser afetados pela contribuição do campo ligante?

24. O comportamento magnético dos complexos foi equacionado por van Vleck revelando boa coerência usando o número quântico J, para os lantanídios, ao contrário dos elementos de transição. Como se explicaria esse fato?

25. Discuta o significado da regra de seleção de uma transição eletrônica, focalizando o papel do operador de dipolo elétrico e as consequências de sua simetria, até chegar à restrição de Laporte. Como essa restrição pode ser relaxada?

26. A luz é uma radiação eletromagnética, isto é, se propaga com campos elétricos e magnéticos oscilantes, em direções perpendiculares. Nos elementos de transição, a interação do dipolo elétrico da molécula ou íon metálico com o campo elétrico oscilante é mais intensa e predomina sobre as interações envolvendo o campo magnético. Nos lantanídios, devido ao acoplamento spin–órbita, essas interações passam a ser relevantes, e é necessário introduzir o operador de dipolo magnético no momento de transição. Esse operador se transforma segundo os vetores de rotação $(R_x, R_y$ e $R_z)$ na Tabela de Caracteres. Como ficam as regras de seleção para as transições promovidas por dipolo magnético, tomando como exemplo o Grupo de Ponto D_{3h}?

27. O complexo de $CoCl_2 \cdot nH_2O$, apresenta fraca coloração rósea quando hidratado, e intensa coloração azul sob condições mais anidras, sendo, por isso, utilizado como indicador de umidade ambiental. Explique, sob o ponto de vista espectroscópico, as mudanças observadas na coloração, em ambiente seco ou úmido.

28. O padrão típico dos espectros de ferro(II) em campo octaédrico corresponde ao observado para o complexo $[Fe(H_2O)_6]^{2+}$, $3d^6$ spin alto, apresentando uma banda de absorção alargada e assimétrica ao redor de 1.000 nm ($\varepsilon = 1,1$ $mol^{-1}L$ cm^{-2}). Faça uma atribuição do espectro e explique a origem da assimetria da banda. Em muitas biomoléculas, o ferro(II) encontra-se em ambiente tetraédrico. Como isso poderia ser diagnosticado?

29. A título de exercício, faça a atribuição no espectro de absorção do complexo $[Co(NH_3)_6]^{3+}$ cujas bandas são observadas em 1.300 cm^{-1} ($\varepsilon = 0,2$ mol^{-1} L cm^{-2}), 21.200 (5,6) e 29.550 (46), e calcule os parâmetros $10Dq$ e B.

30. Como exercício avançado, tente calcular ou deduzir os desdobramentos das bandas do complexo lúteo, $[Co(NH_3)_6]^{3+}$, quando se passa para o derivado purpúreo, $[Co(NH_3)_5Cl]^{2+}$, com base nos operadores de simetria apresentados no Apêndice 2. Discuta as transições previstas nesse caso.

31. Aprimorando os conceitos, como podemos saber se uma dada transição eletrônica é permitida vibronicamente?

32. Por que o aumento do caráter covalente na ligação metal–ligante tem influência na intensidade de uma transição de campo ligante?

33. Como desafio, faça uma comparação envolvendo os aspectos teóricos da Teoria de Campo Ligante e a Teoria dos Orbitais Moleculares, explicitando as diferenças

na Equação de Schrödinger. Tome como exemplo um complexo octaédrico, e mostre como é possível explicar a série espectroquímica por meio da teoria dos orbitais moleculares.

34. Como exercício avançado, tente esquematizar os orbitais moleculares com o respectivo diagrama, para a ligação quádrupla, metal–metal, no complexo $[Mo_2Cl_8]^{4-}$, com as respectivas simetrias, considerando o grupo de ponto D_{4h}.

35. Outro ponto aparentemente polêmico é que, na Teoria do Campo Ligante, a série espectroquímica está diretamente relacionada com a estabilização de campo ligante. Com base na Teoria dos Orbitais Moleculares, é possível afirmar que os complexos de campo fraco são os menos estáveis da série?

36. O que se entende por transição de transferência de carga, e como fazer para diferenciar a transferência metal–ligante do caso contrário?

37. O aumento da carga sobre o íon metálico tende a intensificar o seu caráter duro. Esse é o caso do $A\ell^{3+}$. Então, a ligação Mn-oxigênio terá maior caráter eletrostático no $Mn^{VII}O_4^-$ do que no $Mn^{II}O$?

38. Que tipo de ligante é capaz de estabilizar íons metálicos com estados elevados de oxidação (>4)? Por quê? Esquematize a resposta por meio de um diagrama qualitativo de orbitais moleculares.

39. A Teoria de Klopman enfatiza o papel dos orbitais de fronteira na formação de complexos em solução. Como essa abordagem consegue explicar o comportamento dos ácidos e bases duros e moles, observado por Pearson?

40. Qual é a principal característica termodinâmica das reações de complexação entre íons duros como Mg^{2+} e SO_4^{2-} em solução aquosa?

41. Qual é a principal característica termodinâmica das reações de complexação entre íons moles como Hg^{2+} e I^- em solução aquosa?

42. Como variam as constantes parciais sucessivas de formação de complexos, em função do número de ligantes? Forneça uma explicação para a resposta.

43. A adição do ligante bipiridina ao íon de Ni^{2+} leva à formação de uma série de complexos sucessivos, em equilíbrio, em solução. No caso do íon de Fe^{2+}, praticamente só se observa a formação do complexo $[Fe(bipy)_3]^{2+}$. Como é possível racionalizar essa diferença?

44. Com base no ciclo termodinâmico que relaciona os potenciais redox dos complexos com suas constantes de estabilidade, quais ligantes você escolheria para construir uma pilha eletroquímica, utilizando sais de nitrato de ferro(III) e de ferro(II)?

45. Discuta a importância do controle do pH nas reações de formação de complexos em meio aquoso.

46. Por que os álcoois e poliálcoois não são considerados bons agentes complexantes?

47. Qual a relevância da reação dos poliálcoois com ácido bórico?

48. As constantes de estabilidade dos complexos de metais de transição 3^d seguem uma ordem conhecida como série de Irving–Williams. Em que consiste essa ordem, e como pode ser explicada?

49. Qual é a principal característica dos éteres-coroa como agentes complexantes?

50. Que tipo de seletividade em relação aos íons metálicos você esperaria para os ligantes do tipo a) fluoreto, b) acetilacetona, c) fenantrolina, d) trifenil fosfina?

51. Discuta os principais aspectos a serem considerados na aplicação ou desenvolvimento de um procedimento analítico do tipo *spot test*.

52. Qual é a vantagem do uso do complexante TIRON, em substituição ao catecol?

53. Explique a estratégia adotada por Feigl para desenvolver um reagente analítico específico para o cobre, a partir da modificação da fenantrolina.

54. Faça uma proposta de trabalho para separação de Cu^{2+} e Zn^{2+} via hidrometalúrgica, utilizando a acetilacetona como reagente, e diclorometano solvente para extração.

55. Qual é a característica estrutural mais importante nas reações de complexação do níquel com dimetilglioxima?

56. Qual é a utilidade do complexante 8-hidroxiquinolina para fins analíticos ou tecnológicos?

57. Discuta os aspectos termodinâmicos envolvidos nas reações de complexação de íons metálicos com EDTA.

58. Que são indicadores complexométricos e quais os principais tipos?

59. Que tipo de agente complexante é mais adequado para lidar com os metais pesados?

60. Comente sobre os experimentos de relaxação química conduzidos por Eigen na metade do século passado, com soluções aquosas de sais metálicos.

61. Discuta os fatores que influem no comportamento lábil e inerte dos íons metálicos em solução.

62. Comente sobre a previsão da labilidade e inércia dos íons metálicos baseadas nas energias de estabilização de campo ligante.

63. Quais são os indícios cinéticos de um processo de substituição dissociativa em complexos octaédricos? Compare com os observados para a substituição associativa.

64. Compare as variações estereoquímicas envolvidas no mecanismo dissociativo com as do mecanismo associativo em complexos planares.

65. Muitos complexos tipicamente inertes em condições ambientes tornam-se lábeis na presença de luz. É o caso dos complexos de Cr(III) (d^3) e de Fe(II) (d^6 spin baixo). Forneça uma explicação para isso.

66. A título de exercício, complete as seguintes reações:

    a) $[PtCl_3NO_2]^{2-} + NH_3 \rightarrow$
    b) $[PtCl_3(C_2H_4)]^- + NH_3 \rightarrow$
    c) $[PtCl_3(CO)]^- + py \rightarrow$
    d) $[PtCl_4]^{2+} + NH_3 \rightarrow + NH_3 \rightarrow$
    e) $[Pt(NH_3)_4]^{2+} + Cl^- \rightarrow + Cl^- \rightarrow$

67. O complexo $[Fe^{III}(C_2O_4)_3]^{3-}$ deve ser preparado sob completa ausência de luz, pois é usado como actinômetro, isto é, medidor de fótons. Na faixa de 250 a 510 nm, a absorção de luz ocorre com uma eficiência quântica muito próxima de 1 por mol de complexo, produzindo Fe^{2+} e CO_2 como produtos. Selecionando um reagente adequado, sugira uma forma de usar esse complexo como actinômetro.

68. A citação de Pasteur, "o acaso só favorece às mentes preparadas", parece se aplicar bem à descoberta do mecanismo de transferência de elétrons por meio de ponte (esfera interna) por Taube, empregando o Cr(II) ($3d^4$) como agente redutor. Em que sentido essa afirmação é válida?

69. Quais são os requisitos necessários para que ocorra um mecanismo de transferência de elétrons de esfera interna?

70. Marcus–Hush mostraram que a transferência de elétrons via esfera externa está relacionada com a energia de reorganização necessária para atingir o estado de transição. O que representa essa energia, e como ela se compara com a energia de excitação óptica para transferência de elétrons?

71. Sem recorrer aos dados tabelados, discuta a ordem esperada para as constantes velocidades de transferência de elétrons (k_{11}) para os seguintes pares redox: $[Fe(phen)_3]^{3+/2+}$, $[Fe(H_2O)_6]^{3+/2+}$, $[Fe(CN)_6]^{4-/3-}$.

72. Discuta como é possível prever a velocidade de uma reação por mecanismo de esfera externa, por meio da Teoria de Marcus.

73. Observe as constantes de velocidade das seguintes reações:
    a) $V^{2+}(aq) + SCN^- \rightarrow V(SCN)(aq)^+$ (substituição, $k = 28\ mol^{-1}\ L\ s^{-1}$)
    b) $V^{2+}(aq) + Cr^{III}(SCN)(aq)^{2+} \rightarrow V^{3+}(aq) + Cr^{2+}(aq) + SCN^-$ ($k = 8\ mol^{-1}L\ s^{-1}$)
    c) $V^{2+}(aq) + Fe^{III}N_3(aq)^{2+} \rightarrow V^{3+}(aq) + Fe^{2+}(aq) + N_{3-}$ ($k = 5 \times 10^5\ mol^{-1}\ L\ s^{-1}$)

    Considerando os dados do experimento a), discuta os mecanismos prováveis de transferência eletrônica nos casos b) e c).

74. A reação de transferência de elétrons a seguir é extremamente lenta

$$[^*Cr(H_2O)_6]^{2+} + [Cr(H_2O)_6]^{3+} \rightarrow [^*Cr(H_2O)_6]^{3+} + \\ + [Cr(H_2O)_6]^{2+}$$

Entretanto, a substituição de um ligante H_2O por Cl^- no complexo de Cr(III) torna a reação bastante rápida. Forneça uma explicação para essa mudança de comportamento.

75. A confirmação da existência da chamada "região invertida de Marcus" foi um dos pontos fortes que conferiram credibilidade à sua teoria. Ela tem sido usada com sucesso para explicar muitos processos fotoquímicos. Em que consiste essa região?

76. Os complexos no estado excitado têm seu poder oxidante ou redutor aumentado pelo valor correspondente à energia da luz absorvida. Explique essa observação com o auxílio de um diagrama ou ciclo termodinâmico.

77. A título de exercício, procure visualizar o caminho percorrido por um sistema desde o processo de excitação óptica até a emissão radiativa ou transformação fotoquímica, com o auxílio das curvas de potencial.

78. Qual é o significado do Princípio de Franck–Condon?

79. Qual a diferença básica entre uma emissão fluorescente e uma emissão fosforescente? Que se entende por cruzamento intersistema?

80. Discuta as características dos mecanismos de transferência de energia do tipo Föster e do tipo Dexter.

81. Discuta a respeito dos complexos de valência mista e de suas características em relação ao grau de deslocalização eletrônica.

82. Para exercitar o uso da regra do número atômico efetivo, formule a composição mais provável para os compostos organometálicos:

a) $[Cr(CO)_n(\eta^6{-}C_6H_6)]$ b) $[Ni(CO)_n(\eta^4{-}C_4H_4)]$
c) $[Co(NO)(CO)_n(\eta^5{-}C_5H_5)]^x$
d) $[IrCl(CO)(PPh_3)_n(NO)]^x$

83. Faça um esboço dos orbitais moleculares envolvidos na ligação σ e π metal–CO, e explique o papel da retrodoação como agente ativador da molécula de CO.

84. Faça um esboço dos orbitais moleculares envolvidos na ligação σ e π metal–olefina, e explique o papel da retrodoação como agente ativador da olefina.

85. Como é possível avaliar o estado de oxidação formal do NO em um dado complexo?

86. Que se entende por correlação isolobal?

87. Como se explica a capacidade da vitamina B_{12}, Co^I(corrina), de formar ligações com o carbono?

88. Discuta o processo de hidrólise e ionização de íons metálicos hidratados, em função da carga nuclear efetiva, para os vários grupos de elementos.

89. Comente a respeito da malha hidrolítica que acontece com os íons metálicos hidratados em estados elevados de oxidação, identificando os processos de olação e oxo-olação.

90. Por que os alcóxidos vêm sendo os mais empregados como precursores em processos sol-gel para obtenção de óxidos metálicos?

91. Que se entende por efeito *template*?

92. Discuta o processo de adição oxidativa, tomando como exemplo a reação do complexo de Vaska com hidrogênio molecular.

93. Discuta a catálise Ziegler–Natta, mostrando as etapas essenciais do mecanismo.

94. Discuta a catálise de polimerização de olefinas utilizando metalocenos.

95. Discuta as etapas principais envolvidas no Processo Wacker, de oxidação de olefinas, e de síntese do acetato de vinila, incluindo a recuperação do catalisador.

96. Discuta os aspectos mecanísticos da hidrogenação de olefinas com o catalisador de Wilkinson.

97. Que se entende por processo oxo? Qual a sua importância?

98. Discuta o mecanismo de Halpern para síntese assimétrica da L-dopa, via hidrogenação catalítica.

99. Comente a respeito do mecanismo de acoplamento de Heck, usado em sínteses orgânicas.

100. O que se entende por processo de metátese de olefinas?

TABELAS DE CARACTERES PARA VÁRIOS GRUPOS DE PONTO

Ci	E	i	Vetores	
A_g	1	1	R_z, R_x, R_y	$x^2, y^2, z^2, xy, xz, yz$
A_u	1	−1	x, y, z	

C_2	E	C_2	Vetores		
A	1	1	z,	$R_z,$	x^2, y^2, z^2, xy
B	1	−1	x, y	R_x, R_y	xz, yz

D_2	E	$C_2(z)$	$C_2(y)$	$C_2(x)$	Vetores	
A	1	1	1	1		x^2, y^2, z^2
B_1	1	1	−1	−1	z, R_z	xy
B_2	1	−1	1	−1	y, R_y	xz
B_3	1	−1	−1	1	x, R_x	yz

D_3	E	$2C_3$	$3C_2$	Vetores		
A_1	1	1	1			z^2, x^2+y^2
A_2	1	1	−1	$z,$	R_z	
E	2	−1	0	(x,y)	(R_x, R_y)	$(x^2-y^2, xy)(xz, yz)$

D_4	E	$2C_4$	$C_2(C_4{}^2)$	$2C_2'$	$2C_2''$	Vetores		
A_1	1	1	1	1	1			x^2+y^2, z^2
A_2	1	1	1	−1	−1	$z,$	R_z	
B_1	1	−1	1	1	−1			x^2-y^2
B_2	1	−1	1	−1	1			xy
E	2	0	−2	0	0	(x,y)	(R_x, R_y)	(xz, yz)

C_{2v}	E	C_2	$\sigma_v(xz)$	$\sigma_v'(yz)$	Vetores		
A_1	1	1	1	1	z		x^2, y^2, z^2
A_2	1	1	−1	−1		R_z	xy
B_1	1	−1	1	−1	$x,$	R_y	xz
B_2	1	−1	−1	1	$y,$	R_x	yz

C_{3v}	E	$2C_3$	$3\sigma_v$	Vetores		
A_1	1	1	1	z		x^2-y^2, z^2
A_2	1	1	−1		R_z	
E	2	−1	0	(x,y)	(R_x, R_y)	$(x^2-y^2, xy)(xz, yz)$

C_{4v}	E	$2C_4$	C_2	$2\sigma_v$	$2\sigma_d$	Vetores		
A_1	1	1	1	1	1	z		x^2+y^2, z^2
A_2	1	1	1	−1	−1		R_z	
B_1	1	−1	1	1	−1			x^2-y^2
B_2	1	−1	1	−1	1			xy
E	2	0	−2	0	0	(x,y)	(R_x, R_y)	(xz, yz)

C_{2h}	E	C_2	i	σ_h	Vetores		
A_g	1	1	1	1		R_z	x^2, y^2, z^2, xy
B_g	1	−1	1	−1		R_z, R_y	xz, yz
A_u	1	1	−1	−1	z		
B_u	1	−1	−1	1	x, y		

D_{2h}	E	$C_2(z)$	$C_2(y)$	$C_2(x)$	i	$\sigma(xy)$	$\sigma(xz)$	$\sigma(yz)$	Vetores
A_g	1	1	1	1	1	1	1	1	x^2, y^2, z^2
B_{1g}	1	1	−1	−1	1	1	−1	−1	R_z, xy
B_{2g}	1	−1	1	−1	1	−1	1	−1	R_y, xz
B_{3g}	1	−1	−1	1	1	−1	−1	1	R_z, yz
A_u	1	1	1	1	−1	−1	−1	−1	
B_{1u}	1	1	−1	−1	−1	−1	1	1	z
B_{2u}	1	−1	1	−1	−1	1	−1	1	y
B_{3u}	1	−1	−1	1	−1	1	1	−1	x

D_{3h}	E	$2C_3$	$2C_2$	σ_h	$2S_3$	$3\sigma_v$	Vetores
A_1'	1	1	1	1	1	1	$x^2 - y^2, z^2$
A_2'	1	1	−1	1	1	−1	R_z
E	2	−1	0	2	−1	0	(x,y) $(x^2 - y^2, xy)$
A_1''	1	1	1	−1	−1	−1	
A_2''	1	1	−1	−1	−1	1	z
E''	2	−1	0	−2	1	0	(R_z, R_y) (xz, yz)

D_{4h}	E	$2C_4$	C_2	$2C_2'$	$2C_2''$	i	$2S_4$	σ_h	$2\sigma_v$	$2\sigma_d$	Vetores
A_{1g}	1	1	1	1	1	1	1	1	1	1	$x^2 - y^2, z^2$
A_{2g}	1	1	1	−1	−1	1	1	1	−1	−1	R_z
B_{1g}	1	−1	1	1	−1	1	−1	1	1	−1	$x^2 - y^2$
B_{2g}	1	−1	1	−1	1	1	−1	1	−1	1	xy
E_g	2	0	−2	0	0	2	0	−2	0	0	(R_z, R_y) (xz, yz)
A_{1u}	1	1	1	1	1	−1	−1	−1	−1	−1	
A_{2u}	1	1	1	−1	−1	−1	−1	−1	1	1	z
B_{1u}	1	−1	1	1	−1	−1	1	−1	−1	1	
B_{2u}	1	−1	1	−1	1	−1	1	−1	1	−1	
E_u	2	0	−2	0	0	−2	0	2	0	0	(x,y)

D_{2d}	E	$2S_4$	C_2	$2C_2'$	$2\sigma_d$	Vetores
A_1	1	1	1	1	1	$x^2 - y^2, z^2$
A_2	1	1	1	−1	−1	R_z
B_1	1	−1	1	1	−1	$x^2 - y^2$
B_2	1	−1	1	−1	1	z xy
E	2	0	−2	0	0	(x,y), (R_x, R_y) (xz, yz)

D_{3d}	E	$2C_3$	$3C_2$	i	$2S_6$	$3\sigma_d$	Vetores
A_{1g}	1	1	1	1	1	1	$x^2 - y^2, z^2$
A_{2g}	1	1	-1	1	1	-1	R_z
E_g	2	-1	0	2	-1	0	(R_x, R_y) (x^2-y^2, xy) (xz, yz)
A_{1u}	1	1	1	-1	-1	-1	
A_{2u}	1	1	-1	-1	-1	1	z
E_u	2	-1	0	-2	1	0	(x, y)

D_{4d}	E	$2S_8$	$2C_4$	$2S_8{}^3$	C_2	$4C_2'$	$4\sigma_d$	Vetores
A_1	1	1	1	1	1	1	1	$x^2 - y^2, z^2$
A_2	1	1	1	1	1	-1	-1	R_z
B_1	1	-1	1	-1	1	1	-1	
B_2	1	-1	1	-1	1	-1	1	z
E_1	2	$\sqrt{2}$	0	$-\sqrt{2}$	-2	0	0	(x, y)
E_2	2	0	-2	0	2	0	0	(x^2-y^2, xy)
E_3	2	$-\sqrt{2}$	0	$\sqrt{2}$	-2	0	0	(R_x, R_y) (xz, yz)

T_d	E	$8C_3$	$3C_2$	$6S_4$	$6\sigma_d$	Vetores
A_1	1	1	1	1	1	$x^2 + y^2 + z^2$
A_2	1	1	1	-1	-1	
E	2	-1	2	0	0	$(2z^2-x^2-y^2, x^2-y^2)$
T_1	3	0	-1	1	-1	(R_x, R_y, R_z)
T_2	3	0	-1	-1	1	(x, y, z) (xy, xz, yz)

O_h	E	$8C_3$	$6C_2$	$6C_4$	$3C_2$	i	$6S_4$	$8S_6$	$3\sigma_h$	$6\sigma_d$	Vetores
A_{1g}	1	1	1	1	1	1	1	1	1	1	$x^2 + y^2 + z^2$
A_{2g}	1	1	-1	-1	1	1	-1	1	1	-1	
E_g	2	-1	0	0	2	2	0	-1	2	0	$(2z^2-x^2-y^2, x^2-y^2)$
T_{1g}	3	0	-1	1	-1	3	1	0	-1	-1	(R_z, R_y, R_x)
T_{2g}	3	0	1	-1	-1	3	-1	0	-1	1	(xz, yz, xy)
A_{1u}	1	1	1	1	1	-1	-1	-1	-1	-1	
A_{2u}	1	1	-1	-1	1	-1	1	-1	-1	1	
E_u	2	-1	0	0	2	-2	0	1	-2	0	
T_{1u}	3	0	-1	1	-1	-3	-1	0	1	1	(x, y, z)
T_{2u}	3	0	1	-1	-1	-3	1	0	1	-1	

Tabelas de correlação entre O_h e subgrupos

O_h	T_d	D_{4h}	D_{3d}
A_{1g}	A_1	A_{1g}	A_{1g}
A_{2g}	A_2	B_{1g}	A_{2g}
E_g	E	$A_{1g} + B_{1g}$	E_g
T_{1g}	T_1	$A_{2g} + E_g$	$A_{2g} + E_g$
T_{2g}	T_2	$B_{2g} + E_g$	$A_{1g} + E_g$
A_{1u}	A_2	A_{1u}	A_{1u}
A_{2u}	A_1	B_{1u}	A_{2u}
E_u	E	$A_{1u} + B_{1u}$	$E25_u$
T_{1u}	T_2	$A_{2u} + E_u$	$A_{2u} + E_u$
T_{2u}	T_1	$B_{2u} + E_u$	$A_{1u} + E_u$

Correlação T_d e subgrupos

T_d	D_{2d}	C_{3v}	S_4	D_2	C_{2v}	C_3	C_2	C_s
A_1	A_1	A_1	A	A	A_1	A	A	A'
A_2	B_1	A_2	B	A	A_2	A	A	A''
E	$A_1 + B_1$	E	$A + B$	$2A$	$A_1 + A_2$	E	$2A$	$A' + A''$
T_1	$A_2 + E$	$A_2 + E$	$A + E$	$B_1 + B_2 + B_3$	$A_2 + B_1 + B_2$	$A + E$	$A + 2B$	$A' + 2A''$
T_2	$B_2 + E$	$A_1 + E$	$B + E$	$B_1 + B_2 + B_3$	$A_1 + B_1 + B_2$	$A + E$	$A + 2B$	$2A' + A''$

Correlação D_{4h} e subgrupos

		$C'_2=C'_2$	$C''_2=C'_2$				C'_2	C''_2			C_2	C'_2	C''_2
D_{4h}	D_4	D_{2d}	D_{2d}	C_{4v}	C_{4h}	D_{2h}	D_{2h}	C_4	S_4	C_2	C_2	C_2
A_{1g}	A_1	A_1	A_1	A_1	A_g	A_g	A_g	A	A	A	A	A
A_{2g}	A_2	A_2	A_2	A_2	A_g	B_{1g}	B_{1g}	A	A	A	B	B
B_{1g}	B_1	B_1	B_2	B_1	B_g	A_g	B_{1g}	B	B	A	A	B
B_{2g}	B_2	B_2	B_1	B_2	B_g	B_{1g}	A_g	B	B	A	B	A
E_g	E	E	E	E	E_g	$B_{2g}+B_{3g}$	$B_{2g}+B_{3g}$	E	E	$2B$	$A+B$	$A+B$
A_{1u}	A_1	B_1	B_1	A_2	A_u	A_u	A_u	A	B	A	A	A
A_{2u}	A_2	B_2	B_2	A_1	A_u	B_{1u}	B_{1u}	A	B	A	B	B
B_{1u}	B_1	A_1	A_2	B_2	B_u	A_u	B_{1u}	B	A	A	A	B
B_{2u}	B_2	A_2	A_1	B_1	B_u	B_{1u}	A_u	B	A	A	B	A
E_u	E	E	E	E	E_u	$B_{2u}+B_{3u}$	$B_{2u}+B_{3u}$	E	E	$2B$	$A+B$	$A+B$

Correlação D_{4h} e subgrupos (*continuação*)

	C'_2	C''_2	C_2,σ_v	C_2,σ_d	C''_2	C''_2	C_2	C'_2	C''_2
D_{4h}	D_2	D_2	C_{2v}	C_{2v}	C_{2v}	C_{2v}	C_{2h}	C_{2h}	C_{2h}
A_{1g}	A	A	A_1	A_1	A_1	A_1	A_g	A_g	A_g
A_{2g}	B_1	B_1	A_2	A_2	B_1	B_1	A_g	B_g	B_g
B_{1g}	A	B_1	A_1	A_2	A_1	B_1	A_g	A_g	B_g
B_{2g}	B_1	A	A_2	A_1	B_1	A_1	A_g	B_g	A_g
E_g	B_2+B_3	B_2+B_3	B_1+B_2	B_1+B_2	A_2+B_2	A_2+B_2	$2B_g$	A_g+B_g	A_g+B_g
A_{1u}	A	A	A_2	A_2	A_2	A_2	A_u	A_u	A_u
A_{2u}	B_1	B_1	A_1	A_1	B_2	B_2	A_u	B_u	B_u
B_{1u}	A	B_1	A_2	A_1	A_2	B_2	A_u	A_u	B_u
B_{2u}	B_1	A	A_1	A_2	B_2	A_2	A_u	B_u	A_u
E_u	B_2+B_3	B_2+B_3	B_1+B_2	B_1+B_2	A_1+B_1	A_1+B_1	$2B_u$	A_u+B_u	A_u+B_u

DEDUÇÃO DA SIMETRIA DE UMA FUNÇÃO DE ONDA OU ESTADO

Uma função de onda orbital pode ser expressa em função das coordenadas por $\psi_{nlm}(r, \theta, \phi) = R_{nl}(r)\,\Phi_{lm}(\theta)\,\Phi_m(\phi)$, sendo a parte em ϕ dada por

$$\Phi_m(\phi) = (1/2\pi)e^{im\phi} \text{ onde } m\ell = \ell, \ell-1, \ldots 0, -\ell.$$

As operações de simetria, como a de rotação por um ângulo α ou C_α alteram o ângulo ϕ inicial, para $\phi + \alpha$. Assim $C_\alpha(e^{i\ell\phi}) = e^{i\ell(\phi+\alpha)}(\phi + \alpha)$ e portanto $C_\alpha = e^{i\ell\alpha}$.

O caráter da matriz de transformação gerada quando se aplica C_α para todos os valores de $m\ell = \ell, \ell-1, \ldots 0, -\ell$, é dada pela somatória

$$\chi(C_\alpha) = e^{i\ell\alpha} + e^{i(\ell-1)\alpha} + \ldots + e^{i\ell\alpha}.$$

Existe uma transformação matemática expressa pelo Teorema de Euler, muito útil para converter exponenciais em funções trigonométricas:

$$e^{\pm\alpha} = \cos(\ell\alpha) \pm i\,\text{sen}(\ell\alpha).$$

Aplicando essa expressão à somatória de $\chi(C_\alpha)$, ela se reduz a

$$\chi(C_\alpha) = \text{sen}(\ell + \tfrac{1}{2})\alpha/\text{sen}(\alpha/2) \quad (\alpha \neq 0).$$

Por sua vez, para a operação identidade, todas as transformações são unitárias e

$$\chi(E) = 2\ell + 1.$$

As demais operações i, σ e S_α podem ser deduzidas considerando que

$$\sigma = i \cdot C_\pi \ \text{ e } \ S_\alpha = \sigma_h \cdot C_\alpha = i \cdot C_\pi \cdot C_\alpha.$$

Um ponto importante a ser lembrado é que a função de onda tem uma paridade própria, s = par, p = ímpar, d = par, = ímpar, correspondente a ℓ = 0, 1, 2 e 3, respectivamente. A função de onda polieletrônica, com n elétrons, é dada pela produtória Π_n das funções monoeletrônicas i, e isso introduz uma alteração na paridade global quando ℓ for ímpar.

Assim, a operação de inversão equivale a multiplicar a função por $(-1)^\ell$

$$i \cdot \psi = \Pi_n (-1)^\ell \, \psi_i = \pm \, \psi$$

onde o sinal – se aplica somente aos casos em que ℓ = ímpar e n = ímpar. Quando ℓ ou n forem pares, a inversão não mudará o sinal da função de onda polieletrônica.

Dessa forma, pode-se demonstrar que

$$\chi(i) = \pm \, (2\ell + 1)$$

$$\chi(\sigma) = \pm \, \text{sen}(\ell + \tfrac{1}{2})\pi$$

$$\chi(S_\alpha) = \pm \, \text{sen}[(\ell + \tfrac{1}{2})(\alpha + \pi)]/\text{sen}[(\alpha + \pi)/2].$$

A partir dos caracteres das funções de onda, as representações de simetria podem ser encontradas diretamente nas Tabelas de Caracteres, ou com o auxílio da fórmula de redução.

EXPRESSÕES TEÓRICAS DAS ENERGIAS DE CAMPO LIGANTE PARA ÍONS COMPLEXOS OCTAÉDRICOS E TETRAÉDICOS DE CONFIGURAÇÃO d^2-d^3

Íon	Config.	Estado	Expressão teórica das energias
d^2	t_2^2	$^3T_1$	$7,5B - 3Dq - \frac{1}{2}(225B^2 + 100Dq^2 + 180DqB)^{\frac{1}{2}}$
		^1E	$-8Dq + 9B + 2C - 6B^2/10Dq$
		$^1T_2$	$-8Dq + 9B + 2C - 12\,B^2/10Dq$
		$^1A_1$	$-8Dq + 18B + 5C - 108B^2/10Dq$
	t_2e	$^3T_2$	$+2Dq$
		$^3T_1$	$7,5B - 3Dq + \frac{1}{2}(225B^2 + 100Dq^2 + 180DqB)^{\frac{1}{2}}$
	e^2	$^3A_2$	$+12Dq$
d^3	t_2^3	$^4A_2$	$-12Dq$
		^2E	$-12Dq + 9B + 3C - 50B^2/10Dq$
		$^2T_1$	$-12Dq + 9B + 3C - 24B^2/10Dq$
		$^2T_2$	$-12Dq + 15B + 5C - 176B^2/10Dq$
	t_2^2e	$^4T_2$	$-2Dq$
		$^4T_1$	$7,5B + 3Dq - \frac{1}{2}(225B^2 + 100Dq - 180DqB)^{\frac{1}{2}}$
	t_2e^2	$^4T_1$	$7,5B + 3Dq + \frac{1}{2}(225B^2 + 100Dq - 180DqB)^{\frac{1}{2}}$

d^4	$t_2{}^4$	$^3T_1$	$-16Dq + 6B + 5C - 64B^2/10Dq$
		^1E	$-16Dq + 12B + 7C - 82B^2/10Dq$
		$^1T_2$	$-16Dq + 12B + 7C - 208B^2/10Dq$
		$^1A_1$	$-16Dq + 21B + 10C - 436B^2/10Dq$
	$t_2{}^3e$	^5E	$-6Dq$
	t^2e^2	$^5T_2$	$+4Dq$
d^5	$t_2{}^5$	$^2T_2$	$-20Dq + 15B + 10C - 140B^2/10Dq$
	$t_2{}^4e$	$^4T_1$	$-10Dq + 10B + 6C - 26B^2/10Dq$
		$^4T_2$	$-10Dq + 18B + 6C - 38B^2/10Dq$
	$t_2{}^3e^2$	$^6A_1$	0
		$^4A_1$	$10B + 5C$
		^4E	$10B + 5C$
		$^4T_2$	$13B + 5C$
		^4E	$17B + 5C$
		$^4T_1$	$19B + 7C$
		$^4A_2$	$22B + 7C$
d^6	$t_2{}^6$	$^1A_1$	$-24Dq + 5B + 8C - 120B^2/10Dq$
	$t_2{}^5e$	$^3T_1$	$-14Dq + 5B + 5C - 70B^2/10Dq$
		$^3T_2$	$-14Dq + 13B + 5C - 106B^2/10Dq$
		$^1T_1$	$-14Dq + 5B + 7C - 34B^2/10Dq$
		$^1T_2$	$-14Dq + 21B + 7C - 118B^2/10Dq$
	$t_2{}^4e^2$	$^5T_2$	$-4Dq$
	$t_2{}^3e^2$	^2E	$+6Dq$
d^7	$t_2{}^6e$	^2E	$-18Dq + 7B + 4C - 60B^2/10Dq$
	$t_2{}^5e^2$	$^4T_1$	$7,5B - 3Dq - \frac{1}{2}(225B^2 + 100Dq^2 + 180DqB)^{1/2}$
	$t_2{}^4e^2$	$^4T_2$	$+2Dq$
		$^4T_1$	$7,5B - 3Dq + \frac{1}{2}(225B^2 + 100Dq^2 + 180\,DqB^{1/2}$
	$t_2{}^3e^4$	$^4A_2$	$+12Dq$

d^8	$t_2{}^6e^2$	$^3A_2$	$-12Dq$
		^1E	$-12Dq + 8B + 2C - 6B^2/10Dq$
		$^1A_1$	$-12Dq + 16B + 4C - 108B^2/10Dq$
	$t_2{}^5e^3$	$^3T_2$	$-2Dq$
		$^3T_1$	$7{,}5B + 3Dq - \frac{1}{2}(225B^2 + 100Dq^2 - 180DqB)^{\frac{1}{2}}$
		$^1T_2$	$-2Dq + 8B + 2C - 12B^2/10Dq$
		$^1T_1$	$-2Dq + 12B + 2C$
	$t_2{}^4e^4$	$^3T_1$	$7{,}5B + 3Dq + \frac{1}{2}(225B^2 + 100Dq^2 - 180DqB)^{\frac{1}{2}}$

MÉTODOS COMPUTACIONAIS DE CÁLCULO DE MECÂNICA MOLECULAR

A mecânica molecular teve um grande impulso com os trabalhos de Norman Allinger na segunda metade do século passado, ganhando enorme popularidade nos trabalhos estruturais com sistemas de alta complexidade, como as biomoléculas e sistemas poliméricos. Ela é totalmente inspirada na mecânica clássica, e tem como ponto central a descrição da distribuição de energia por meio das forças de campo envolvidas no sistema. Por isso, o método depende dos seguintes pontos:

a) Tipos de campo de força,

b) Tipos de átomos envolvidos,

c) Parâmetros empíricos de cálculo.

Podemos imaginar todo o processo, como se estivéssemos construindo um protótipo molecular utilizando bolinhas de diferentes tipos, dotadas de massa, tamanho, cargas e movimentos específicos. Depois tentaríamos equacionar as energias mecânicas envolvidas, centradas nas ligações, deformações angulares, e também na dinâmica dos movimentos. Então daríamos início a um cálculo iterativo variando sucessivamente as distâncias, os ângulos e a distribuição de cargas, até chegar à situação de menor energia possível. Nessa situação, a molécula estaria configurada com seu mínimo de energia, apresentando a geometria mais provável ou estável. Nisso se resume o método, em poucas palavras.

Um ponto fundamental nos métodos de mecânica molecular é a escolha adequada dos campos de força, que devem necessariamente levar em conta: i) as ligações químicas, e ii) as interações envolvendo as forças de dispersão.

A energia total é composta pela somatória

$$E_T = \sum_r E_{lig} + \sum_q E_{ang} + \sum_c E_{ang} + \sum_w E_{tor} + \sum_R E_{vdW} + \sum_R E_{\grave{e}} + \sum E_t$$

onde

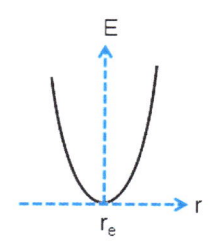

$$E_{lig,r} = k^{AB}(r - r_e)^2$$

descreve a energia potencial associada ao estiramento da ligação AB, tratada como um oscilador harmônico de constante de força k^{AB}, oscilando ao redor da distância de equilíbrio r_e, como na ilustração:

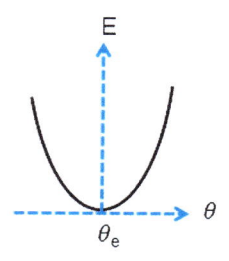

O termo

$$E_{ang,\chi} = k^{ABC}(\theta - \theta_e)^2$$

descreve a energia potencial associada à flexão envolvendo as ligações entre os átomos A, B e C, com distribuição semelhante ao oscilador harmônico de constante k^{ABC}, oscilando ao redor do ângulo de equilíbrio θ_e:

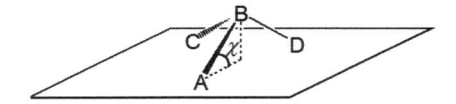

O terceiro termo

$$E_{ang,\chi} = k\chi^2$$

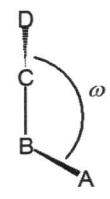

descreve a deformação angular fora do plano, ou inversão (como no guarda-chuva).

O quarto termo

$$E_{tor}(\mathbf{w}) = \sum_{n=1} V_n \cos(n\mathbf{w})$$

descreve a energia de torção ou de conformação, onde ω representa o ângulo que D faz com A, na projeção do plano segundo a linha CB, como no esquema.

O quinto termo

$$E_{vdW}(R^{AB}) = \varepsilon_{AB} \left[\left(\frac{\sum r_{vdW}}{R^{AB}} \right)^{12} - 2 \left(\frac{\sum r_{vdW}}{R^{AB}} \right)^{6} \right]$$

descreve a curva de potencial de Lennard–Jones ou de van der Waals, também conhecida como potencial 6 – 12, na qual o primeiro termo expressa a repulsão internuclear a distâncias muito curtas (evita o colapso entre os núcleos), e o segundo termo, a atração entre os dipolos induzidos.

O próximo termo

$$E_{el}\left(R^{AB}\right) = \frac{Q_A Q_B}{\varepsilon R^{AB}}$$

representa a energia de atração eletrostática entre as cargas Q_A e Q_B separadas por r^{AB}, de íons ou dipolos permanentes, e

$$E_{tc,\Delta r,\Delta\theta} = k^{ABC}(\theta^{ABC} - \theta_e^{ABC})(r^{AB} - r_e^{AB})(r^{BC} - r_e^{BC})$$

representa uma energia de torção radial e angular combinadas.

É necessário um conjunto muito grande de constantes de força e outros parâmetros para a realização dos cálculos de energia por meio das equações descritas. Esse conjunto tem sido obtido de diferentes fontes, geralmente por métodos espectroscópicos, e faz parte do banco de dados dos vários programas computacionais disponíveis de mecânica molecular. Após o desenho da molécula, onde se colocam as coordenadas atômicas iniciais, o programa realiza o cálculo de energia utilizando esse banco de dados, fazendo variações sucessivas nas distâncias e ângulos, até chegar à minimização desejada. Para isso o programa faz uso de algoritmos especialmente desenvolvidos para tornar o processo bastante ágil. Assim, mesmo no caso de moléculas complexas, com várias dezenas de átomos, já é possível chegar à minimização de energia em poucos minutos ou, eventualmente, alguns segundos.

APÊNDICE 5

CÁLCULOS COMPUTACIONAIS DE ORBITAIS MOLECULARES

Atualmente os programas de cálculo de orbitais moleculares já fazem parte da ferramenta de trabalho do químico, e, para os fins rotineiros, são de fácil implementação em qualquer microcomputador pessoal. Por isso, é interessante fazer a ligação conceitual da Teoria dos Orbitais Moleculares com o exercício computacional.

Conforme já foi comentado anteriormente, o tratamento variacional da Equação de Schrödinger leva às equações seculares, cuja solução conduz ao determinante secular, que deve ser resolvido para fornecer o valor da energia, E.

Uma forma de lidar com os cálculos é por meio do método conhecido como Hartree–Fock (HF), no qual, em vez de aplicar o hamiltoniano completo na Equação de Schrödinger, $H\psi_i = E\psi_i$, usa-se um hamiltoniano mais simples, F, que atua individualmente sobre cada elétron i,

$$H\psi_i = E\psi_i$$

onde

$$F_{ij} = 2\,\Sigma_{i=1}^{n/2} H_{ii} + \Sigma_i\Sigma_j(2J_{ij} - K_{ij}) + V_{n-n}$$

e H_{ii} representam as energias monoeletrônicas, J_{ij} e K_{ij} são as integrais coulômbicas e de troca e V_{n-n} é a energia de repulsão internuclear, já mostradas anteriormente. É aplicado o tratamento variacional, que leva às equações seculares

$$\Sigma_i c_i \, (F_{ij} - ES_{ij}) = 0$$

e ao determinante secular, como já descrito. O cálculo parte de uma geometria ou desenho da molécula, que equivale a fornecer as coordenadas espaciais dos átomos envolvidos. Em princípio, todas as integrais podem ser calculadas e a solução conseguida *ab initio*, sem aproximações, usando apenas os primeiros princípios.

Na prática, os problemas computacionais podem ser imensos, à medida que se introduzem todas as interações eletrônicas possíveis, e que crescem exponencialmente com a complexidade da molécula. Por isso, o método é conduzido com vários níveis de aproximação e refinamento, incluindo o uso de grandezas empíricas, introduzindo os potenciais de ionização do estado de valência na estimativa de F_{ii} e F_{ij}, ou os parâmetros de Racah obtidos experimentalmente no lugar de J_{ij} e K_{ij}.

Essas estratégias deram origem aos métodos semiempíricos, que foram se aperfeiçoando ao longo dos anos, até produzir resultados muito próximos dos verdadeiros sem exigir grandes recursos computacionais. Um desses métodos, muito utilizado na Química de Coordenação, é o método ZINDO. Introduzido por Michael Zerner em 1986, inclui a parametrização para vários metais de transição; porém, infelizmente, não todos.

Após a realização de um cálculo, é possível variar as coordenadas atômicas ou geometrias, sistematicamente, e repetir o procedimento de minimização de energia, como já descrito no método de mecânica molecular. Chega-se assim à geometria mais favorável ou provável da molécula, com as informações quânticas associadas. É muito comum, especialmente no caso de moléculas complexas, a combinação dos métodos de mecânica molecular (para otimização de energia) e de mecânica quântica (para distribuição de carga) para se chegar mais rapidamente à geometria otimizada da molécula.

Outro aspecto interessante é a possibilidade de incluir a contribuição dos estados excitados no cálculo dos orbitais moleculares. Para isso, a função de onda é escrita como uma mistura do estado fundamental, ψ_o, com os estados excitados, ψ_e,

$$\psi = \psi_o + c_i\psi_e.$$

Esse procedimento também é conhecido como interação de configuração (com a sigla CI em inglês). Por exemplo, para a molécula do hidrogênio, uma função de onda CI deveria incluir todos os estados mostrados no esquema seguinte, em sua constituição:

Por isso, os cálculos CI acabam aumentando bastante a dimensão do trabalho computacional. Porém, a inclusão dos estados excitados no cálculo dos orbitais moleculares permite fazer a previsão e atribuição das transições eletrônicas, incluindo suas simetrias, energias e intensidades. Isso tem sido feito com bons resultados por meio do métodos como o ZINDO/S, que foi parametrizado para uso em cálculos espectrais.

Outro método, cada vez mais usado atualmente, parte das densidades eletrônicas $\rho(r_i)$ no lugar das funções de onda, como no método HF. Porém, a densidade eletrônica já é expressa em termos da função de onda,

$$\rho(\mathbf{r}_1) = N\int\left|\Psi\left(\overline{x}_1,\overline{x}_2,\ldots\overline{x}_N;\vec{R}_1,\ldots\vec{R}_{Nn}\right)\right|^2 d\sigma_1\, d\vec{x}_2\ldots d\vec{x}_N$$

e a Equação de Schrödinger, redesenhada com a inclusão do potencial de Kohn–Sham (V_{KS}), assume a seguinte forma:

$$-\frac{1}{2}\nabla_1^2 - \sum\frac{Z_a}{r_{aj}} + V_{KS}(r_1)\ \chi_J = \varepsilon_J\chi_J$$

com os hamiltonianos de energia cinética, energia potencial, e de interação intereletrônica V_{KS}. Este é expresso em termos da densidade eletrônica $\rho(r)$, que por sua vez é expressa em termos de funções de onda (χ_j).

$$V_{KS}(\vec{r_1}) = \int \frac{\rho(\vec{r_2})}{r_{12}} d\vec{r_2} + Vxc(\vec{r_1})$$

O método se baseia em uma função (densidade) de outra função (função de onda), e isso é conhecido como funcional. Por isso, a teoria recebe o nome de funcional de densidade (DFT). A parametrização do método também admite muitas aproximações e refinamentos. Sua principal vantagem está nas facilidades computacionais envolvidas. O método também pode incluir a dependência de tempo, com recursos mais trabalhosos, para permitir o cálculo das transições eletrônicas.

COMPORTAMENTO ELETROQUÍMICO DOS COMPLEXOS

O comportamento dos complexos na eletroquímica está diretamente relacionado com os processos de transferência de elétrons na interface do eletrodo que está em contato com a solução. Esses processos dependem da natureza do complexo, e do eletrodo.

A técnica mais usada para acompanhamento dos processos eletroquímicos em solução é a voltametria cíclica. Nessa técnica, o potencial aplicado segue um padrão triangular, começando com um dado potencial de partida e procedendo até um dado limite, com velocidade controlada, para depois retornar para o potencial inicial com a mesma velocidade. O formato típico da resposta gerada está ilustrado na Figura A6.1.

Quando o potencial aplicado se aproxima do ΔE^o do par redox, a transferência de elétrons se inicia, gerando uma corrente elétrica. Entretanto, para que isso aconteça, o complexo deve migrar até a interface do eletrodo. Se todas as moléculas que chegarem ao eletrodo transferirem elétrons, a corrente elétrica será controlada pela difusão do complexo, e atingirá um valor máximo, limite, correspondendo aos valores de pico (i_{pa} e i_{pc}) da Figura A6.1. Essas

Figura A6.1
Voltamograma cíclico para um par redox reversível, mostrando, no sentido para a direita, o pico anódico (E_{pa}, i_{pa}) ou oxidação, e no retorno, o pico catódico (E_{pc}, i_{pc}) ou de redução. $E_{1/2} = (E_{pa} + E_{pc})/2$.

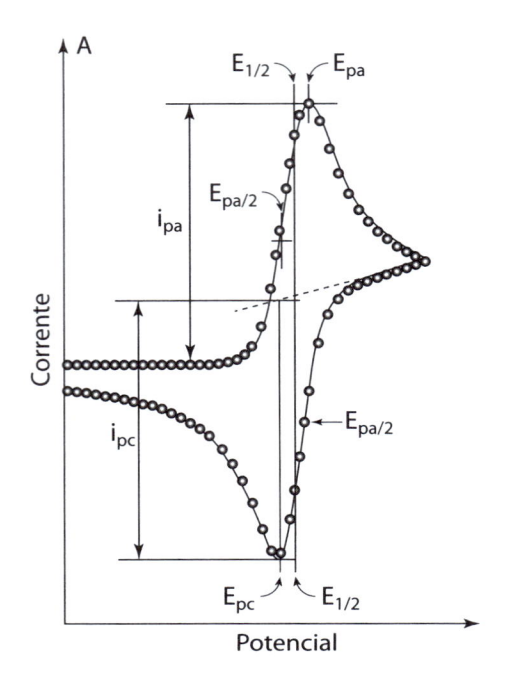

correntes são proporcionais à concentração do complexo, e seguem a Equação de Randles–Sevcik:

$$i_p = 2{,}69 \times 10^5\, n^{3/2}\, A\, D^{1/2}\, C\, v^{1/2}$$

onde n é o número de elétrons, A corresponde à área do eletrodo, D é a constante de difusão do complexo, C é a concentração e v representa a velocidade de varredura de potencial.

O potencial de meia onda, $E_{1/2}$, é dado pela média dos potenciais de pico anódico e catódico, e equivale ao potencial redox, E^o, desde que as constantes de difusão das espécies oxidadas e reduzidas sejam semelhantes. A separação entre os picos catódico e anódico é igual a 59 mV, e serve como critério de reversibilidade.

A análise do comportamento dos voltamogramas permite identificar a ocorrência de reações acopladas ao processo redox, e proporciona muitas informações de natureza química. Quando o complexo apresentar velocidades de transferência eletrônica muito baixas, ele passará a ser o fator limitante da intensidade da corrente, aumentando a separação dos picos anódicos e catódicos. Isso pode acontecer pela própria natureza do complexo, que determina uma baixa constante de troca eletrônica (vide Capítulo 8), ou pela natureza da interface do eletrodo que não responde satisfatoriamente à descarga do complexo, em virtude da falta de acoplamento eletrônico (H_{AB}), contaminação ou impedimentos de outra natureza.

As propriedades redox de sistemas de valência mista e *clusters* podem ser monitoradas por voltametria cíclica, revelando as várias etapas sucessivas de transferência de elétrons e fornecendo seus respectivos potenciais redox. Um exemplo bastante interessante está ilustrado na Figura A6.2.

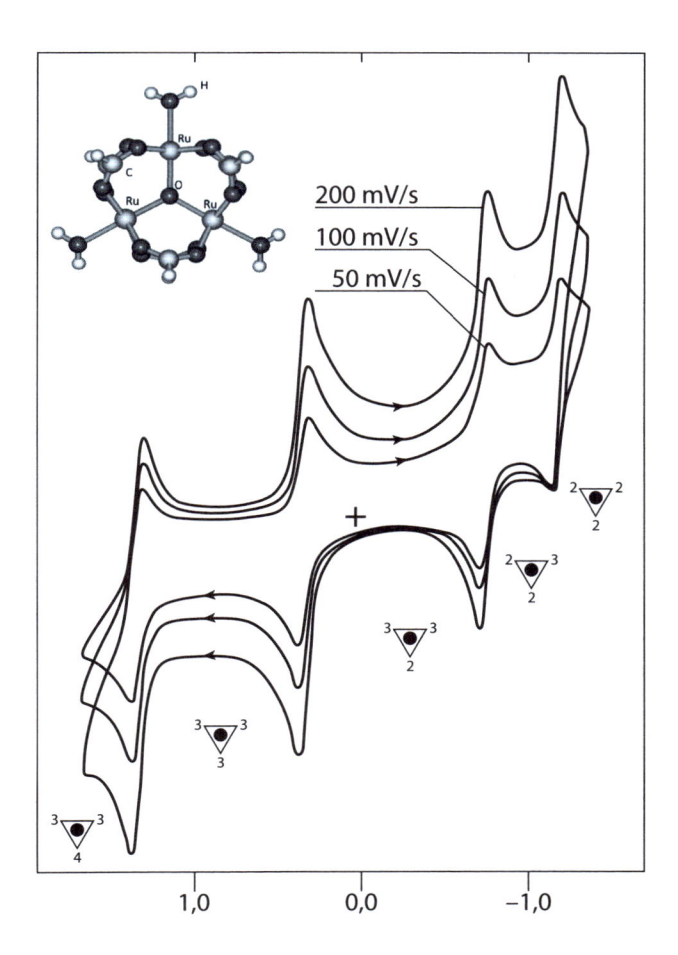

Figura A6.2
Voltamogramas cíclicos, registrados em várias velocidades de varredura, para o *cluster* trigonal de acetato de rutênio com ligantes pirazina terminais, $[Ru_3O(OAc)_6(pz)_3]$. Os estados de oxidação dos átomos de rutênio estão indicados nos vértices do triângulo.

Nesse exemplo, em virtude da forte deslocalização eletrônica, cada etapa de transferência de elétrons é acompanhada por um rearranjo na densidade eletrônica interna, modificando os potenciais sucessivos. A diferença de potencial entre os picos sucessivos está associada com o grau de interação eletrônica dentro do *cluster*. Se não houvesse comunicação entre os átomos de rutênio, os potenciais de cada par redox seriam idênticos, e os três picos envolvendo $Ru^{3+/2+}$ seriam reduzidos a um único pico.

VALORES DE pK_a DE DIVERSOS ÁCIDOS E LIGANTES EM ÁGUA

Ácido	Fórmula com próton	pK_a
Água	H_2O	15,7
Hidrônio	H_3O^+	−1,7
Ácido fluorídrico	HF	3,17
Ácido clorídrico	HCl	−8,0
Ácido hipocloroso	$HOCl$	7,5
Ácido cloroso	$HClO_2$	1,95
Ácido bromídrico	HBr	−9,00
Ácido hipobromoso	$HOBr$	8,63
Ácido perclórico	$HClO_4$	−10
Ácido hipoiodoso	HOI	10,64
Ácido iódico	HIO_3	0,77
Ácido sulfídrico	H_2S	7,00; 13,9
Ácido sulfuroso	H_2SO_3	1,9; 7,21
Ácido sulfúrico	H_2SO_4	−3,0; 1,99
Ácido sulfâmico	H_3NSO_3	0,99

Ácido tiossulfúrico	HS_2O_3	1,91; 7,18
Ácido selenídrico	H_2Se	3,89; 15,0
Ácido selênico	H_2SeO_4	0; 1,7
Ácido selenoso	H_2SeO_3	2,63; 8,4
Ácido telurídrico	H_2Te	2,64; 11,0
Ácido telúrico	H_6TeO_6	7,66; 11
Ácido teluroso	H_4TeO_4	0; 8,60
Ácido cianídrico	HCN	9,21
Ácido tiociânico	HSCN	4,00
Ácido azotídrico	HN_3	4,72
Ácido fosfórico	H_3PO_4	2,12; 7,21; 12,32
Ácido hipofosforoso	H_3PO_2	1,3
Ácido arsênico	H_3AsO_4	2,24; 6,96; 11,5
Ácido arsenoso	H_2AsO_3	9,26
Ácido bórico	$B(OH)_3$	9,23
Ácido nítrico	HNO_3	−1,3
Ácido nitroso	HNO_2	3,29
Ácido crômico	H_2CrO_4	−0,98; 6,50
Ácido silícico	H_4SiO_4	9,84; 13,2
Ácido metanossulfônico	CH_3SO_3H	−2,6
Ác. trifluorometanossulfônico	CF_3SO_3H	−14
Peróxido de hidrogênio	HOOH	11,6
Ácido peracético	$CH_3C(O)OOH$	8,2
Ácido acético	CH_3CO_2H	4,76
Ácido glicólico (lático)	$HOCH_2CO_2H$	3,83
Ácido tioglicólico	$HSCH_2CO_2H$	3,60; 10,55
Ácido propiônico	$CH_3CH_2CO_2H$	4,87
Ácido nitroacético	$NO_2CH_2CO_2H$	1,68
Ácido monofluoroacético	FCH_2CO_2H	2,66
Ácido monocloroacético	$ClCH_2CO_2H$	2,86

Ácido monobromoacético	$BrCH_2CO_2H$	2,86
Ácido monoiodoacético	ICH_2CO_2H	3,12
Ácido dicloroacético	Cl_2CHCO_2H	1,29
Ácido tricloroacético	Cl_3CCO_2H	0,65
Ácido oxaloacético (glioxílico)	$HC(O)CO_2H$	3,46
Ac. 2-oxopropanoico (pirúvico)	$H_3CC(O)CO_2H$	2,55
Ácido fórmico	HCO_2H	3,77
Ácido carbônico	H_2CO_3	6,35; 10,33
Ácido cítrico	$HOC(CH_2CO_2H)_2CO_2H$	3,13; 4,76; 6,40
Ácido oxálico	$H_2C_2O_4$	1,2; 4,2
Ac. malônico (propanodioico)	$CH_2(COO)_2$	2,847; 5,696
Ácido benzoico	$C_6H_5CO_2H$	4,2
Ácido o-nitrobenzoico	$o\text{-}O_2NC_6H_4CO_2H$	2,17
Ácido m-nitrobenzoico	$m\text{-}O_2NC_6H_4CO_2H$	2,45
Ácido p-nitrobenzoico	$p\text{-}O_2NC_6H_4CO_2H$	3,44
Ácido p-metoxibenzoico	$p\text{-}OMeC_6H_4CO_2H$	4,47
Ac. salicílico(2-hidroxibenzoico)	$2\text{-}HOC_6H_4CO_2H$	2,97; 13,47
Ac. benzeno-1,2-dicarboxílico	ac. ftálico	2,95; 5,41
Antranílico(2-aminobenzoico)	$2\text{-}(H_2N)C_6H_4CO_2H$	2,08; 4,96
Ácido trans-butenodioico	ac. fumárico	3,05; 4,94
Ácido cis-butenodioico	ac. maleico	1,910; 6,332
Ácido tartárico	$2,3\text{-}(HO)_2C_2(CO_2H)_2$	3,036; 4,366
Ácido succínico	$C_2H_4(CO_2H)_2$	4,207; 5,636
Metanol	MeOH	15,5
Isopropanol	$i\text{-}PrOH$	16,5
Trifluoroetanol	CF_3CH_2OH	12,5
Etanotiol	CH_3CH_2SH	10,6
Dimercaptopropanol	$2,3\text{-}(SH)_2C_3H_5OH$	8,58; 10,68
Fenol	C_6H_5OH	9,95
Catecol	$1,2\text{-}(HO)_2C_6H_4$	9,40; 12,80

Tiron	$1,2\text{-}(OH)_2C_6H_2(SO_3)_2^{2-}$	7,15; 11,6
Ácido cromotrópico	$C_{10}H_8O_8S_2$	5,36; 15,6
Tiofenol	C_6H_5SH	6,6
m-nitrofenol	$m\text{-}O_2NC_6H_4OH$	8,4
p-nitrofenol	$p\text{-}O_2NC_6H_4OH$	7,1
Ácido pícrico	$(O_2N)_3C_6H_2OH$	0,3
Ácido ascórbico	$C_6H_8O_6$	4,17; 11,6
Acetoxima	$(CH_3)_2C{=}NOH$	12,2
Dimetilglioxima	$(CH_3)_2(C{=}NOH)_2$	10,66; 12
2,4-pentanodiona	$CH_2(COCH_3)_2$	8,9
Amônia	NH_4^+	9,244
Hidroxilamina	NH_3OH^+	5,96
Ac. fenil-hidroxâmico	$Ph\text{-}CONHOH$	8,8
Anilina	$C_6H_5NH_3^+$	4,60
Dimetilamina	$(CH_3)_2NH_2^+$	10,774
Dietilamina	$(C_2H_5)_2NH_2^+$	10,933
Etanolamina (2-aminoetanol)	$HOC_2H_4NH_3^+$	9,498
Etilenodiamina	$^+H_3NCH_2CH_2NH_3^+$	6,848; 9,928
Imidazol	$C_3H_4N_2$	7,05
Piridina (C_5H_5N)	pyH^+	5,28
4-aminopiridina	$4\text{-}(NH_2)pyH^+$	9,39
Isonicotinamida protonada	$4\text{-}(CONH_2)pyH^+$	3,59
Ácido nicotínico	$3\text{-}(COOH)pyH^+$	2,179
Ácido picolínico	$2\text{-}(COOH)pyH^+$	1,01; 5,39
4-acetilpiridina	$4\text{-}(COCH_3)pyH^+$	3,60
4-t-butilpiridina	$4\text{-}(t\text{-but})pyH^+$	6,14
2,2´-bipiridina	$bipyH^+$	4,35
1,10-fenantrolina	$o\text{-}phenH^+$	4,86
Pirazina ($C_4H_4N_2$)	pzH^+	1,21
Aminopirazina	$(NH_2)pzH^+$	3,05

2,5-dimetilpirazina	2,5-(CH$_3$)$_2$pzH$^+$	2,26
Metilpirazina	CH$_3$pz	1,50
8-hidroxiquinolina	HQ	9,90
Ditioxamida	NH$_2$C(S)—C(S)NH$_2$	11,33
Alanina (C$_3$H$_7$NO$_2$)	Ala, A	2,34; 9,69
Arginina (C$_6$H$_{14}$N$_4$O$_2$)	Arg, R	2,17; 9,04; 12,48
Asparagina (C$_4$H$_8$N$_2$O$_3$)	Asn, N	2,02; 8,80
Ácido aspártico (C$_4$H$_7$NO$_4$)	Asp, D	1,88; 9,60; 3,65
Cisteína (C$_3$H$_7$NO$_2$S)	Cys, C	1,96; 10,28; 8,18
Ácido glutâmico (C$_5$H$_9$NO$_4$)	Glu, E	2,19; 9,67; 4,25
Glutamina (C$_5$H$_{10}$N$_2$O$_3$)	Gln, Q	2,17; 9,13
Glicina (C$_2$H$_5$NO$_2$)	Gly, G	2,34; 9,60
Histidina (C$_6$H$_9$N$_3$O$_2$)	His, H	1,82; 9,17; 6,00
Hidroxiprolina (C$_5$H$_9$NO$_3$)	Hyp, O	1,82; 9,65
Isoleucina (C$_6$H$_{13}$NO$_2$)	Ile, I	2,36; 9,60
Leucina (C$_6$H$_{13}$NO$_2$)	Leu, L	2,36; 9,60
Lisina (C$_6$H$_{14}$N$_2$O$_2$)	Lys, K	2,18; 8,95; 10,53
Metionina (C$_5$H$_{11}$NO$_2$S)	Met, M	2,28; 9,21
Fenilalanina (C$_9$H$_{11}$NO$_2$)	Phe, F	1,83; 9,13
Prolina (C$_5$H$_9$NO$_2$)	Pro, P	1,99; 10,60
Serina (C$_3$H$_7$NO$_3$)	Ser, S	2,21; 9,15
Treonina (C$_4$H$_9$NO$_3$)	Thr, T	2,09; 9,10
Triptofano (C$_{11}$H$_{12}$N$_2$O$_2$)	Trp, W	2,83; 9,39
Tyrosina (C$_9$H$_9$NO$_2$)	Tyr, Y	2,20; 9,11; 10,07
Valina (C$_5$H$_{11}$NO$_2$)	Val, V	2,32; 9,62
H$_4$EDTA (C$_{10}$H$_{16}$O$_8$N$_2$)	C$_2$H$_4$N$_2$(CH$_2$COOH)$_4$	2,2; 2,54; 6,32; 10,37
Ácido iminodiacético	HN(CH$_2$COOH)$_2$	1,82; 2,84; 9,79
Ácido nitrilotriacético	N(CH$_2$COOH)$_3$	1,1; 1,65; 2,94; 10,33
H$_5$DTPA	(C$_2$H$_4$)$_2$N$_3$(CH$_2$COOH)$_5$	2,14; 2,38; 4,26; 8,60; 10,53

APÊNDICE 8

TABELAS

Tabela A8.1 — Algumas grandezas físicas no sistema SI

Especificação	Unidade física	Símbolo	Sistema SI
Força	newton	N	kg m s^{-2}
Energia e Trabalho	joule	J	$\text{kg m}^2 \text{ s}^2$ ou N m
Pressão	pascal	Pa	N m^{-2}
Carga elétrica	coulomb	C	A s
Potencial elétrico	volt	V	$\text{kg m}^2 \text{ s}^{-3} \text{ A}^{-1}$ ou J C^{-1}
Frequência	hertz	Hz	s^{-1}

Tabela A8.2 — Conversão de unidades de energia

	hartree	eV	cm^{-1}	kcal mol^{-1}	kJ mol^{-1}
hartree	1	27,2107	219.474,63	627,503	2.625,5
eV	0,0367502	1	8.065,73	23.060,9	96.486,9
cm^{-1}	$4.556,33 \times 10^{-6}$	$1,23981 \times 10^{-4}$	1	0,00285911	0,0119627
kcal mol^{-1}	0,00159362	0,0433634	349,757	1	4,18400
kJ mol^{-1}	0,00038088	0,01036410	83,593	0,239001	1

Tabela A8.3 — Classificação periódica moderna dos elementos

Representativos · *Metais de Transição*

1	2	3	4	5	6	7	8	9	10	11	12	13	14	15	16	17	18
1 **H** 1,008																	2 **He** 4,0026
3 **Li** 6,941	4 **Be** 9,012											5 **B** 10,811	6 **C** 12,010	7 **N** 14,006	8 **O** 15,999	9 **F** 18,998	10 **Ne** 20,180
11 **Na** 22,99	12 **Mg** 24,30											13 **Al** 26,981	14 **Si** 28,085	15 **P** 30,973	16 **S** 32,066	17 **Cl** 35,453	18 **Ar** 39,948
19 **K** 39,09	20 **Ca** 40,07	21 **Sc** 44,95	22 **Ti** 47,86	23 **V** 50,94	24 **Cr** 51,99	25 **Mn** 54,93	26 **Fe** 55,84	27 **Co** 58,93	28 **Ni** 58,69	29 **Cu** 63,54	30 **Zn** 65,54	31 **Ga** 69,723	32 **Ge** 72,64	33 **As** 74,92	34 **Se** 78,96	35 **Br** 79,904	36 **Kr** 83,80
37 **Rb** 85,46	38 **Sr** 87,62	39 **Y** 88,90	40 **Zr** 91,22	41 **Nb** 96,90	42 **Mo** 95,94	43 **Tc** 97,90	44 **Ru** 101,0	45 **Rh** 102,9	46 **Pd** 106,4	47 **Ag** 107,8	48 **Cd** 112,4	49 **In** 114,81	50 **Sn** 118,71	51 **Sb** 121,76	52 **Te** 127,76	53 **I** 126,90	54 **Xe** 131,29
55 **Cs** 132,9	56 **Ba** 137,3	57 **La** 138,9	72 **Hf** 178,4	73 **Ta** 180,9	74 **W** 183,8	75 **Re** 186,2	76 **Os** 190,2	77 **Ir** 192,2	78 **Pt** 195,0	79 **Au** 196,9	80 **Hg** 200,5	81 **Tl** 204,38	82 **Pb** 207,21	83 **Bi** 208,98	84 **Po** 209	85 **At** 210	86 **Rn** 222
87 **Fr** 223,0	88 **Ra** 226,0	89 **Ac** 227,0	104 **Rf** 261,1	105 **Db** 262,1	106 **Sg** 266,1	107 **Bh** 264,1	108 **Hs** 265	109 **Mt** 266	110 **Ds** 268	111 **Rg** 272	112 **Cn** 277	113 **Uut** 284	114 **Fl** 289	115 **Uup** 288	116 **Lv** 292	117 **Uus** 288	118 **Uuo** 294

Lantanídios →

5	6	7	8	9	10	11	12	13	14	15	16	17	18
58 **Ce** 140,1	59 **Pr** 140,9	60 **Nd** 144,2	61 **Pm** 144,1	62 **Sm** 150,3	63 **Eu** 151,9	64 **Gd** 157,2	65 **Tb** 158,9	66 **Dy** 162,5	67 **Ho** 164,9	68 **Er** 167,2	69 **Tm** 168,9	70 **Yb** 173,0	71 **Lu** 174,9

Actinídios →

5	6	7	8	9	10	11	12	13	14	15	16	17	18
90 **Th** 232,0	91 **Pa** 231,0	92 **U** 238,0	93 **Np** 237,0	94 **Pu** 244,0	95 **Am** 243,0	96 **Cm** 247,0	97 **Bk** 247,0	98 **Cf** 251,0	99 **Es** 252,0	100 **Fm** 257,0	101 **Md** 258,1	102 **No** 259,1	103 **Lr** 262,1